中国区域与城市发展丛书

秦宝华题

"十二五"国家重点图书

# 旅游型城市产业空间布局规划研究

## ——以秦皇岛市为例

欧阳慧　杜宝军 编著

经济科学出版社

**图书在版编目（CIP）数据**

旅游型城市产业空间布局规划研究：以秦皇岛市为例/
欧阳慧，杜宝军编著 . —北京：经济科学出版社，2015. 11
ISBN 978 - 7 - 5141 - 6326 - 1

Ⅰ. ①旅…　Ⅱ. ①欧…②杜…　Ⅲ. ①地方旅游业 – 城市
规划 – 研究 – 秦皇岛市　Ⅳ. ①F592. 722. 3②TU984. 11

中国版本图书馆 CIP 数据核字（2015）第 279661 号

责任编辑：柳　敏　李一心
责任校对：王苗苗
版式设计：齐　杰
责任印制：李　鹏

**旅游型城市产业空间布局规划研究**
——以秦皇岛市为例
欧阳慧　杜宝军　编著
经济科学出版社出版、发行　新华书店经销
社址：北京市海淀区阜成路甲 28 号　邮编：100142
总编部电话：010 - 88191217　发行部电话：010 - 88191522
网址：www. esp. com. cn
电子邮件：esp@ esp. com. cn
天猫网店：经济科学出版社旗舰店
网址：http：//jjkxcbs. tmall. com
北京汉德鼎印刷有限公司印刷
三河市华玉装订厂装订
710×1000　16 开　24.5 印张　390000 字
2016 年 5 月第 1 版　2016 年 5 月第 1 次印刷
ISBN 978 - 7 - 5141 - 6326 - 1　定价：62.00 元
（图书出现印装问题，本社负责调换。电话：010 - 88191502）
（版权所有　侵权必究　举报电话：010 - 88191586
电子邮箱：dbts@ esp. com. cn）

# 中国区域与城市发展
## 丛书编辑委员会

# 本书课题组成员

**课题顾问：**

    肖金成    国家发改委国土开发与地区经济研究所所长    研究员    博导

**课题负责人：**

    欧阳慧    国家发改委国土开发与地区经济研究所城镇发展室副主任    副研究员

    杜宝军    秦皇岛市发展和改革委员会    副主任

**课题组成员：**

    汪阳红    国家发改委国土开发与地区经济研究所区域发展室主任    研究员

    张  燕    国家发改委国土开发与地区经济研究所博士    助理研究员

    王亚平    国家发改委产业经济和技术经济研究所研究员

    马仪亮    中国旅游研究院    博士    副研究员

    范泽孟    中科院地理科学与资源研究所    博士    副研究员

    屠  李    北京大学城市交通规划研究中心    博士

    石剑桥    北京大学城市交通规划研究中心    硕士

    颜  丽    秦皇岛市发展和改革委员会    科长

总序一：

# 促进区域协调发展
# 加快城镇化进程

陈宗兴

　　区域和城市发展问题关系到我国经济社会发展的大局。作为一个地域辽阔、人口众多的发展中大国，由于区位、资源禀赋、人类开发活动的差异，我国各区域之间、城乡之间经济社会发展水平存在较大差距，近年来还有不断扩大的趋势。从东部、中部、西部及东北四大区域 GDP 占全国比重看，2001 年为 53∶20∶17∶10，而 2005 年为 55∶19∶17∶9，东部地区的比重进一步升高。城乡居民收入差距也在不断扩大。1985 年城镇居民人均可支配收入是农民纯收入的 1.86 倍，1990 年为 2.2 倍，1995 年上升到 2.71 倍，到 2007 年高达 3.33 倍。统筹区域和城乡发展是缩小区域、城乡发展差距的重要方式，是全面建设小康社会的必由之路。胡锦涛总书记在中共"十七大"报告中提出了推动区域协调发展，优化国土开发格局，走中国特色城镇化道路的战略方针，为推动我国区域和城市发展指明了方向。

　　继续实施区域发展总体战略是统筹区域发展的重大战略举措。今后，将继续发挥各地区比较优势，深入推进西部大开发，全面振兴东北地区等老工业基地，大力促进中部地区崛起，积极支持东部地区率先发展，使区域发展差距扩大的趋势得到进一步缓解。还应当在国土生态功能类型区的自然地理基础上，按照形成主体功能区的要求，调整经济布局与结构，明确开发类型与强度，完善投资、产业、土地和人口等政策，改善生态环境质量，提高可持续发展能力。20 世纪末，国家开始实施西部大开发战略，加大了对基础设施、生态保护建设、特色经济和科技教育等方面的支持力度，西部经济发展速度明显加快。按照公共服务均等化原则，在资金、政策和产业发展等方面，继续加大对西部等欠发达地区的支持，尽快使欠发达地区公共服务落后的状况得以改变，逐步形成东中西良性互动、公共服务水平和人民生活水平差距趋向缩小的区域协调发展格局。

城市或城镇具有区域性和综合性特点，是所在区域的政治、经济、文化中心，对区域具有辐射和带动功能。规模经济、聚集经济和城市化经济是区域社会经济发展的重要动力源，城镇化是区域城乡统筹发展的重要途径。我国尚处于工业化的中期阶段，进一步实现工业化和现代化仍是我们不懈追求的目标，而城镇化对于工业化和现代化来说具有决定性意义。分散的乡村人口、农村劳动力和非农经济活动不断进行空间聚集而逐渐转化为城镇的经济要素，城镇化也相应成为经济发展的重要动力。城镇化进程不只是城镇人口比例的提高，它还是社会资源空间配置优化的过程，它将带来城镇体系的发展和城镇分布格局的转变，按照统筹城乡、布局合理、节约土地、功能完善、以大带小的原则，促进大中小城市和小城镇协调发展。推进城镇化进程，意味着将有更多的中小城市和建制镇发展起来，构成一个结构更为合理的城镇体系，有利于产业布局合理化和产业结构高度化。因此，城镇化是 21 世纪中国经济社会发展的大战略，也是伴随工业化和现代化的社会经济发展的必然趋势。

应当合理发挥大中城市在城镇化过程中的龙头带动作用。国内外经验表明，在一定时期内城市经济效益随城市规模扩大而上升。因此，应以增强综合承载能力为重点，以特大城市为依托，形成辐射作用大的城市群，培育新的经济增长极。特别是西部地区受自然环境的限制，城镇空间分布的非均衡性非常明显。西部地区的城镇化发展必须认真考虑自然条件的差异及环境条件的制约，通过对城市主导产业培育，提高现有大中城市的总体发展水平，并促使条件好且具有发展潜力的中等城市和小城市尽快发展成为大城市和中等城市，形成区域性中心城市，从而成为带动区域发展的新的经济增长极。

这里，必须强调，发展小城镇也是推进城镇化进程的重要力量。我国小城镇的数量大、分布广、"门槛"低，有利于就近吸纳农村富余劳动力，减轻城镇化进程中数量庞大的富余劳动力对大中城市社会经济的剧烈冲击。因此，小城镇的健康发展也是不容忽视的大问题。应结合社会主义新农村建设，在不断加强乡村建设的基础上，大力推进小城镇建设步伐。在重视基础设施建设的同时，还应不断健全和改善农村市场和农业服务体系，建立和完善失业、养老、医疗、住房等方面社会保障制度，加快建立以工促农、以城带乡的长效机制，努力形成城乡社会发展一体化新格局。

还必须指出，当前在我国（以及其他国家，特别是亚洲的不少发展中国家）的各类开发区建设已经成为一些区域和城乡发展的重要带动力量。在开发园区里的若干高新技术企业集群组成的产业园区，进行研究开发（R&D）支撑这些企业集群的科技园区，以及服务于这两类园区的居住园区，在空间上配置于一体共同推动区域社会经济快速发展，其增长极效应十分明显。这种现象也越来越多地引起包括区域经济学家在内的各方面专家、学者、官员等的关注与重视。

区域经济学是从空间地域组织角度，研究区域经济系统，揭示区域经济运动规律，探索区域经济发展途径的学科。肖金成同志主编的《中国区域和城市发展丛书》，汇集了近年来在国内有一定影响的区域经济学者对区域和城市发展等重大问题进行深入研究的一批成果，内容涵盖区域发展、城市发展、空间结构调整、城市体系建设、城市群和小城镇发展等内容。其中，有的是为中国"十一五"规划进行前期研究的课题报告，有的是作者们多年探索的理论成果，也有的是课题组接受地方政府委托完成的实践成果。这些著作既贴近现实，又具有一定的理论深度。丛书的出版，不仅可以丰富区域与城市发展的理论，而且对促进区域科学发展、协调发展以及制定区域发展规划和发展政策具有重要的参考价值。

**2008 年 3 月 15 日于北京**

（陈宗兴：十一届全国政协副主席　农工党中央常务副主席
陕西省原副省长　西北大学原校长　西北农林科技大学原校长）

总序二:

# 区域经济和城市发展的新探索

陈栋生

　　国民经济由区域经济有机耦合而成。区域协调发展是国民经济平稳、健康、高效运行的前提。作为自然条件复杂的多民族大国，区域协调发展不仅是重大的经济问题，也是重大的政治问题和社会问题。故此，促进区域协调发展，成为"五个统筹"的重要内容，是落实科学发展观，构建社会主义和谐社会的必然要求。

　　从空间角度研究人类经济活动的规律，或者说，用经济学的理论方法探寻人类经济活动的空间规律，既是科学发展不可缺少的重要领域，也是各级政府非常关心的实践课题。正因为如此，区域经济学不仅是一门不可或缺的学问，亦是目前国内发展最快的学科之一。区域经济学的兴起和发展，既促进了我国经济学和社会科学的繁荣，也为地区发展做出了重要贡献。

　　区域经济运动错综复杂，区域经济学必须紧紧围绕区域发展和可持续发展的客观规律，着重探讨区域发展过程中的时间过程、动力机制、结构演变、空间布局特点，剖析人口、资源、环境与经济之间的既相互制约又相互促进的复杂关系，抓住区域与城市、区域分工与合作等重大问题，揭示区域发展与可持续发展的内在规律。

　　国内外经验表明，一个地区经济的发展，说到底是靠内生自增长能力，但也不排斥政策扶持的作用，特别是初期启动和对某些障碍与困难的克服。西部地区和东北三省近几年的初步转变，充分证明了有针对性的政策扶持的重要作用。

中国经济布局与区域经济的大格局，20年前我概括为两个梯度差，即大范围的东、中、西部地带性的三级梯度差和区域范围内的点、面梯度差。近20多年来的快速发展，除东部沿海的部分地区（如珠江三角洲、长江三角洲、京津冀、山东半岛）工业化的高速发展，点、面梯次差距大幅度收敛以外。总的来讲，两个梯度差都呈扩大之势。除去主客观条件的差异，地区倾斜政策是重要原因。从某种意义上说，这是大国经济起飞不得不支付的成本。西部大开发的决策和实施，标志着中国经济布局指向和区域经济政策的重大调整，将地区协调发展、逐步缩小地区发展差距，作为经济发展的重要指导方针，把地区结构调整纳入经济结构战略性调整之中，使支持东部地区率先发展和加快中西部地区经济的振兴更好地结合起来。

今后东部地区要继续发挥引领国家经济发展的引擎作用，优先发展高技术产业、出口导向产业和现代服务业，发挥参与国际竞争与合作主力军的作用。东部地区要继续发挥有利区位和改革开放先行优势，加快产业结构优化升级的步伐，大力发展电子信息、生物制药、新材料、海洋工程、环保工程和先进装备等高新技术产业，形成以高新技术产业和现代服务业为主导的地区产业结构。在现有基础上，加快长江三角洲、珠江三角洲、京津冀、闽东南、山东半岛等地区城市群的形成与发展；推进粤港澳区域经济的整合。国内外大型企业集团、跨国公司的总部、地区总部、研发中心与营销中心将不断向中心聚集，加快沿海城市国际化的步伐，成为各种资源、要素在国内外两个市场对接交融的枢纽。在各大城市群内，将涌现一批新的中、小城市，它们有的是产业特色鲜明的制造业中心，有的是某类高新技术产业园区，有的是物流中心，环境优美的则可能成为休憩游乐中心等等。这些中小城市的崛起，既可支持特大城市中心城区的结构调整与布局优化，又可成为吸纳农村劳动力转移的载体。总之，东部地区今后将以率先提高自主创新能力、率先实现结构优化升级和发展方式转变，率先完善社会主义市场经济体制为前提与动力，率先基本实现现代化。

东北是20世纪五六十年代我国工业建设的重点，是新中国工业的摇篮，为国家的发展与安全作出过历史性重大贡献；同时亦是计划经济历史积淀最深的地区。路径依赖的消极影响，体制和结构双重老化导致的国有经济比重偏高，经济市场化程度低、企业设备、技术老化，企业办社会等历史包袱沉重、矿竭城衰问题突出、下岗职工多、就业和社会保障压力大等问题，使东北地区经济在市场经济蓬勃发展的大势中一度相形见绌。2003 年 10 月以来，贯彻中共中央、国务院振兴老工业基地的战略决策，在国家有针对性的政策扶持下，东北振兴迈出了扎实的步伐；今后辽、吉、黑三省和内蒙古东部三市两盟（呼伦贝尔市、通辽市、赤峰市、兴安盟、锡林郭勒盟）作为一个统一的大经济区，将沿着如下路径，实现全面振兴的宏伟目标，使东北和蒙东成为我国重要经济增长区域，成为具有国际竞争力的装备制造业基地、新型原材料基地和能源基地、重要的技术研发与创新基地、重要商品粮和农牧业生产基地和国家生态安全的可靠屏障。

1. 将工业结构优化升级和国有企业改革改组改造相结合；改善国企股本结构，实现投资主体和产权多元化，构建有效的公司法人治理结构；营造非公有制经济发展的良好环境，鼓励外资和民营资本以并购、参股等形式参与国企改制和不良资产处置，大力发展混合所有制经济；围绕重型机械、冶金、发电、石化、煤化工大型成套设备和输变电、船舶、轨道交通等建设先进制造业基地，加快高技术产业的发展，优化发展能源工业，提升基础原材料行业。

2. 合理配置水、土资源，保护、利用好珍贵的黑土地资源，推进农业规模化、标准化、机械化和产业化经营，提升东北粮食综合生产能力和国家商品粮基地的地位；发展精品畜牧业、养殖业和农畜禽副产品的深加工，延长产业链，提高附加值。

3. 积极发展现代物流、金融服务、信息服务和商务服务等生产性服务业，规范提升传统服务业，充分利用冰雪、森林、草原等自然景观，开发特色旅游产品，壮大旅游业。

4. 从优化东北、蒙东区域开发总格局出发，东部、西部和西北部长白山与大、小兴安岭地区，宜坚持生态优先，在维护生态环境的前提下科学开发；优化开发和重点开发的地区摆在松辽平原、松嫩平原和辽宁沿海地区，具体地说，以哈（尔滨）大（连）经济带和东起丹东大东港、西迄锦州湾的沿海经济带为一级轴线，同时培养若干二级轴线，形成"三纵五横"①，以线串点、以点带面，统筹区域城乡协调发展；积极扶植资源枯竭城市培育接续替代产业，实现可持续发展。

中部六省在区位、资源、产业和人才方面均具相当优势。晋豫皖三省是国家的煤炭基地，特别是山西省煤炭产量与调出量居各省之冠，其余5省都属农业大省，粮食占全国总产量近30%，油料、棉花产量占全国近40%，是重要的粮棉油基地；矿产资源丰富，是国家原材料、水、能源的重要生产与输出基地；地处全国水陆运输网的中枢，具有承东启西、连南接北、吸引四面、辐射八方的区域优势；人口多、人口密度高、经济总量达到相当规模，但人均水平低，6省城镇居民和农民的人均收入都低于全国平均值。中部6省地处腹心地带，国脉汇集的战略地位，大力促进中部地区崛起，努力把中部地区建设成为全国重要的粮食生产基地、能源原材料基地、现代装备制造及高新技术产业基地和连接东西、纵贯南北的综合交通运输枢纽，有利于提高国家粮食和能源的保障能力，缓解资源约束；有利于扩大内需，保持经济持续增长，事关国家发展的全局和全面建设小康社会的大局。

作为工业有相当基础、结构调整任务繁重的农业大省、资源大省、人口大省，要发展为农业强省、工业强省、经济强省，实现科学发展、和谐发展，需做到下述一系列"两个兼顾"：①坚持立足现有基础，注重增量和提升存量相结合，特别要重视依靠科技与体制、机制创新激活存量资产；用好国家给予中部地区26个地级以上城市比照执行东北老工业基地的政策，抓紧企业的技术改造与升级。②加快产业结构调整。既坚持产业升级、提高增长质量，又充分考虑新增就业岗位，推动高技术、重化工、装备制造业、农产品加工和其他劳动密集型产业、各类服务业和文化创意产业的"广谱式"发展；作为农业大省，要特别重视以食品工业为核心的农产品加工业，充分发挥龙头企业引领农业走向市场化、现代化的功效，使工业化、城镇化、农业现代化和社会主义新农村建设有机结合。③在空间布局上，将发展省会都市圈培育增长高地、重点突破和普遍提升县域经济相结合，用好243个县（市、区）比照执行西部大开发相关政策，扶植贫困县经济社会发展。④在企业结构上，既重视培育大型企业集

---

① "三纵"指哈大经济带、东部通道沿线和齐齐哈尔至赤峰沿线，"五横"指沿海经济带、绥芬河到满洲里沿线、珲春到阿尔山沿线，丹东到霍林河沿线和锦州到锡林浩特沿线。

团，包括跨省（区）、跨国（境）经营的大企业集团，更要支持中、小企业广泛发展，形成群众性的良好创业氛围。⑤在资金筹措上，既充分利用本地社会资本，又重视从省（市）外、境外、国外引资；充分发挥地缘优势，承接珠三角、长三角加工贸易的转移，发展相关配套产业。

"十五"期间，实施西部大开发战略，西部地区生产总值平均增长10.6%，"十一五"开局之年，增长13.1%，2006年西部地区生产总值达到3.88万亿元。在新的起点上，今后将继续加强基础设施建设，完善综合交通运输网络，加强重点水利设施和农村中小型水利设施建设，推进信息基础设施建设，抓好生态建设和环境保护，着力于资源优势向产业优势、经济优势的转化，培育包括煤炭、电力、石油和天然气开采与加工、煤化工、可再生能源（风能、太阳能、生物质能等）、有色金属、稀土与钢铁的开采和加工，钾、磷开采和钾肥、磷肥和磷化工，以及一系列特色农、畜、果产品加工的特色优势产业；进一步振兴和提升西部大中城市的装备制造业（如成渝、德阳、西安的电力装备，柳州、天水、宝鸡、包头的重型工程机械装备等）和高技术产业。充分利用西部的自然景观、多彩的民族风情、深厚的文化积淀，大力发展旅游业，培育旅游品牌。在开发的空间布局上，重点转化成渝经济区、关中天水经济区、环北部湾经济区和各省会（自治区首府）城市、地区中小城市及其周边、重要资源富集区与大型水能开发区、重点口岸城镇；及时推广重庆成都综合配套改革试验区统筹城乡发展的经验，普遍提升县域经济和少数民族地区经济，为社会主义新农村建设，提供就近的支撑；推进基本口粮田建设和商品粮基地建设，提高粮食综合生产能力，利用西部特有的自然条件，在棉花、糖料、茶叶、烟草、花卉、果蔬、天然橡胶、林纸和各种畜禽领域，壮大重点区域，培育特色品牌，延伸产业链，提高附加值，通过市场化、产业化、规模化、集约化推进西部传统农业向现代农业的转化。东西联动、产业转移是推进西部大开发的战略性途径；据不完全统计，2001年以来东部到西部地区投资经营的企业达20万家，投资总额达15000亿元。西南、西北还将分别利用中国—东盟自由贸易区建设，和上海合作组织的架构，进一步扩大对外开放，吸引东中部的优强企业，共同建设边境口岸城镇，推进西部传统农业向现代农业的转化。东西联动、产业转移是推进西部大开发的战略性途径；据不完全统计，2001年以来东部到西部地区投资经营的企业达 20 万家，投资总额达 15000 亿元。西南、西北还将分别利用中国—东盟自由贸易区建设和上海合作组织的架构，进一步扩大对外开放，吸引东中部的优强企业，共同建设边境口岸城镇，推进与毗邻国家的商贸往来和经济技术合作。

上述是我——一个从事区域研究工作 50 多年的学者对区域经济和中国空间布局的点滴思考，借中国区域和城市发展丛书出版之际再做一次阐述，希望和区域经济理论界的同仁、区域经济学专业的同学们共同讨论。

丛书中《中国空间结构调整新思路》、《区域经济不平衡发展论》、《京津冀区域合作论》、《中国十大城市群》、《中国城市化与城市发展》等，是肖金成等中青年区域经济学者近几年的研究成果。其鲜明的特点是聚焦中国区域发展的现实，揭示、剖析现实存在的突出问题，进而提出促进区域协调发展的政策建议。如《中国空间结构调整新思路》一书，是2003 年度国家发展和改革委员会委托的"十一五"规划前期研究课题的成果。研究成果以新的科学发展观为基本指导思想，分析了我国经济空间结构存在的三大特征、五大问题，阐述了协调空间开发秩序的六大原则、八个对策和"十一五"期间调整空间结构的八大任务。提出了建立"开字型"空间布局框架、确定"7 + 1"经济区、中国重要发展潜力地区和问题地区等设想。并根据"人口分布和 GDP 分布应基本一致"的原则，提出了引导西部欠发达地区的人口向东中部发达地区和城市流动的观点。成果中的一些建议得到了区域理论界的广泛认同，有的已为"十一五"规划所吸纳。

丛书的作者刘福垣、程必定、董锁成、高国力、李娟等都是区域经济学界很有造诣、在国内很有影响的专家学者。他们的加盟使丛书的内容更加丰富和厚重。

本丛书主编肖金成是我指导的博士研究生，他大学毕业后先后在财政部、中国人民建设银行和国家原材料投资公司工作。为了研究学问，探索中国经济社会发展的诸多问题，他于 1994 年放弃了炙手可热的工作岗位，潜心研究区域经济，尤其是对西部大开发倾注了大量心血与汗水，提出了许多思路和政策建议，合作出版了《西部开发论》、《中外西部开发史鉴》等书籍。后来又主持了若干个重大研究课题，如《协调我国空间开发秩序与调整空间结构研究》、《北京市产业布局研究》、《天津市滨海新区发展战略研究》、《京津冀产业联系与经济合作研究》、《工业化城市化过程中土地管理制度研究》等。特别是天津滨海新区发展战略研究课题为其纳入国家战略从理论上作出了充分铺垫，我参加了该课题的评审，课题成果获得了专家委员会的高度评价，课题报告出版后在社会上形成广泛影响。故此，我愿意将这套丛书郑重地推荐给各地方政府的领导、大专院校的师生及从事区域经济理论研究的学者们，与大家共享。

2008 年 1 月 30 日

（陈栋生：中国社会科学院荣誉学部委员，
中国区域经济学会常务副会长）

# 前　　言

秦皇岛市是中国首批优秀旅游城市，素有"京津后花园"之称，拥有国家历史文化名城山海关、避暑胜地北戴河等国内外著名旅游景区，是我国旅游型城市的典型代表。改革开放以来，秦皇岛市经济社会发展取得较大成就，形成了滨海特色鲜明的经济发展格局。但与此同时，秦皇岛也面临着产业空间布局无序、滨海地带功能交叉，岸线资源利用低效、生态环境恶化等突出问题。当前，面对世界经济和全国经济增长放缓的趋势，国家大力推进京津冀区域协同发展、打造环渤海地区新引擎等战略。抢抓机遇，推进产业空间布局调整，有利于统筹经济发展与资源环境保护，全面提升区域协调发展水平，在推动沿海强市、美丽港城建设的同时，保护建设好秦皇岛国际旅游胜地。为此，秦皇岛市发展和改革委员会与国家发改委国土开发与地区经济研究所组成联合课题组，共同开展秦皇岛市产业空间布局规划编制研究工作。

2013年7月开始，作为课题主持单位，国家发改委国土开发与地区经济研究所组织国家发改委产业经济和技术经济研究所、中国旅游研究院、中科院地理所、北京大学城市交通规划研究中心等科研机构的专家，先后开展实地调研、补充调研、课题研讨、意见征求等工作，反复修改完善，数易其稿。2014年10月24日，课题成果顺利通过了秦皇岛市发展改革委在北京主持召开的专家论证评审会，与会专家对规划研究成果给予了充分肯定。

以秦皇岛市为案例，对旅游型城市产业空间布局进行优化调整，一是要立足自然、交通、经济资源分布特征，以全域景区和区域协调为准则，调整原有的产业空间布局结构，对产业空间布局进行前瞻性安排，预见性地为远期产业发展、城市建设留足空间，实现产业发展与新型城镇化、生态环境相协调，形成区域协调发展的新格局。二是要坚持尊重自然、分类指导，遵循自然地理格局，拉开产业空间布局框架。滨海地带逐步退出传统工业，大力发展现代服务业、高新产业和临港工业。浅山丘陵地区适度集聚工业集聚区，提升产业层次。北部山区发展生态经济，突出生态涵养功能。三是要把岸线资源作为稀缺性区域战略性空间资源来看，加强岸线的统筹规划，合理保护和利用岸线资源，提高岸线的利用效率，形成岸线与后方腹地互动发展的格局。四是要突出产业整合，增强产业间协调配套能力，引导具有共同指向的产业向特定优势区域集聚，通过"布局集中、产业集聚、用地集约"，提高产业空间集聚度，形成生产专业化区域和产业聚集组团。五是要从区域整体发展的战略高度，创新园区管理体制，合理整合现有产业集聚区，重点打造几个功能强大的产业发展平台，形成龙头引领、主业明确、协作配套、特色鲜明的现代产业集聚区体系，加快构建城乡优势互补、分工合作、高效协调的区域经济发展新格局。

　　课题研究过程中，得到了秦皇岛市政府主要领导的高度重视和全力主持，秦皇岛市发改委和有关部门，秦皇岛各县区政府做了大量具体工作。国家发改委国土开发与地区经济研究所非常重视此项工作，肖金成所长亲自担任课题顾问，课题组各成员单位对研究工作大力配合和支持。在此，课题组对在课题研究中付出辛勤努力和劳动的单位、领导和个人表示衷心的感谢！本书的总体框架由欧阳慧、杜宝军设计。各部分的撰写人分别是：总论，欧阳慧；专题报告一，张燕；专题报告二，汪阳红；专题报告三，王亚平；专题报告四，欧阳慧、屠李；专题报告五，马仪亮；专题报告六，张燕；图件的资料来源来自秦皇岛市规划局提供的《秦皇岛全域发展战略规划》，行政边界的截止日期为2014年10月，由石剑桥、屠李、范泽孟制作。

　　当前，旅游型城市产业布局的调整从理论概念到具体实践还有许多需要探索的问题和解决的难题，编制一个既有一定理论高度，又有较强实用性、指导性和可操作性的旅游型城市产业空间布局规划，是指导旅游型城市产业科学合理布局的基础，是建设经济发展、环境友好、生态宜居旅游城市的重要举措。课题组在编制秦皇岛市产业空间布局规划过程中，立足实际、着眼未来，通过发现问题、寻找对策，总结规律、提炼共性，对产业空间布局调整的实践进行了一点有意义的探索，并将研究成果出版。希望我们的研究在指导秦皇岛市更好更快发展的同时，也能够对其他旅游型城市开展类似工作提供有益的参考和借鉴。旅游型城市产业空间布局调整是一个需要不断探索的问题，由于时间有限和学术水平所限，研究中必然存在许多不足和问题，欢迎各位读者对书中的缺点和错误不吝赐教，批评指正。

# 目　录

## 总　论

## 专　论

# 总　论

# 秦皇岛市产业空间布局规划研究

当前，国内外环境发生广泛深刻变化，秦皇岛市正处在经济调整转型的关键时期。为抢抓国家打造环渤海地区新引擎，加快京津冀协同发展，促进河北沿海地区开发开放的历史机遇，加快推进经济结构战略性调整，深入实施产业立市战略，进一步合理配置空间资源，优化产业空间布局，促进秦皇岛经济社会可持续发展，加快建设富有实力、充满活力、独具魅力的沿海强市、美丽港城，根据市委市政府的要求，开展《秦皇岛市产业空间布局规划研究》。

# 第一章　发展现状与背景

## 一、发展现状

### （一）产业发展基础

"十二五"以来，秦皇岛市围绕建设沿海强市、美丽港城，大力实施开放强市、产业立市、旅游兴市、文化铸市战略，统筹推动新型工业化、新型城镇化、城乡一体化建设，着力构建现代产业体系，加快推进产业转型升级，产业规模快速扩张，产业结构趋于优化，园区建设取得明显成效，产业基础不断夯实。

## 1. 产业规模突破千亿

近年来，秦皇岛市经济总量一直保持平稳较快增长。2012 年，秦皇岛地区生产总值完成 1139.17 亿元，超过 1000 亿元，比上年增长 9.1%。经济结构调整取得成效，三次产业结构调整为 13∶39∶48。现代农业加快发展，粮食产量总体稳定，农业产业化经营率达到 66.8%。工业以增量带动结构优化，以创新促进产业升级，在发展中调整结构，在调整中谋求发展，工业经济总量逐步扩大，全市工业完成增加值 376.5 亿元，同比增长 12.1%。现代服务业突破发展，2012 年实现服务业增加值 543.9 亿元，同比增长 9.3%。[①]

## 2. 形成了以"2＋4"为支柱的产业体系

经过多年的发展，秦皇岛形成了服务业以旅游和物流业为支柱，工业以装备制造、金属冶炼及压延加工、粮油食品加工、玻璃及玻璃制品制造为支柱的"2＋4"的产业发展格局。在服务业方面，旅游业规模不断壮大、档次逐步提升、支撑作用日益显现，四季皆宜的旅游产品不断丰富，形成了滨海度假、长城之旅和生态旅游为主的三大产品体系，2012 年旅游总收入超过 200 亿元，约占全市 GDP 的 18%；港口物流业稳定发展，拥有全国最大的自动化煤炭装卸码头及设备先进的原油、杂货和集装箱码头。工业已形成装备制造、金属冶炼及压延加工、粮油食品加工、玻璃及玻璃制品制造四大支柱产业，2012 年工业增加值已占到规模以上工业的 72.9%，秦皇岛已经建成世界级汽车轮毂制造基地、中国北方最大的粮油加工基地、全国优质干红葡萄酒生产基地、国内重型装备出海口基地、国内玻璃生产及深加工基地等。[②] 此外，酒葡萄种植和大樱桃种植发展迅速，秦皇岛已成为全国三大酒葡萄和葡萄酒产地之一，成为我国大樱桃种植继山东烟台、辽宁大连之后全国第三大产区。具体如表 1－1 所示。

---

① 秦皇岛市统计局：《秦皇岛统计年鉴（2013）》，中国统计出版社 2013 年版。
② 同上。

表1-1　　　秦皇岛市"2+4"支柱产业基本情况（2012年）

| 产业 | 规模以上企业数或限额以上服务企业数（家） | 增加值（亿元） | 主要产品 | 重点企业 | 发展趋势 |
|---|---|---|---|---|---|
| 装备制造 | 120 | 115.6 | 桥梁钢梁、铁路道岔、船舶修造、烟草机械、大型冶金阀门及其他冶金设备、汽车轮毂、公路铁路施工机械 | 中信戴卡公司、中铁山桥集团、山船重工、首钢长白机械公司、烟草机械公司、秦冶重工公司、天业通联重工公司 | 上行 |
| 金属冶炼及压延工 | 35 | 92.8 | 钢压延加工、炼钢、炼铁、镀合金冶炼 | 秦皇岛首秦金属材料有限公司、秦皇岛安丰钢铁有限公司、中油宝世顺（秦皇岛）钢管有限公司、中粤浦项（秦皇岛）马口铁工业有限公司等 | 下行 |
| 粮油食品加工 | 56 | 39 | 精制食物油、小麦粉、葡萄酒、配混合饲料、方便面、啤酒、鲜冷藏冻肉 | 秦皇岛金海粮油工业有限公司、秦皇岛骊骅淀粉股份有限公司、秦皇岛正大有限公司、中粮华夏长城葡萄酒有限公司 | 上行 |
| 玻璃及玻璃制品制造 | 21 | 9.7 | 平板玻璃、钢化玻璃、日用玻璃 | 中国耀华玻璃集团公司、旭硝子汽车玻璃（中国）有限公司、奥格集团有限公司、方圆玻璃有限公司 | 下行 |
| 旅游业 | 旅游景区（点）47家、星级饭店58家 | 旅游总收入202.35亿元 | 滨海度假旅游、长城旅游、乡村旅游、生态旅游等 | 南戴河国际娱乐中心、山海关景区、山海关乐岛海洋公园、北戴河野生动物园、黄金海岸沙雕大世界、北戴河集发观光园 | 上行 |
| 物流业 | 36 | 128.7 | 煤炭、原油、杂货集装箱 | 渤通物流、海阳农副产品批发市场、运通物流 | 上行 |

资料来源：根据市工信局、市商务局提供资料整理。

## 3. 新兴产业具备了一定发展潜力

一是医药、汽车、电子等新兴产业发展较快，2012年占全市规模以上工业的比重达到14.2%，较上年提高6.3个百分点。二是科技创新有一定基础，全市拥有高新技术企业达到 66 家，高新技术产业增加值占规模以上工业的 25%；拥有高校 12 所，其中大学在校学生近 10 万人；国家级重点实验室 1 家、国家级工程技术研究中心 1 家、省级工程技术研究中心和重点实验室 27 家，研发能力居于全省前列，基本覆盖装备制造、生物医药、信息技术、新材料等新兴产业。三是近年来，随着旅游业的发展，带动了一批文化创意、科技信息、金融保险等企业入驻秦皇岛。[①]

### （二）产业空间布局特征

**1. 产业空间布局基本体现区域资源条件和地理区位，并形成了自南向北差异明显的三大片区**

秦皇岛产业空间分布与其区域自然地理格局及资源条件有着紧密的关系，从宏观布局上形成了差异明显的滨海地区、浅山丘陵地区和北部山区等三大片区。种植业相对布局在浅山丘陵地区和北部山区等两大片区，工业和现代服务业布局主要集中在滨海地区，其集聚了占全市 60% 的工业和 70% 的现代服务业。产业总体布局与自然地理格局相适应，总体呈现"沿海集聚、山区趋散"的特点。

**2. 开发区、园区等产业集聚区成为产业布局的主要载体，并形成了以秦皇岛经济技术开发区为龙头的"1 + n"产业集聚区体系**

近年来，各区县加快了产业集聚区的建设，到目前全市经国家、省、市认定的开发区、园区共 16 家，集聚了占全市 50% 的 GDP 和 80% 以上的工业总产值。其中：经国务院批准的有 2 家，包括秦皇岛经济技术开发区和秦皇岛出口加工区；省政府批准设立的产业集聚区包括北戴河新区、秦皇岛西部工业集聚区（包括昌黎工业园、卢龙工业园）、秦皇岛临港产业集聚区（包括山海关临港经济开发区、海港经济开发区）、河北昌黎干红葡萄酒产业集聚区（包括昌黎产业园、卢龙产业园和抚宁产业园）、海港区圆明山文化旅游产业集聚区、秦皇岛杜庄工业集聚区、昌黎工业园区、北戴河经济开发区、青龙经济开发区、卢龙经济开发区、抚宁经济

---

① 秦皇岛市统计局：《秦皇岛统计年鉴（2013）》，中国统计出版社 2013 年版。

开发区、青龙物流产业集聚区、青龙山神庙循环经济示范园等共13家，还有市级园区昌黎空港产业集聚区1家。其中，秦皇岛经济技术开发区的主体作用较为突出，其他园区发展规模小、产值贡献低。2012年秦皇岛经开区的GDP达到240.6亿元，占全市的1/5强；工业增加值148.8亿元，占全市的41.7%，超过全市其他产业集聚区之和。具体如表1-2、图1-1所示。

表1-2　　　　　各区县产业集聚区的分布（2012年）

| 区县 | 获国家、省、市认定的产业集聚区 | 已建但没获上级政府认定产业集聚区 | 准备谋划 |
|---|---|---|---|
| 海港区 | 秦皇岛国家级经开区（国家级）、秦皇岛出口加工区（国家级）、秦皇岛临港产业集聚区海港经开区（省级）、临港物流园（省级）、海港区圆明山文化旅游产业集聚区（省级） | | |
| 山海关区 | 秦皇岛临港产业集聚区山海关临港经开区（省级） | | |
| 北戴河区 | 北戴河经开区（省级） | 信息产业园、文化创意产业园 | |
| 卢龙县 | 卢龙经开区（省级）、秦西工业区卢龙工业园（省级）、河北省昌黎干红葡萄酒产业集聚区卢龙产业园（省级） | | |
| 抚宁县 | 抚宁经济开发区（省级）、秦皇岛临港产业集聚区杜庄工业园（省级）、河北省昌黎干红葡萄酒产业集聚区抚宁产业园（省级） | | |
| 昌黎县 | 河北昌黎工业园区（省级）、秦皇岛西部工业区昌黎工业园（省级）、河北昌黎干红葡萄酒产业集聚区昌黎产业园（省级）、昌黎空港产业集聚区（市级） | | |
| 青龙县 | 河北青龙经济技术开发区（省级）、河北青龙物流产业集聚区（省级）、山神庙循环经济示范园（省级）、秦皇岛经开区青龙园区 | 青龙县城工业园 | 隔河头道口经济园区、茨榆山道口经济园区、八道河道口经济园区 |

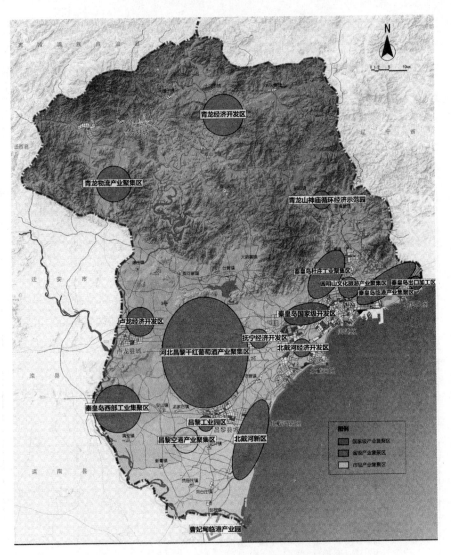

图 1-1　秦皇岛市产业集聚区空间布局现状示意图

**3. 农业布局呈明显的地域差异性，并形成了一批特色优势农业产区**

农业生产呈现较为突出的地域差异性，山区以发展林果、苗木为主，粮食为辅；丘陵及浅山区以发展甘薯、杂粮等特色农业及山地粮油、林果作物为主；平原区以发展酒葡萄等特色农业和蔬菜等为主，辅以发展其他粮食作物，在茹荷、刘台庄、团林、大蒲河等洋河以西的滨海地带，适度发展了海洋捕捞及海产品加工、近海养殖等产业。近年来，秦皇岛市加快了特色优势产业的发展，形成了一批特色优势农业产区，主要有：昌黎、卢龙和抚宁的葡萄优质产区，昌黎、卢龙的甜玉米优质产区，昌黎、抚宁的蔬菜优质产区，卢龙、抚宁的优质生猪养殖产区，卢龙的甘薯优质产区，昌黎、南戴河、北戴河的水产种质资源保护区，青龙的中药材、肉鸡、杂粮优质产区，卢龙的肉羊优质产区，昌黎的貉养殖产区，等等。

## （三）产业空间布局存在的突出问题

### 1. 产业空间布局未充分展开，山海联动、市县互动发展弱，区域发展差距面临持续拉大的态势

工业和服务业高度聚集在狭长的滨海地带，一些适宜在低山浅丘和北部山区发展的旅游业、特色加工业的空间布局未充分展开，山海协作、市县互动发展的局面尚未形成。一方面，滨海地带经济功能过于庞杂，挤占了优质的海岸及后方用地资源，而最适宜布局在滨海地带的临港工业却面临用地短缺的危险；另一方面，低山浅丘和北部山区产业发展薄弱，县域经济发展滞后。2012 年占全市总面积 94% 的抚宁、昌黎、卢龙、青龙等低山浅丘和山丘四县，GDP 贡献仅占全市 40%，市区人均 GDP 是青龙满族自治县的近 6 倍。[①]

### 2. 中心城区集聚辐射能力不强，各县区产业同质发展，区域恶性竞争有持续加剧发展的态势

中心城区城市功能提升慢，现代服务业发展滞后，金融商务、商贸物流等服务业布局分散，尚未形成功能强大的现代服务业集聚区，对周边地区的辐射力弱。与此同时，受各地强烈发展愿望的影响，各县产业结构差异不明显，产业特色不突出，基础原材料产品多，终端消费类产品少；大企业、大集团的带动作用比较弱，产业结构"小而散"，企业规模

---

① 秦皇岛市统计局：《秦皇岛统计年鉴（2013）》，中国统计出版社 2013 年版。

"小而碎",产品结构"小而全"的问题较为突出,全市产业整合存在较大空间。

**3. 园区建设点多、规模小、分散发展,主导产业不突出,园区无序发展有进一步恶化的态势**

近年来,各地建设园区的热情高涨,部分园区规划建设存在一定的盲目性,无序发展问题较为突出。一是园区数量偏多,分散性大,园区规模小,难以发挥产业集聚的优势效应。大部分县区规划建设了 3 个甚至更多园区,有些县甚至准备建设高达 8 个园区。二是园区管理体制不顺,缺少统一规划、调控和管理,影响了整体优势发挥。秦皇岛市的园区分属于不同层级、不同行政区管理,这虽然有利于调动各方面办园建园的积极性,但同时也带来了园区间缺乏有效协调、盲目竞争、低水平发展以及忽视了服务体系的配套整合等问题。一些空间上临近的园区,由于行政分割,设施难以共享,造成重复和浪费。三是园区产业同构现象普遍存在,秦皇岛市有 8 个园区选择农产品加工作为主导产业,7 个园区选择金属压延产业作为主导产业,即使空间毗邻的杜庄工业区、海港经开区、山海关经开区的产业结构也雷同。四是布局散乱,部分园区选址远离城镇,配套设施建设负担重;中心城区内园区与城市功能布局不协调,呈现"工业围城"发展态势。

**4. 产业空间侵蚀生态用地,产业发展影响环境质量,美丽秦皇岛建设面临威胁**

一是城市建设和产业空间的持续扩张占据了大量滨海用地和生态空间,山海的生态空间延续性受到破坏,一些重点生态功能区面临被侵蚀的危险。二是在一些生态敏感地带,陆续布局了一些工业园区,特别是以钢铁冶金、建材、金属压延等主导产业的山神庙循环经济园、青龙经开区等均分布在秦皇岛西部和北部生态环境比较敏感的地带,对生态环境造成一定的影响。

## 二、面临的形势

今后 5～7 年是秦皇岛市加快转变经济发展方式、全面建成小康社会、打造河北沿海增长极的关键时期。从国际看，经济全球化深入发展，世界经济恢复增长，经济科技竞争更加激烈，全球产业结构面临新一轮调整。从国内看，国家进一步全面深化改革，内需市场加速拓展，区域发展格局孕育新一轮变化，资源环境约束进一步强化，转变经济发展方式更加紧迫。秦皇岛市产业空间布局调整既面临难得的历史机遇，也面临诸多严峻的挑战。

一是我国产业结构正面临重大调整，国家大力培育和发展战略性新兴产业，加快发展文化创意、旅游休闲、健康服务、金融商贸等现代和新兴服务业，加快传统产业转型升级，为秦皇岛市顺势而为，乘势而上，培育发展现代服务业和新兴产业，促进钢铁、玻璃、水泥等产业转型升级，加快产业空间布局调整优化创造了良好的外部环境。

二是国家加强环渤海地区经济合作，将京津冀协同发展规划、河北沿海地区发展规划上升为国家战略，有利于秦皇岛充分发挥滨海和环境优势，争取政策支持，积极承接京津地区产业和功能疏解，深化与周边城市的产业分工协作，培育建设区域性中心城市，打造河北沿海增长极，进而推动全市产业空间布局的优化调整。

三是河北省正按照第八次党代会提出的"建设经济强省、和谐河北"的战略目标和"优势地区集聚发展、贫困地区加快发展、城市乡村统筹发展、经济社会协调发展"的总体布局，着力推动产业结构优化升级，着力构筑区域经济发展新格局，坚持把加快发展战略性新兴产业作为主攻方向，坚持把拓展服务业发展领域作为结构调整的战略任务，坚持把环首都经济圈、河北沿海等优势地区作为重点区域聚集发展，为秦皇岛市聚焦产业发展，优化产业空间布局，建设沿海强市、美丽港城带来了重大机遇。

四是秦皇岛市大力推进产业立市战略，北戴河机场、高铁等一批重大基础设施建设竣工开通，北戴河新区、西港搬迁改造等一批重大产业发展平台正在夯实打造，秦皇岛市产业发展环境正发生深刻变化，产业发展格局正面临重大调整，为秦皇岛市加快产业空间结构战略性调整创造了良好条件。

与此同时，秦皇岛市产业空间布局调整优化也面临诸多挑战。一是世界经济复苏艰难曲折，我国经济增速放缓，国内传统行业如冶金设备、船舶制造、铁路设备等装备制造业的增长速度明显回落，冶金、建材等中低端产品产能过剩状况逐步加重，周边地区曹妃甸新区、渤海新区、东戴河等新的产业平台不断涌现，秦皇岛在吸引国内外产业转移和高端要素集聚等方面难度增大，以大规模的产业进入推动产业空间布局优化调整的难度在加大。二是秦皇岛市产业空间布局的调整客观上受到既有地区利益格局固化和历史遗留问题等多种因素的制约，要在较为复杂的局面中走出一条既客观科学、符合实际，又能被各方均能接受的路子，面临的任务将较为艰巨。三是产业空间布局调整必然需要配套建设一批基础设施，在经济下行压力加大的背景下，大批基础设施建设必将带来较大的资金压力。

# 三、重大意义

优化产业空间布局是秦皇岛市在我国进入全面深化改革、加快转变经济发展方式的新阶段，抢抓机遇，筹谋布局，主动调整，全力推进产业立市，建设沿海强市、美丽港城，打造河北沿海增长极的重大战略举措。推进产业空间布局调整有利于着眼未来，在积极承接京津地区功能疏解的同时，统筹全域，合理优化全市经济布局，推动山海互动、市县联动、港城协同发展，全面提升区域协调发展水平；有利于整合资源，理顺园区管理体制，在全市全力打造若干个重大产业平台，构筑龙头引领、主业明确、协作配套、特色鲜明的现代产业集聚区体系，为"产业立市"战略的深入实施奠定基础和提供强大的保障；有利于统筹处理好经济发展与资源环境的关系，贯彻落实主体功能区战略，在保护建设好秦皇岛国际旅游胜地的同时，推动沿海强市、美丽港城建设。

# 第二章　指导思想与发展目标

## 一、指导思想

以邓小平理论、"三个代表"、科学发展观为指导，深入贯彻开放强市、产业立市、旅游兴市、文化铸市战略。紧紧抓住京津地区产业转移和功能疏解等重大机遇，立足长远、统筹布局，坚持市场导向和政府推动相结合，坚持增量优化带动存量调整，大力推进山海协作互动，大力推进主体功能区建设，大力推进产业集聚区优化整合，大力推进产港城联动发展。统筹安排好产业、城镇和生态三大空间，加快构建龙头引领、主业明确、协作配套、特色鲜明的现代产业集聚区体系，加快形成中心城区功能强大、县域经济支撑有力的优势互补、分工合作、高效协调的区域经济发展新格局，为秦皇岛市建设大港口、打造大产业、构建大平台、发展大城市提供有力支撑，为建设沿海强市、美丽港城，打造河北沿海增长极奠定坚实基础。

## 二、功能定位

### （一）国际知名的旅游休闲度假胜地

放大滨海度假优势，突出"百年古城文化、百年大港遗韵、百年戴河人文"特色，加快旅游业转型升级步伐，着力推动观光型旅游向休闲度假和文化体验型旅游转变、由季节游向全年游延伸、由滨海旅游向全域旅游拓展，加快国际旅游标准化建设，完善服务配套，延展产业链条，提升发展质量，创新旅游业与其他产业融合发展模式，探索旅游大发展带动区域经济社会全面发展的道路，建设在国际上具有重要知名度的旅游休闲胜地。

## （二）国家重要的综合性港口物流基地

依托辐射全国的港口交通基础设施，立足大港深港优势大力发展物流业，在巩固北方煤炭港的地位的基础上，以玻璃建材、装备制造、粮食淀粉加工、电子产品等为切入点，大力拓展货源；创新体制机制，支持与内陆省市建立港口或物流战略合作，大力拓展腹地货源，加快建成与天津、大连、唐山等北方大港错位发展的全国重要的综合性港口物流枢纽。

## （三）全国具有影响力的临港大型装备制造业基地

依托产业基础，突出局部强势，以重大技术装备和重要基础装备为方向，实现产业规模的再度扩张和技术水平的整体提升，着力培育一批重点产品、重点企业和重点集群，扩大重型、专用装备制造产品在国际、国内的市场占有率和品牌影响力，建成国内领先、达到国际先进水平的大型装备制造业基地。

## （四）环渤海地区后发崛起的科技成果转化基地和新兴产业基地

发挥毗邻京津、环境优良、科教优势突出的综合集成优势，与周边地市错位发展，依托产业园区，采用合理的运作机制，营造具有区域领先水平的良好平台和创新环境，最大限度地吸引国内外科技创新成果到秦皇岛高效实现产业化，建成环渤海湾地区重要的科技创新成果产业化基地。充分借势京津，积极承接京津地区产业转移和功能疏解，加大引进力度，培育壮大高端装备制造、新一代信息技术、节能环保、新能源及新材料、生物医药等新兴产业，力争实现后发崛起，打造全市工业新的支柱产业，建成环环渤海地区后发崛起的战略性新兴产业基地。

**（五）京津冀地区高端产业承接基地和优质农副产品供应基地**

围绕京津功能疏解，依托现有产业集聚区建设高端产业承接平台，大力吸引养老康体、教育培训、文化创意、战略性新兴产业和新兴海洋产业，建成面向京津的高端产业承接高地。围绕京津大都市及周边城市居民基本生活需要，以葡萄、蔬菜、樱桃、甜玉米、甘薯、生猪、肉鸡、肉羊、貉等优质农产品为重点，建设一批标准化优质农产品生产基地，打造一批优质农产品知名品牌，拓宽农产品销售市场，与京津建立长期稳定的供应体系，建成服务京津重要的优质农副产品生产与加工基地。

**（六）冀辽边际地区区域性中心城市**

依托位于冀辽边际交界地区的地理区位，发挥旅游业先导作用，推动旅游业与第三产业的深度融合发展，以金融保险、商务会展、物流商贸、教育培训、文化创意、养生康体等服务业为重点，大力增强城市中心功能，拓展腹地范围，逐步解决目前旅游型城市区域性功能单一及秦皇岛旅游季节性强的问题，率先建成辐射周边地区的区域性中心城市。

# 三、布局原则

**（一）战略调整原则**

着眼长远发展，把秦皇岛市的产业布局放在京津冀、环渤海乃至全国范围内考虑，立足全市自然、交通、经济资源分布特征，以全域景区和区域协调为准则，大力整合原有的产业空间布局结构，对产业空间布局进行前瞻性安排，预见性地为远期产业发展、城市建设留足空间，实现产业发展与新型城镇化、生态环境相协调，形成区域协调发展的新格局。

**（二）合理分工原则**

滨海地带逐步退出传统工业，大力发展现代服务业、高新产业和临港工业，提升产业层次；拉开拉大产业空间布局框架，在浅山丘陵地区适度集聚布局数片工业集聚区；北部山区发展生态经济，突出生态涵养功能；结合各地具体情况，形成各具特色、分工明确的产业集群布局。

### （三）突出重点原则

从秦皇岛市整体发展的战略高度，合理整合现有产业集聚区，科学规划新建产业集聚区。组织全市优势资源，重点打造秦皇岛经开区、高新区、现代服务业集聚区、高端旅游产业集聚区等几个功能强大的产业发展平台，力求局部跨越式发展拉动全局，合理兼顾局部与整体的关系，争取整体的和谐与共同发展。

### （四）空间集约原则

把产业整合到统一协调的布局框架中去，提高产业空间集聚度，增强产业间协调配套能力。实行"布局集中、产业集聚、用地集约"，引导具有共同指向的产业向特定优势区域集聚，促进优势产业相对集中，形成生产专业化区域和产业聚集组团；围绕优势企业和名牌产品，延伸产业链，不断壮大产业优势，整合各种资源，形成稳定、持续的竞争优势集合体。

### （五）生态优先原则

把生态环境保护作为"命根子"，放在全市突出位置，尊重自然，顺应自然，处理好产业布局与生态环境保护的关系；严格产业准入制度，实行环境保护问责制度，严控"三高"（高污染、高耗能、高排放）产业项目，实施节能减排管理，促进经济社会发展与环境保护的协调发展，全面推进美丽港城、国际一流的旅游度假胜地建设。

## 四、发 展 目 标

必须充分估计其艰巨性和复杂性，坚定信心，迎难而上，按照两步走战略，实现产业空间布局的战略性调整。

### （一）到 2015 年，奠定框架阶段

承接京津地区产业转移和功能疏解成效显著，现代服务业、高新技术

产业和临港工业加快发展，钢铁、建材、食品等传统优势产业加快转型升级。产业空间布局加快向纵深腹地拓展，初步形成山海协作、市县联动、区域协调发展格局。产业集聚区优化整合加快，初步形成国家级经开区、高新技术产业开发区、现代服务业集聚区、高端旅游产业集聚区为主体，其他产业集聚区为补充的产业空间布局骨架。到 2015 年，秦皇岛市 GDP 力争达到 1600 亿元，其中工业增加值占比达到 42%，工业集中度达到 90% 以上，建成年主营业务收入超 1000 亿元的产业聚集区 1 个以上，超 500 亿元的产业聚集区 2 个以上，培育国家新型工业化示范基地 1 个。

（二）2016～2020 年，优化提升阶段

大旅游、大产业、大平台、大城市的发展格局加快形成，形成旅游业与其他产业并行，现代服务业与现代工业、现代农业并举，先进制造业与高新技术产业并重的现代产业体系，基本建成国际一流的旅游休闲胜地、环渤海地区后发崛起的科技成果转化基地和新兴产业基地、冀辽边际地区的区域性中心城市；全域景区建设基本完成，形成以国家级经开区、高新技术产业开发区、现代服务业集聚区、高端旅游产业集聚区等四大产业平台为龙头的产业集聚区体系，四大产业平台在全省具有显著的影响力；形成"三区三轴多支撑"的产业空间总体布局和优势互补、定位清晰、良性互动的区域协调发展格局，全市呈现大发展、快发展、科学发展的良好局面。到 2020 年，全市 GDP 超过 3000 亿元，建成 4 个主营业务收入超 2000 亿元的产业集聚区。

# 第三章　产业发展方向和重点

围绕建设"一胜地、四基地、一城市"的战略定位，夯实做强现代旅游、装备制造、食品等优势产业，转型提升钢铁、玻璃、特色农业等传统产业，大力拓展具有带动作用的新兴产业和现代服务业，构建具有滨海特色的现代产业体系，构筑环京津地区产业发展新高地。秦皇岛重点产业选择方案如表3-1所示。

表3-1　　　　　　　　　秦皇岛重点产业选择方案

| 产业类别 | | 选择理由及有利条件 | 目标 |
|---|---|---|---|
| 1. 夯实做强类产业 | | 能够发挥竞争优势，符合城市功能定位，占据产业主体地位，后续增长潜力较大 | 中近期工业加快发展的核心基础和主要动力 |
| | 现代旅游业 | 资源优势突出，产业基础好，发展潜力大，带动能力强 | 国际知名的旅游休闲度假胜地 |
| | 装备制造业 | 产业基础雄厚；带动作用强大；具备较大发展空间；后续项目支撑带动有力 | 国内领先的临港大型装备制造业基地 |
| | 食品工业 | 依托港口、原料优势；具有较好产业基础；区域特色突出；具备较大扩张潜能 | 环渤海地区特色食品加工基地 |
| 2. 大力拓展类产业 | | 具有较好发展前景，符合城市发展与产业升级方向；提供增长动力和具有引领功能 | 工业实现赶超的支撑动力和新支柱产业 |
| 新兴产业 | 新一代信息技术、高端装备制造、新材料、新能源、节能环保及海洋工程装备等 | 国内发展空间广阔，借势京津，承接技术产业化；依托基础、在更多领域进行选择，采取相应路径实现突破。电子信息产业最具潜力；高端装备制造具有基础；新材料及生物医药（保健品、食品）力争突破；新能源加快发展 | 环京津地区后发崛起的战略性新兴产业基地新的优势产业和经济增长亮点 |
| | 现代服务业 | 发挥旅游的先导作用，立足建设区域性中心城市，强化城市中心功能，辐射周边地区 | 冀辽边际地区区域性中心城市 |

续表

| 产业类别 | 选择理由及有利条件 | 目标 |
|---|---|---|
| 3. 转型提升类产业 | 未来增长空间受到限制；立足现有基础和区域市场，形成特色和发挥配套优势 | 保持稳定增长的重要基础和助推动力 |
| 钢铁工业 | 未来增长空间相对有限；已有较大产业规模；当地资源、下游配套优势 | 区域性钢铁工业基地和装备制造业配套基地 |
| 玻璃工业 | 未来增长空间受到限制；玻璃工业具有特色；产品创新有一定潜力 | 北方玻璃工业基地、技术研发与交易中心 |
| 特色农业 | 毗邻京津大都市，发展农业的条件较好，葡萄、生猪、甜玉米等优质农产品竞争力强 | 面向京津地区的优质农副产品供应基地 |

# 一、夯实做强类产业

## （一）现代旅游业

把旅游发展作为建设沿海强市、美丽港城的重要依托。以调整产业结构和转变发展方式为主线，以构建"旅游＋文化＋生态"互动发展新格局为中心，按照建设全域景区、发展大旅游的理念，以休闲度假健身旅游为龙头，深入实施旅游兴市战略，大力推进旅游综合改革试点，努力探索旅游资源一体化管理和体制机制创新，全面提升旅游产业的市场化、规模化和国际化水平。综合发挥北戴河新区生态优势、北戴河区康复疗养和消暑优势、海港区养生文化和著名港口优势、山海关长城海岸优势，以北戴河新区等重点区域的科学开发和适应现代旅游业发展要求的项目建设为突破口，进一步提升滨海休闲度假、长城山地生态、葡萄酒文化体验三大核心优势，加快发展邮轮游艇、休疗养生、文化创意等高端旅游产品，打造和提升滨海休闲度假产业集群，全力推进旅游业提档升级，加快把现代旅游业培育成为秦皇岛市的龙头产业。

## （二）装备制造业

以国内外市场需求和国家产业政策为指引，以做强做优为主线，以核心骨干企业为主体，以大型化、系列化、精密化、国际化、服务化为方向，以拓展和优化产品结构为主线，努力增强系统集成、成套生产、协作配套、技术研发能力，相对集中布局，形成以专业配套为支撑的产业集群，构建以高端智能装备制造为先导、以船舶修造、重型装备、专用机械、通用设备制造、专用设备制造为主体的总体格局，巩固提升全市工业最重要的核心支柱产业的地位。

### 1. 汽车及零部件

依托龙头企业，支持企业增强汽车零部件研发能力，扩大铝合金轮毂规模，提高档次，巩固国内领先地位；生产汽车车门总成、冲压件和汽车线束等产品，延伸发展新的汽车零部件，形成更大配套能力和产业集群；支持企业与国内外大公司合作，开发新能源汽车，发展汽车整车生产，建设汽车生产基地。见图3-1。

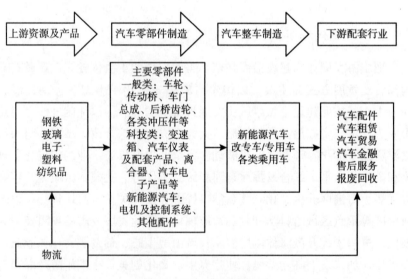

图3-1 汽车产业链延伸图

### 2. 船舶修造

依托山船重工，重点发展船舶修造和配套，建设山海关大型修造船基地。根据市场动向，扩大改装船型范围，重点进行自卸船、水泥船、起重船、牲畜船等特种船的改装，以及更改船体线型及集装箱船改装；开拓修船业务新领域，向船舶改装、接长（宽）、更机等领域拓展，建成国内最大的修船基地。全面采用总装化、模块化、专业化的现代制造模式，积极开发和承接生产高效、绿色环保、操作可靠的船舶，包括大型散货船，以及油轮、集装箱和多用途等船舶。建设船舶配套产业园，大力发展船舶分段和船舶配套产品，包括船舶机电仪表、船用通风机、船用齿轮箱、传动及连接器、联轴器、离合器、空气压缩机等船用辅机装置，构建产业链和产业集群。见图 3 - 2。

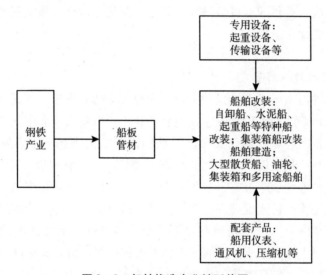

图 3 - 2　船舶修造产业链延伸图

## 3. 电力装备

围绕核心骨干企业和专业协作配套企业，建立产业链和产业技术联盟，建设电站装备制造基地。重点发展大型燃气轮机、百万千瓦级核电主设备、超高压大容量变压器、新型节能变压器、变压器用矽钢片和风力发电设备以及大型石化容器等。依托港口，建设大型发电设备、输变电设备秦皇岛出海口基地。

## 4. 高速铁路设备

继续扩大高速铁路设备制造规模。推进中铁山桥集团产业园项目，开发生产 250 公里/小时以上客运专线道岔及 350 公里/小时以上高速铁路道岔，支持自动化特大型钢桥研发及制造。扩大钢梁结构产量，同时发展大型起重设备，包括架桥机、港口机械等。

### 5. 冶金专用设备

加快开发和规模化生产干熄焦设备等新产品。加快特大高炉炉顶成套设备研发和产业化步伐，推进冶金专用设备集群建设。重点开发国际市场和国内设备更新市场，联合大型企业进行总承包，扩大冶金、环保专用设备生产规模，提供成套设备设计、制造、安装、维修一条龙服务，提高服务性收入的比重。

### 6. 高端装备制造

把握国内市场迅速扩张和国家产业政策支持的机遇，依托现有产业基础，重点培育重型工程装备、核电装备和工业机器人及通用航空，力争实现高端装备制造领域的新突破。拓展国内外新的市场，重点发展桥梁施工、特大吨位起重设备；发挥核心技术优势，扩大盾构机、TBM 掘进机、硬岩掘进机等大型隧道施工装备生产规模。加快百万千瓦级核电核岛主设备自主化完善项目建设进程，推进第四代核电技术高温气冷堆的研发，提高自主创新能力，建设大型发电设备出海口基地。围绕核电设备配套需求，积极引入配套企业，发展核电站需要的电线电缆、管道阀门、仪器仪表、工控机械、成套电气、机电设备、控制系统、复合材料、辐射防护、环境监测等核电站辅助设备。依托现有精密机械、数控机床、包装机械等产业基础，服务周边地区产业转型升级需要，抢先发展制造环境下作业的工业机器人，探索发展仓储、搬运等非制造环境下的服务机器人。以小型公务/商务飞机、教练机和新型直升机为重点，积极承担国际航空转包制造业务，发展通用航空飞行器制造业。

### （三）食品工业

充分发挥深水大港、临近原料基地和消费市场的综合优势，依托大型龙头企业，以原料基地化、产业规模化、加工精细化、特色品牌化为方向，以粮油加工、肉制品加工、酒及饮料加工为重点，以薯类和果蔬菜加工为辅助，做大精加工，做强深加工，做优产业链；从产业链的整体构建和高端环节入手，建设原料基地和营销网络；调整优化产品结构，加快开发新品和精品。按国际质量标准和要求规范食品工业，注重食品安全，进一步提高对全市经济的支撑和带动作用。力争到2017年，食品工业销售收入达到1000亿元，建成北方地区具有特色的食品工业基地。

### 1. 大豆制品加工

重点推进与益海嘉里集团的合作，以西港搬迁为有利契机，支持金海粮油、金海食品聚集发展，建设具有一定规模的大豆精深加工综合项目。提高大豆食用油规模和产品档次，开发生产高档色拉油、专用油、保健油、礼品油，扩大精炼油和专用油的比重。提高大豆精深加工度和副产品综合加工利用水平，开发生产大豆蛋白、大豆核酸、大豆低聚糖、大豆皂甙、大豆磷脂和大豆异黄酮、大豆生化饲料等系列精深加工产品；利用油饼粕提取天然植物酸、多酚和多糖等精细加工产品，促进资源精深加工和综合利用，形成产业链延伸和规模集群效应。力争到2017年，全市大豆制品加工业主营业务收入达到150亿元。

### 2. 粮食加工

依托骊骅淀粉、鹏远淀粉、中粮鹏泰等企业，在巩固玉米淀粉、小麦面粉等加工业的基础上，提高玉米、小麦的加工转化率和利用率，围绕开发新品种，积极向深加工方向发展。玉米深加工产品链包括开发玉米淀粉、玉米蛋白粉、变性淀粉、化工醇、有机酸等。面粉产品链包括生产多种面粉、营养强化面粉、预配粉，扩大方便食品、速冻食品、即食食品、营养食品的规模。积极开展副产品综合利用，搞好深加工和循环化利用。

### 3. 肉类加工

优先做大畜禽类制品加工。针对细分化需求，开发精深加工产品，大力发展冷却肉、分割肉和熟肉制品，扩大低温肉制品、功能性肉制品规模，向多品种、系列化、精包装、易储存、易食用方向发展。强化产品质量安全，采用胴体在线自动分级系统、计算机图像识别、微生物预报等先进技术，提高肉制品精深加工技术水平依托大型屠宰厂，加大内脏、脂及皮毛、骨、血等资源的综合利用，深加工生物制品。利用水产品资源优势，扩大水产品加工能力，重点发展分割和切片产品，开发鱼糜、腌制品、制品、风味品、速冷品和保健品，研究开发鱼鳞、内脏、甲壳素等废弃物，强化综合利用。蛋类制品在推行传统工艺的基础上，积极开发蛋清、蛋黄分离提取清粉、黄粉，生产各类具有蛋类营养的食品。

### 4. 葡萄酒及饮料制造

依托中粮华夏、茅台干红、华润雪花等企业，围绕提高质量、增加品种、创建品牌，发展高端化、多元化、个性化的葡萄酒、啤酒。加快昌黎干红葡萄酒产业集聚区建设，积极发展高中档、个性化葡萄酒；采用"公司＋农户"模式建设优质原料基地，扩大优质原料供应，积极申报"卢龙酿酒葡萄地理标志产品"，打造卢龙酿酒葡萄产地品牌；严格规范葡萄酒行业准入，深入开展诚信体系建设，支持酒庄酒和家庭酒堡发展，重塑秦皇岛葡萄酒区域品牌形象；深加工葡萄籽、皮，提取生产保健品、化妆品；引导葡萄酒酿造企业（主要是酒庄）发展葡萄酒加工、红酒文化旅游，促进产业链融合。利用本地及周边的优质蔬菜、水果资源，大力发展茶饮料、果蔬汁及果蔬汁饮料、植物蛋白饮料等，着力发展运动型、功能型、保健型饮料等新饮品。

### 5. 薯类制品加工

依托昌黎粉丝加工集群、卢龙甘薯加工集群，在现有淀粉、粉条、粉皮、薯脯等产品的基础上，开发生产膨化食品、净化淀粉、变性淀粉等。马铃薯加工重点发展速冻薯条、炸片、炸条、虾片、三维粮等产品，开发绿色食品、有机食品、方便食品，做大县域特色食品产业。

---

**专栏 3－1　食品加工产业链**

大豆深加工产业链。在加工食用油的基础上，开发生产低温豆粕、大豆蛋白、生物包衣蛋白、膳食纤维、纤维素等优势产品，深

---

度开发蛋白肽、磷脂、大豆低聚糖、多肽类化妆品、保健食品、功能性食品和防腐剂等产品，形成主要产业链包括："大豆—低温豆粕—大豆蛋白—蛋白肽"；"大豆—油脚—磷脂、维生素E"；"大豆—豆渣、豆皮—膳食纤维、纤维素"、"大豆—生化饲料等。

粮食深加工产业链。玉米深加工产品链：玉米淀粉→玉米蛋白粉→变性淀粉→化工醇→有机酸等。面粉产品链：多种面粉（营养强化面粉、预配粉）→方便食品、速冻食品、即食食品、营养食品。

肉类加工产业链。畜禽类养殖基地→肉制品深加工（冷却肉、分割肉和熟肉制品）→综合利用提取生物制品（内脏、脂及皮毛、骨、血等资源综合利用）。

葡萄酒产业链。葡萄种植业→葡萄酿造加工（葡萄酒、果汁、各种葡萄制品）→葡萄籽、皮深加工提取（保健品、化妆品）→文化旅游业（酒庄、酒堡、葡萄酒主题公园）。

# 二、大力拓展类产业

## （一）战略性新兴产业

以高端化、集聚化、品牌化为方向，依托现有产业基础，提升发展新一代信息技术产业，大力发展生物医药产业，培育新能源、新材料、节能环保等战略性新兴产业。

## 1. 新一代信息技术产业

密切关注新一代信息技术产业的发展方向，巩固壮大现有产业，重点扩大电子专用设备制造业规模，增强产业带动作用；培育发展大数据产业、物联网、云计算等新的优势产业，打造北方"数谷"，建设具有特色的新一代信息技术产业基地，培育壮大成为秦皇岛市新兴产业的核心支撑产业。

（1）电子专用设备制造。以康泰医学、海湾公司、博硕光电、富士康等企业为重点，大力发展数字医疗仪器制造、电子元件、消防电子、楼宇自控设备、太阳能光伏封装设备、非晶硅薄膜太阳能电池封装设备等，提高规模竞争力。紧密跟踪物联网、数据产业迅速发展对相关应用设备产生的巨大需求，引进发展专用设备制造项目，培育新的增长点。

（2）大数据产业。加快推进云计算、移动互联网和物联网等新一代信息技术的广泛应用，以商业智能、公共服务、政府决策为重点领域，借助数据中心、存储中心建设，大力培育海量数据存储（备份）、数据运算、数据挖掘和数据分析等新兴数据业务，全力打造中国"数谷"，建设秦皇岛数据产业基地。引进更多具有优势和链群结全的企业，重点做大做强数据服务业、数据内容业、数据软硬件研发及制造业和相关教育培训业四大主导业务，将数据产业培育成为战略性新兴产业的核心产业，建成我国北方地区提供数据经济支撑、数据项目孵化、数据人才培养等基础工程与产业环境的数据产业之都。

（3）物联网产业。以应用为引领，以设备制造为重点，打造物联网产业链。积极鼓励和扶持生产、流通、物流、公共服务等行业开发和应用物联网系统，发展关键传感器件、监控设备、射频卡等物联网感知层设备及应用层服务，力争在传感器制造、海量数据处理以及综合集成、应用等领域有所突破。重点支持适用于物联网的海量信息存储和处理，以及数据挖掘、图像视频智能分析等技术的研究，支持数据库、系统软件、中间件等技术的开发。重点扶持和推广物联网技术在港口物流、智能家庭、环保监控、园区平台等领域的推广应用，实现智能化管理。见图 3-3。

（4）软件服务与外包产业。大力发展行业应用软件、嵌入式软件、工具软件、信息安全软件与服务等。实施"对接京津策略"，依托大都市的信息、市场资源，积极承接信息技术外包（ITO）的转移，围绕信息技术（ITO）和业务流程外包服务（BPO）两种主要形式，发展面向京津、重点领域的软件服务和外包产业。见图 3-4。

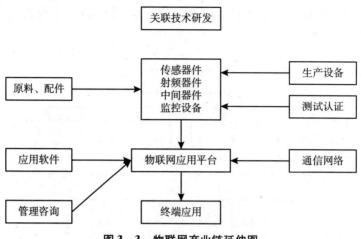

图3-3 物联网产业链延伸图

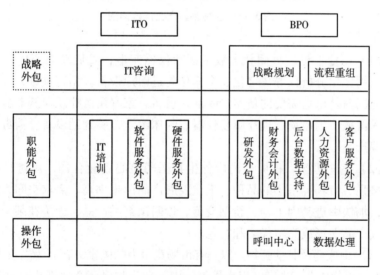

图3-4 信息服务外包产业链延伸图

## 2. 生物医药产业

依托现有制药企业和重点园区，创新发展路径，加大招商引资力度，构建产业链，打造医药产业核心集聚区，加大品牌创建力度，提高药品知名度，促进医药产业的加快崛起；加快生物技术开发运用，重点发展生物医药创新药物，推进中药现代化，建设诺贝尔（中国）生物医药产学研基地等高水平产业集聚园区，推进医药工业取得突破性发展。见图 3 - 5。

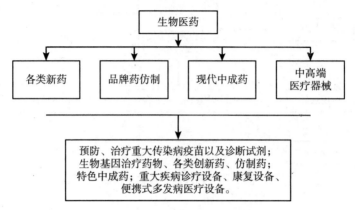

**图 3 - 5 生物医药产业链延伸图**

（1）医疗器械。巩固壮大数字医疗仪器制造，发展动态心电监护系统、医用生化分析仪等数字化、个体化先进医疗设备。拓宽领域，开发生产适合国内外市场需要的新型诊断治疗设备、家庭用医疗及保健器械、外科手术器械、内窥镜、理疗康复仪器、临床医学检验辅助设备、消毒灭菌设备等产品。

（2）生物医药。积极与国内外生物医药核心企业合作，规避行业进入壁垒强、市场容量小的品种，重点发展产品回报率高、需求空间大的新产品，加快引进基因工程、新型疫苗、诊断试剂类产品，力争在某个细分品种或产品上形成竞争优势和特色。

（3）中成药及其他药物。以具有市场竞争力的国家级新药为主攻方向，重点发展现代中药产业链。以诺贝尔（中国）生物医药产学研基地为依托，生产化学合成原料药。依托紫竹药业，生产新型计划生育药物等。

**3. 节能环保产业**

抢占京津地区中近期垃圾处理、空气治理任务繁重、市场规模巨大、成规模的环保设备制造发展不足的机遇，以做大规模为目标，通过政策引导和工程示范，依托现有龙头企业，围绕提高工业清洁生产和节能减排技术装备水平，重点发展除尘、脱硫脱硝及余热余压利用设备、清洁生产和垃圾处理、污水处理及污水处理剂等环保设备、环保材料；大力发展列入国家节能环保项目的高科技 LED 系列产品、可降解环保产品。

（1）固体废弃物处置设备。发展生活垃圾、医疗垃圾、工业废渣和危废以及剩余污泥处理处置技术与装备，重点发展垃圾卫生填埋技术和成套设备；生活垃圾、医疗垃圾焚烧技术和成套设备；垃圾生态循环利用资源化发电系统及成套设备、日处理 30～500 吨城市生活垃圾资源化成套设备。

（2）大气污染防治设备。重点发展冶金等行业专用脱硫设备；自动化除尘设备；燃煤电厂烟气脱硫脱硝设备；垃圾生态循环利用资源化发电系统及成套设备；特殊环境使用的电除尘器、组合式除尘器，适当发展用于各种炉窑的中小型电除尘器；三元催化转化器、有毒有害气体处理设备等。

（3）水污染防治设备。重点发展日处理能力 10 万吨以上的城市污水处理成套设备、居民小区污水处理技术和设备、中水处理及回收利用成套设备。根据我国加快城镇化建设的要求，发展日处理能力 5 万吨以下中小型城市污水处理成套设备。发展海水淡化设备、水处理单元设备、多功能组合式水处理设备。

（4）节能技术和装备。重点研发工业锅炉燃烧自动调节控制技术装备，加快普及生物质能装换和常压技术。加强非晶变压器技术、稀土永磁无铁芯电机技术和特大功率高压变频调速技术的攻坚，提高电机系统整体运行效率。加快推广节能仪器设备，重点研发推广区域建筑群数字化节能监管平台和物联网数字楼宇对讲系统。

（5）节能环保服务业。建立节能环保服务体系，培育 3～5 家通过国家备案的节能服务企业，打造合同能源管理综合服务平台。推进环保技术咨询服务业发展，建立环保服务电子信息平台，积极推行特许经营模式，重点培育环保设施专业化企业。

### 4. 新能源产业

以发展新能源装备为重点和特色，以哈电重装核岛主设备、天威变压器、艾尔姆风电设备、中航惠腾风电设备等项目为依托，重点发展核电、风电、太阳能发电装备及相关配套产品。巩固扩大太阳能光伏专用设备，发展太阳能装备（光伏、光热）、太阳能光伏电池、组件及生产装备。

### 5. 新材料产业

围绕装备制造、钢铁、玻璃建材发展需求，依托重点企业，发展高性能纤维、高性能膜材料、特种玻璃、半导体照明材料等新型功能材料。以玻璃深加工新材料为重点，利用现有产业基础，精细加工，改性提升，发展 TFT－LCD、航空、汽车等特种玻璃、超白玻璃。依托优势企业，发展非晶合金材料。根据制备丙烯腈的原料来源情况和市场条件，择机发展碳纤维产业，培育新的增长点。

## （二）新兴海洋产业

突出高端化、特色化、规模化发展方向，以海洋药物及功能食品、海洋工程装备为重点，着力实施项目带动和科技成果转化，扶持培育海洋新兴产业发展。

### 1. 海洋工程装备制造

以现有海洋重型装备制造项目为依托，重点发展具有高附加值、高市场占有率的海洋勘探、海底工程、石化、海洋环保、海水综合利用开发等海洋工程设备，重点生产大型浮式生产储油船、自升式钻井平台和半潜式钻井平台等。引进发展深水铺管船等产品，以及海洋工程船舶配套、平台支撑系统配套、水下作业系统配套产品；水下运载、深水作业设备等，支持海洋钻井机械、配套用泵、仪器仪表、海底管线等配套产品的生产，形成较为完善的海洋装备制造产业链。见图 3－6。

### 2. 海洋药物

以海洋生物为药源的海洋新药产业化为重点，紧密跟踪国内外海洋寡糖、生物毒素、小分子药物、海洋中药等海洋新药开发成果，积极产业化以高纯度海洋胶原蛋白、海藻多糖、贝壳糖、荧光蛋白等为原材料的新型医用生物材料和新型疾病诊断试剂。海洋生物制品。重点围绕海洋功能材料、海洋微生物制剂、海洋渔用疫苗等，通过海洋生物制品产业化关键技

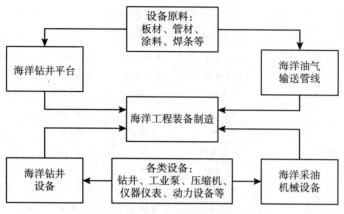

图 3-6 海洋工程装备产业链延伸图

术的集成，实现海洋功能材料、海洋微生物制剂、海洋渔用疫苗、新型海洋生物源化妆品的产业化。利用现代酶制剂技术，依托海洋生物酶制剂产业关键技术，积极进入海洋生物酶制剂产品领域。

### 3. 海洋功能食品

优先发展优势资源、天然资源及药食同源的保健食品，加快发展功能饮品、膳食补充剂，重点开发海洋胶原多糖、多肽蛋白质、海洋生物源降压肽、海洋生物源抗氧化肽、特殊氨基酸、海洋脂类及其衍生物、壳聚糖及海洋生物糖类衍生物等为主要成分的海洋健康食品和功能食品。重点选取一批有效成分含量高、易获取和人工繁育的海洋生物，进行生物活性物质的筛选和提取分离，制成海洋功能食品。通过药源生物种质发掘创制、规模化制种和培育，开展海洋药源、药食同源生物的规模化生产。

### （三）现代服务业

根据秦皇岛市现代服务业发展态的评价结果，应大力发展现代旅游业、物流商贸业等两大支柱服务业，积极拓展金融商务业、会展会议业、教育培训业、健康养生业等四大潜导服务业和文化创意业、体育运动业等两大新兴服务业，加快梯次形成"二四二"橄榄型现代服务业体系，使现代服务业成为全市的支柱产业。见表3-2。

表 3 - 2　　　　　　　　　　　　秦皇岛服务业发展态评价

| 产业类目 | 发展条件 | 发展基础 | 发展前景 | 综合发展指数 |
|---|---|---|---|---|
| 现代旅游 | ★★★★★ | ★★★★ | ★★★★☆ | ★★★★★ |
| 物流商贸 | ★★★★☆ | ★★★★ | ★★★★☆ | ★★★★☆ |
| 金融商务 | ★★★☆ | ★★★ | ★★★★ | ★★★☆ |
| 会展会议 | ★★★☆ | ★★☆ | ★★★★☆ | ★★★★ |
| 教育培训 | ★★★☆ | ★★★ | ★★★★ | ★★★☆ |
| 健康养生 | ★★★★ | ★★★★ | ★★★★☆ | ★★★★ |
| 文化创意 | ★★★ | ★★☆ | ★★★ | ★★★ |
| 体育运动 | ★★★★ | ★★★★ | ★★★★☆ | ★★★☆ |
| 信息服务 | ★★ | ★★☆ | ★★ | ★★ |
| 总部经济 | ★★ | ★☆ | ★☆ | ★☆ |
| 房地产（度假地产除外） | ★★☆ | ★★★ | ★★★ | ★★☆ |
| 居民服务 | ★★ | ★☆ | ★★ | ★★ |

注：房地产业中不包括作为子板块列入健康养生的度假地产。

## 1. 物流商贸业

充分发挥区位和综合交通优势，加快形成以港口物流为龙头、陆路物流为支撑、空港物流为补充的"三位一体"物流体系，重点加快实施"西港搬迁"工程，优化岸线布局，完善港口功能，加强港城互动，畅通蒙东、辽西等内陆腹地的物流通道，拓展海上通道。立足本市产业特色，扩大发展装备制造业物流，提升商贸物流、葡萄酒物流和农产品物流，加快发展集装箱和散杂货物流。加强与大型物流企业合作，改善物流发展环境，引导物流产业链向包装、加工、信息服务等领域延伸。依托北煤南运主枢纽港和煤炭运输主通道优势，形成全国最大的煤炭转运和价格形成中心，建设全国煤炭电子交易平台，打造面向京津、衔接东北和华北的综合性港口物流分拨中心。

## 2. 金融商务业

以金融发展与经济增长的良性互动为根本，以金融和投融资改革创新为动力，主动融入京津冀金融一体化，借助京津金融业的优势，培育壮大银行、保险、证券等金融服务业，形成结构合理、功能齐全、安全高效的区域金融发展格局。积极推进资本市场化运作，大力推进企业上市，灵活运用发行公司债券、股权收益权信托计划、融资租赁等渠道，创新直接融资方式。鼓励和支持信用评级等信用中介服务机构的发展，推动规范会计、审计、律师、资产评估、投资咨询、保险代理等中介机构的规范运作，提高中介机构的诚信经营和专业化服务水平。稳步拓展典当行和小额贷款公司的机构数量和业务范围，引导典当行进行专业化的特色业务创新，规范小额贷款公司试点，推动小额贷款公司与银行的合作创新以扩大信贷资金来源。支持北戴河新区加快金融创新试验区建设。顺应城市人口西移的大趋势，围绕金梦海湾打造第二金融商务区。吸引国内外金融机构来秦皇岛设立总部、分支机构，积极打造金融后台服务基地和特色金融服务基地，推动金融业实现新的跨越，建成省内重要的金融集聚区。

### 3. 会展会议业

通过设施完善、引进大型会务公司、人头奖励等各种方式，积极引入信息发布会、研讨会、产品展示会、研修会、机构总结会等各种会议来秦皇岛市举办，打造好夏季北戴河会议品牌，筹划举办冬季北戴河论坛，做热会议产业。支持北戴河新区打造会展新城，打造环渤海地区新兴会展基地，做大会展产业。

### 4. 教育培训业

以构建"产业高端、高端产业"为核心理念，发挥教育资源丰富，特别是央直、企事业单位各类培训机构富集的优势，按照"大力发展高等教育、积极拓展职业教育、创新发展非学历教育"的发展思路，创新教育培训业发展机制和政策，将优势资源引向市场，形成双赢发展格局。以"政府引导、多方合作、市场运作"为主要发展模式，依托秦皇岛市产业优势和发展势头，重点建设教育培训总部，积极开拓电子信息、工业制造、酿酒、品酒、专业护理、金融、会议会展、体育等方面的培训产业，全力打造国家级教育培训示范区。

### 5. 健康养生业

依托北戴河疗养品牌，推动健康养生业态产业化发展，在立足滨海沙滩优势发展生态环境健康养生的基础上，培育发展膳食调理健康养生、中草药健康养生、运动强体健康养生、慢活优居健康养生、佛道禅修健康养生、远程诊疗健康养生等全类型、全季节养生。依托康泰医学在电子医疗仪器研发和生产上的优势，结合秦皇岛市健康疗养业发展，探索发展面向全国的，包含血氧、血压、心电、脑电、监护、影像等在内的在线健康诊疗数据中心，为全国用户提供在线健康数据管理和咨询。通过健康疗养业带动医药研发、保健品开发、护理品生产、中草药种植、无公害农产品种植、健康养生器械生产、度假地产等产业的共同发展。支持北戴河新区打造高端医疗健康旅游示范区。

### 6. 文化创意业

加快挖掘和整理民俗文化、历史传说、名人故事等非物质文化资源，运用现代技术和经营理念，进行产业化包装设计，发展文学、影视、动漫、演艺等表现手法和产业形态，增强可看性。优先发展影视传媒、节庆会展、运动健身和演艺娱乐业，重点培育文化创意设计、新闻出版、动漫游戏、影视后期制作和网络文化服务。支持北戴河新区建设文化创意产业园。完善文化创意产业园区、北方民间工艺产业园的综合配套服务，大力开发文化整理、设计创作、制作生产、表演展示、营销推广、娱乐体验、出版发行等多个服务环节和业态，实现一体化经营。鼓励有条件的园区申报国家级爱国主义教育基地和传统美德教育基地，进一步突出秦皇岛文化产业的公共教育功能和地位。合理保护和开发历史文物、名人故居、特色文化设施，继续谋划建设一批文化主题公园、遗址公园、博物馆、科技馆、体育训练场地、培训学校、演艺场馆等。继续办好中国·山海关国际长城文化节、秦皇岛国际葡萄酒节、北戴河国际滑轮节、海港区求仙望海节、南戴河荷花节等特色文化庆典活动。

### 7. 体育运动业

以奥运品牌和奥运遗产为引领，依托水上、公路、山地和场地赛事条件优势，引进举办公路或山地自行车、帆船帆板、摩托艇、足球、沙滩足球/排球等方面国际国内大型赛事，着力打造省内前列、环渤海区域有影响的"运动休闲之都、训练教育之城、竞技体育强市"。依托山地和临海优良条件，以体育学校、奥体中心等既有体育设施为基础，规划建设海洋运动休闲基地、山地运动休闲基地、竞赛表演和健身展示基地、体育训练教育基地、高端休闲运动基地，满足国内体育事业发展的要求和人民群众日益增长的健康运动需求。以创建体育名城和健康城市为抓手，加强政策资金支持和机制建设，建立健全全民健身和大型体育赛事活动协调联动长效机制，促进体育与旅游、疗养、商贸等产业有机结合。依托汤河西岸体育运动集聚区，发展运动休闲、体育训练、竞赛表演和健身展示、运动康复休疗养、体育用品制造等体育产业集群，把体育产业培育为全市新的经济增长点。

# 三、转型提升类产业

## （一）钢铁工业

发挥资源优势，依托龙头企业，以市场需求为导向，优化产品结构，提升装备技术水平，加强淘汰落后产能和节能减排，发展循环经济，提高行业整体素质和可持续发展能力，为秦皇岛市工业转型发展提供稳定基础。优化产品结构，巩固发展优势板材品种，提高中厚板专用板和热轧带肋钢筋中400兆帕及以上产品的比重，在条件成熟时生产500兆帕及以上高强钢筋产品，拓展延伸高端产品线。延伸产业链，引导金属压延加工业与装备制造业对接，联合开发钢铁新材料和下游产品；支持发展高速铁路、高强度轿车、造船等用钢，以及工模具钢、高速工具钢、电工钢、高等级管线钢等关键钢材新品种；进入钢结构市场，利用钢材优势，延伸加工深度，拓宽产品领域。推广应用新一代可循环钢铁流程技术、新一代控轧控冷技术、钢材强韧化技术等核心、关键技术；推广高炉干式除尘、转炉干式除尘、干熄焦和以煤气为重点的节能减排和资源综合开发利用技术。推进企业兼并重组，支持以优势企业为龙头，实施跨地区、跨所有制、分阶段的兼并重组，推进市内钢铁企业整合，建设具有市场竞争力的较大的钢铁集团。

## （二）玻璃工业

依托龙头企业，立足产业基础，充分发挥龙头企业技术先进、品牌驰名、市场网络等综合优势，以新型化、差异化、精品化、品牌化为方向，优化产品结构，增强盈利能力，发展循环经济，重点发展高附加值玻璃产品，延伸发展应用于电子信息、新能源、环保等领域的玻璃深加工产品，做精做特玻璃产业。巩固现有基础，以现有生产线为基础，依托耀华玻璃等龙头企业，开发生产在线颜色镀膜玻璃、在线 TFT－LCD 玻璃基板、硼硅板玻璃和熔石英玻璃，建成建筑节能玻璃、新型能源玻璃和高强防热玻璃生产加工基地。延伸产业链，重点打造"原材料→玻璃原片生产→产业玻璃深加工、特种功能玻璃→电子信息产业、交通运输业、建筑产业、光伏产业（太阳能）"为主的产业链。发展深加工产品，有序发展汽车玻璃。发展环保、节能的玻璃的深加工业产品。扩大境外市场，利用港口优势建立玻璃产品深加工及出口基地，拓展产业发展空间。采用新型节能熔窑、余热发电、中水回收利用、太阳能利用等新工艺、新技术，发展循环经济，提高经济效益。

## （三）特色农业

按照"稳定发展粮油，提升促进蔬菜，做大做强畜牧，加快发展生态养护渔业"的思路，坚持把发展粮食生产放在首位，重点发展粮油、葡萄、蔬菜、生猪、肉鸡、毛皮动物、海洋水产六大特色主导产业。

### 1. 粮油业

坚持稳定面积、优化结构、依靠科技、主攻单产，确保粮油生产稳定发展。着力抓好粮食生产核心区建设，大规模建设标准良田，实施粮油万亩高产示范片建设，在高产示范区内建设市、县、乡三级领导干部示范田。积极发展农民种粮合作组织和种粮大户，实施规模化生产。调整优化种植业产业结构，优质小麦、专用玉米、优质水稻、优质花生、优质小杂粮占同类作物比重达到98%。

### 2. 蔬菜业

以扩大规模、调优结构、提升档次、提高效益为目标，坚持"政府主导、群众主体、培植龙头、抓点带面、突出特色、规模发展"的原则，推进高效蔬菜产业带和示范区建设，加快设施蔬菜发展速度，促使蔬菜产业结构向设施化、特色化、优质化和加工型、外向型、高效型方向发展。

### 3. 畜牧业

以工业化理念抓畜牧业，以标准化、规模化、产业化经营为目标，瞄准国内国际市场，做大做强生猪、肉鸡、毛皮动物三大区域优势特色产业，培育提升奶牛、肉羊、肉牛三大区域特色潜力产业。着力实施畜禽良种繁育、畜牧从业者素质提升、畜禽生产监测预警体系建设、饲料产业提升、重大动物疫病防控和畜产品质量安全监管"六大工程"，强力推进现代畜牧业建设进程，打造面向京津的重要畜产品供应基地和畜产品出口加工基地。

### 4. 生态养护渔业

秉承"以养为主，净水兴渔"理念，继续调整和优化渔业产业结构。在养殖方式上，以浅海筏式扇贝养殖、底播增养殖、海洋牧场、池塘海参养殖、工厂化养殖等新型实用养殖模式为主，大力推广无公害养殖、生态养殖、健康养殖、集约化养殖，将品种做优、规模做大。在养殖品种上，实现品种多样化和优质化。大力发展以海参、魁蚶、梭子蟹等为主的海珍品养殖，以大菱鲆、牙鲆、河豚、半滑舌鳎、星鲽等为主的海水鱼养殖，以海湾扇贝、杂色蛤等为主的贝类养殖和中国对虾、日本对虾养殖。调整捕捞结构，压缩近海捕捞船只，鼓励发展远洋渔业。调整水产加工结构，努力提高水产品的附加值，扩大水产品出口创汇。支持北戴河新区打造华北循环型农业示范区。

### 5. 林果业

以葡萄酒企业为龙头，以葡萄酒庄园为依托，与旅游结合，走生态化产业发展之路，打造高端葡萄酒产区。充分利用田园景观、自然生态及乡村文化，建设一批葡萄酒庄园、果品采摘园、休闲渔岛等生态型观光农庄，将庄园农业与旅游、食品加工等产业高效结合。以优质、高效、外向、生态、安全为方向，培育壮大红樱桃等绿色果品业。

# 第四章  产业空间总体布局

紧紧围绕沿海强市、美丽港城建设为目标，深入贯彻落实国家、河北省主体功能区规划，以功能区划分为引领，以产业发展与区域经济、生态环境协调发展为前提，以优化区域总体布局、突出区域特色为导向，立足山海协作、优势互补、错位发展、合理分工的发展要求，构筑功能协调互动、空间集约集聚、操作适度弹性、生态环境和谐的产业空间布局，形成以产业集聚区为主要载体的产业空间布局体系。

## 一、功能区划分设想

根据《全国主体功能区规划》，地级城市要以主体功能定位与功能板块划分为标准综合安排各类地域功能的空间分布，因此秦皇岛市功能区划分要包括两个方面：省级主体功能区区划和功能板块的划分。功能板块是在省级主体功能区划方案下进行的次一级功能区划分。省级各类主体功能区与功能板块存在有机的联系：功能板块是主体功能生成的基础，同时也是对主体功能的进一步阐释。功能板块既可以承载主体功能，也可以承载非主体功能能；每一个主体功能区内部既可以包含同类功能的功能板块，也可以包含其他的功能板块。

（一）省级主体功能区区划

根据《河北省主体功能区规划》将秦皇岛市的国土空间划分为国家优化开发区域、国家农产品主产区、省级重点生态功能区和禁止开发区域等四类区域（见图4-1）。

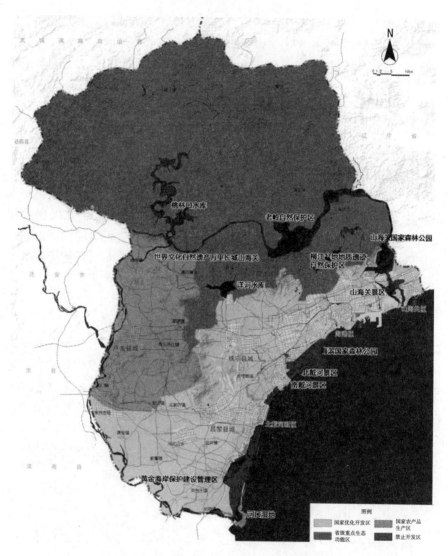

**图 4 – 1 秦皇岛市主体功能区区划示意图**

## 1. 国家优化开发区域

优化开发区域是经济比较发达、人口比较密集、开发强度较高、资源环境问题更加突出，从而应该优化进行工业化城镇化开发的城市化地区。根据《河北省主体功能区规划》主要包括海港区、山海关区、北戴河区、北戴河新区、昌黎县及抚宁县的骊城街道办事处、南戴河街道办事处、抚宁镇、留守营镇、牛头崖镇、榆关镇、深河乡等。今后应充分发挥旅游资源优势，着力搞好国家现代服务业综合改革试点和国家旅游综合改革试验区，重点发展休闲旅游、港口物流、金融商务、文化创意等服务业，积极发展装备制造、食品工业、战略性新兴产业和新兴海洋产业，严格控制新增钢铁产能，加快发展葡萄种植、绿色蔬菜、畜牧、水产等特色产业。

### 2. 限制开发区域（农产品主产区）

农产品主产区指农业生产重点建设区和农产品供给安全保障的重要区域，主要指卢龙县。今后要严格保护耕地，稳定粮食生产，发展现代农业，保障农产品供给，增强农业综合生产能力。控制开发强度，严格建设用地管理和环境质量控制，提高集约化程度。结合农村新民居建设，减少农村居住用地。完善农村基础设施网络，健全公共服务体系。

### 3. 限制开发区域（省级重点生态功能区）

省级重点功能区指地表水源涵养区以及全市生态旅游、生态农业发展的重点区，不应该或不适宜进行大规模、高强度工业化城镇化开发的生态地区。包括青龙县和抚宁除去优化开发区以外的区域。今后要加强水源涵养、水土保持、造林绿化、农田水利等工程，大力发展生态文化旅游和休闲度假旅游，有序开发矿产资源，积极发展林果业。加强"内聚外迁"，实施据点集聚开发，引导人口向优化开发区域转移。加大财政转移支付力度，加强公共服务体系建设，提高公共服务水平。

### 4. 禁止开发区域

指依法设立的各级各类自然文化资源保护区域，以及其他需要特殊保护、禁止开发的重点生态功能区。包括黄金海岸自然保护区、柳江盆地地质遗迹自然保护区、老岭自然保护区、渤海省级森林公园、海滨国家森林公园、山海关国家森林公园、滦河河口湿地、桃林口水库水源保护区、洋河水库水源保护区、石河水库水源保护区、山海关风景名胜区、北戴河风景名胜区、南戴河风景名胜区等。

## （二）功能板块划分

功能板块是在省级主体功能区之下承载具体地域功能的次级地域单元。在主体功能区划分的指导下，秦皇岛市功能板块的划分充分考虑到未来城市、产业、生态空间的战略布局，结合秦皇岛市生态功能区划，经综合评价，将秦皇岛市功能区板块划分为城市功能提升区、城市功能拓展区、城镇与工业统筹发展区、旅游功能区、农产品供给区、生态保护区（见图4-2）。

### 1. 城市功能提升区

城市功能提升区是秦皇岛体现城市中心功能最核心的区域，包括海港区的所有街道（建设大街街道、河东街道、北环路街道、燕山大街街道、西港路街道、海滨路街道、港城大街街道、东环路街道、珠江道街道、文化路街道、白塔岭街道）、海港镇、西港镇、北港镇、海阳镇，山海关区的所有街道（古城街道、西关街道、南关街道、路南街道）、第一关镇，北戴河区的所有街道、镇（东山街道、西山街道、海滨镇、戴河镇）。要以提升城市中心功能为主线，大力发展现代服务业，加快优化产业结构，提升现代城市形象，适当疏解人口，加强精细化城市管理，大力保护生态环境，推进现代服务业集聚区建设，使之成为高端要素集聚、辐射作用强大、具有重要影响的城市核心功能区。

### 2. 城市功能拓展区

城市功能拓展区是秦皇岛建设大城市的拓展建设区域，是未来新增城市人口的重要集聚区，是秦皇岛市推进城市"北拓西跨"发展的重点区域。主要包括抚宁县的县城周边地区及杜庄乡，昌黎县县城周边区域及北戴河新区的大蒲河镇（原属昌黎县）等。要围绕秦皇岛城市功能扩展，大力增强产业功能，统筹安排好空间开发时序，促进海港区—抚宁县城、北戴河新区城市功能区—昌黎县城一体化发展，为秦皇岛市组团式大城市建设奠定基础。

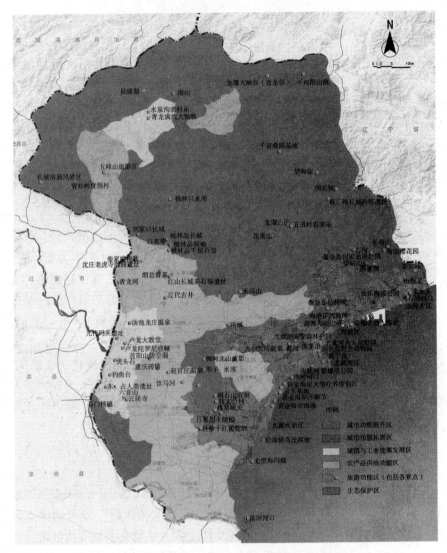

**图 4-2　秦皇岛市主体功能板块划分示意图**

### 3. 城镇与工业统筹发展区

　　城镇与工业统筹发展区指具备一定城镇发展基础和工业发展潜力，有条件在主体功能定位下实现产业与人口同步集聚的地区，主要包括卢龙县城及周边地区、青龙县城及周边地区。要依托县城与县城工业园，适度扩大县城规模，增强产业支撑，促进产城融合发展，完善基础设施和公共服务设施，以改善居住环境、提升生活品质为目标，创新产城一体规划发展思路。

### 4. 旅游功能区

旅游功能区是优化资源配置，承载旅游功能，提升秦皇岛旅游地位，促进秦皇岛旅游业又好又快发展的重点区域，主要包括北戴河新区部分区域、南戴河街道、海港区西港区部分区域，及市域其他各旅游景区等。要转变开发模式，提高开发档次，优化开发秩序，扭转以酒店、房地产开发带动旅游业发展的单一模式，将旅游资源开发与城镇发展、基础设施建设相结合，积极探索新的、更具有秦皇岛特色的旅游开发模式。

### 5. 农产品供给功能区

农产品供给功能区指耕地资源相对富集、现代特色农业发展的集中区，主要包括卢龙中部及南部地区、抚宁中部及南部地区、昌黎南部地区、青龙沙河两岸地区及大巫岚地区等。重点是围绕建设成为京津冀地区的优质农副产品供应基地的目标，加快发展特色农业、商品农业以及精细化农业发展，以增强农业综合生产能力作为发展的首要任务，促进城乡协调发展，成为保障农产品供给安全的重要区域、农村居民安居乐业的美好家园、社会主义新农村建设的示范区。

### 6. 生态保护区

生态保护区是全市重要的生态涵养区，包括青龙县全县，抚宁县北部山地，卢龙县部分山地，山海关区北部山地，还包括依法设立的各级各类自然文化资源保护区域，以及其他需要特殊保护、禁止开发的重点生态功能区。把生态文明建设放在更加突出的地位，坚持加快发展与保护生态并重，引导人口相对聚集和超载人口梯度转移，着力涵养保护好青山绿水，提高基本公共服务水平。对各级各类自然文化资源保护区域、重点生态功能区要进行列入禁止开发区域，严格控制人为因素对自然生态和文化自然遗产原真性、完整性的干扰，严禁不符合主体功能定位的各类开发活动。

# 二、产业空间总体布局

按照"分区指导、轴向拓展、多点支撑、协调发展"的总体要求，依托自然地理格局和现有产业空间分布格局，推动中心城市做优做强，推动产业轴向拓展带动内陆腹地，构筑以综合交通干道为产业拓展轴，以产业集聚区为重要支撑点，多个空间层次相互支撑、相互补充的"三区三轴多支撑"的产业空间总体布局（见图4-3）。

## （一）三区：加快形成三大产业片区

适应秦皇岛市自然地理格局，依据资源和产业特色，以滨海平原地区、浅山丘陵地区、北部山区为依托分别形成蓝色产业区、金色产业区、绿色产业区，充分发挥资源优势、经济区位优势，形成分工明确、特色显著的产业片区。

### 1. 南部滨海蓝色产业区

南部滨海蓝色产业区指沿海岸线狭长带状区域，宽大约距离海岸线20公里，包括山海关区、海港区、北戴河区、北戴河新区、抚宁县城以南地区及昌黎县城以南地区。这个区域是全市生产力布局的重点区域，是全市城市化、工业化的主战场。坚持生态优先，充分考虑自然生态环境的承载能力，因地制宜发展滨海旅游和现代服务业，集聚发展临港产业、战略性新兴产业和新兴海洋产业，禁止新规划建设一般性资源加工型产业；改造提升传统产业，加大存量优化调整力度。随着城市发展需要适时推进传统产业向后方腹地转移，为高端产业和城市建设提供空间。围绕滨海湾区，以滨海绿色廊道、滨海精品景区建设为主体，塑造特色鲜明、绚丽多彩的滨海景观带，打造展现秦皇岛"滨海、活力、生态"特色的标志性地带和绿色生态湾区。

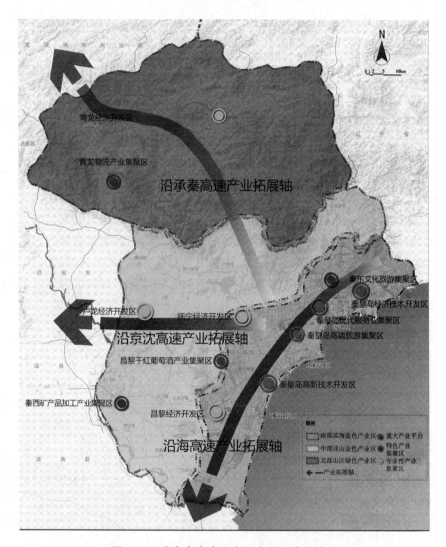

**图 4 - 3　秦皇岛市产业空间布局总体结构图**

## 2. 中部浅山金色产业区

中部浅山金色产业区指长城以南与南部滨海蓝色产业区的中间过渡地带，主要是浅山丘陵区，包括卢龙县、抚宁县城以北地区及昌黎县城以北地区，是秦皇岛市产业空间向纵深腹地拓展的重点区域，是以特色农业、加工制造业、旅游业为特色的产业区。依托交通干道，加大招商引资力度，承接滨海地区部分产业转移，在县城及重点镇集聚发展一般性加工业；加大旅游产品的规划建设，建设滨海地区旅游后方腹地，以浅山地区的历史、葡萄文化、休闲娱乐等为特色旅游资源大力发展旅游业，与滨海地区旅游形成错位发展的局面。依托规划建设的京沈高速公路第二通道，建设一批旅游景点和农业示范园区，带动周边地区的发展。

### 3. 北部山区绿色产业区

北部山区绿色产业区指长城以北地区，属青龙县，基本上是山区，是秦皇岛市的生态屏障和生态绿色产业区。要以生态环境保护为前提，注重生态涵养，重点发展以林果、畜牧和中药材等为特色的山地农业，山地资源型、农业休闲观光型和长城游为主的旅游业，依托县城和有条件的重点城镇点状布局集聚发展服务周边区域的第三产业和清洁型资源类工业，适度提高人口和产业承载能力。工业发展空间布局要和重点城镇的发展相互结合，促进城镇化与工业化互动发展。限制发展高排放产业和危险性项目，水源保护区内禁止发展工业项目。

表 4-1　　　　　　　　　　　三大产业区的发展指引

|  | 地理范围 | 发展定位 | 产业发展导向 | 禁止发展产业 |
|---|---|---|---|---|
| 南部滨海蓝色产业区 | 沿海岸线狭长带状区域，宽大约距离海岸线 20 公里，包括山海关区、海港区、北戴河区、北戴河新区、抚宁县城以南地区及昌黎县城以南地区 | 1. 全市城市化、工业化的主战场<br>2. 以现代服务业、高新技术产业和临港产业为特色的蓝色产带<br>3. 展现秦皇岛"滨海、活力、生态"特色的标志性地带 | 1. 因地制宜发展滨海旅游、现代服务业、战略性新兴产业、新兴海洋产业和临港产业<br>2. 促进传统产业升级或适时搬迁 | 禁止新建一般性资源加工型产业，严格限制化工、化学品和油品仓储等存在安全隐患和环境风险产业发展 |
| 中部浅山金色产业区 | 长城以南与南部滨海蓝色产业带的中间过渡地带，包括卢龙县、抚宁县城以北地区及昌黎县城以北地区 | 1. 秦皇岛市产业空间向纵深腹地拓展的重点区域<br>2. 以特色农业、加工制造业、旅游业为主导的特色产业带 | 重点发展特色农业、旅游业和一般性加工业 | 限制发展高能耗、高污染产业 |
| 北部山区绿色产业区 | 长城以北地区，属青龙县 | 1. 秦皇岛市的生态屏障<br>2. 秦皇岛市以山地经济和清洁型资源加工业为特色的产业区 | 重点发展山地农业、山地旅游和清洁型资源加工业 | 禁止发展高排放产业和危险性项目 |

## （二）三轴：培育三条产业拓展轴

大力加强山海协作和区域联动，推进产业空间布局向纵深腹地拓展，依托重要的交通走廊和城镇发展轴线，形成以中心城区为核心，以沿海高速、京沈高速、承秦高速分别为向南、中、北方向拓展的三条产业发展轴线。

### 1. 沿沿海高速产业拓展轴

依托沿海高速，构建连接山海关城区、海港城区、秦皇岛经开区、北戴河城区、北戴河新区等重要板块的沿海发展带。充分发挥港口和岸线资源及景观优势，在保护生态环境的前提下，以海湾、绿带、道路等廊道为骨架，因地制宜地发展港口物流、临港产业、旅游休闲、高档居住、战略性新兴产业，建设成为促进东西方向联动发展的滨海产业特色明显、自然景观亮丽的发展走廊。

### 2. 沿京沈高速产业拓展轴

依托京沈高速，强化中心城区与抚宁、卢龙的空间联系，构建连接山海关区、海港区、秦皇岛经开区、抚宁县城、卢龙县城等重要节点的产业拓展轴。突出京沈高速交通通道作用，引导东西向经济与人口的优化布局，促进滨海地区一般性工业向抚宁、卢龙等地转移，引导近岸地区产业向后方腹地拓展，建设成为以先进制造业和商贸物流为特色的产业拓展轴。

### 3. 沿承秦高速产业拓展轴

以中心城区为核心，依托承秦高速，强化中心城区与山区的经济联系，构建连接海港区、北戴河区、秦皇岛经开区、抚宁大新寨镇、青龙县城等重要节点的南北向产业拓展轴。发挥交通廊道作用，选择重点节点集聚发展一般性加工业和商业，培育重点城镇，引导沿线旅游业发展，带动山地经济发展，构建推动全市滨海旅游与山地旅游联动发展的重要轴线，成为联动南北、带动周边、支撑秦皇岛北部地区加快发展的发展轴。

（三）多支撑：打造以秦皇岛经开区、高新区、现代服务业集聚区、高端旅游产业集聚区为龙头的产业集聚区支撑点

依托各地的产业发展基础，按照"规模集聚、打造集聚区"的思路，推进工业、服务业向集聚区集中，重点建设以秦皇岛经开区、高新区、现代服务业集聚区、高端旅游产业集聚区等重大产业发展平台为龙头，以抚宁经开区、卢龙经开区、昌黎经开区、青龙经开区等特色产业集聚区为支撑，以河北昌黎干红葡萄酒产业集聚区、秦东文化旅游产业集聚区、秦西矿产品加工产业集聚区、河北青龙物流产业集聚区等专业性产业集聚区为补充，形成相互支撑、相互补充、各具特色、错位发展的 12 个产业发展载体。见表 4 – 2。

表 4 – 2　　　　　　　　　　秦皇岛市产业集聚区体系

| 类型 | 个数 | 名称 |
| --- | --- | --- |
| 重大产业平台 | 4 | 秦皇岛经开区、秦皇岛高新区、现代服务业集聚区、高端旅游产业集聚区 |
| 特色产业集聚区 | 4 | 抚宁经开区、卢龙经开区、昌黎经开区、青龙经开区 |
| 专业性产业集聚区 | 4 | 河北昌黎干红葡萄酒产业集聚区秦东文化旅游产业集聚区、秦西矿产品加工产业集聚区、河北青龙物流产业集聚区 |

## 三、各区县产业发展指引

在三大产业区的产业发展指引（见表 4 – 1）的指导下，依据各区县区位交通、自然资源、产业基础，结合国家产业政策和省市产业发展方向，按照"统筹全域、发挥优势、突出重点、错位发展"的要求，调整优化各区县产业结构，合理确定各区县功能定位和产业发展重点（见表 4 – 3）。鼓励发展在全市具有比较优势、对经济社会发展有重要促进作用，有利于节约资源、保护环境、产业结构优化升级的产业；限制发展不符合行业准入条件，不利于产业结构优化升级的生产能力、工艺技术、装备及产品。逐步淘汰不符合有关法律法规规定，严重浪费资源、污染环境、不具备安全生产条件的落后工艺技术、装备及产品。秦皇岛市各县区产业布局规划

见图4-4。

表4-3　　　　　　　　　　　各区县产业发展指引

| 区县 | 功能定位 | 重点发展产业 | 禁止发展产业 |
|---|---|---|---|
| 海港区 | 现代服务业发展的引领区、临港产业的集聚区、先进制造业发展的提升区 | 金融商务、会展会议、总部经济、物流商贸、体育运动、大型装备制造、玻璃精深加工 | 一般资源加工产业；高污染、高能耗产业 |
| 山海关区 | 文化旅游发展的提升区、临港大型装备制造业发展的集聚区 | 文化创意及旅游业、船舶修造及配套、铁路器材、桥梁钢结构、核电装备 | 一般资源加工产业；两高一资产业 |
| 北戴河区 | 旅游休闲度假胜地 | 休闲旅游、文化创意、健康养老 | 一般性工业；两高一资产业 |
| 秦皇岛开发区 | 先进制造业发展的集聚区、战略性新兴产业发展的重要平台、服务外包示范园区 | 交通运输装备、专用成套设备、电子信息、光电一体化设备、大数据产业、生物及新医药、新能源、节能环保、工业设计、服务外包 | 一般资源加工业；两高一资产业 |
| 北戴河新区 | 高端旅游度假区、高端商务会展区、文化创意产业中心、高新技术孵化基地和新兴海洋产业发展的主载体 | 高端旅游、高端商务会展、文化创意、战略性新兴产业、新兴海洋产业、康体疗养、旅游制造 | 一般性工业；两高一资产业 |
| 青龙县 | 农副产品和冶金建材物流基地、山地旅游中心、山地农业生产基地 | 生态旅游、商贸物流、钢铁、建材、食品工业、特色农业 | 高排放产业 |
| 昌黎县 | 战略性新兴产业延伸区、旅游度假休闲服务区、葡萄酒生产基地 | 干红葡萄酒业、休闲旅游服务、商贸物流、休闲农业、钢铁工业、食品工业、战略性新兴产业 | 高排放产业 |
| 抚宁县 | 先进制造业的承接地、休闲旅游基地、优质特色农业生产基地 | 机械制造、新型建材、食品工业、休闲旅游、特色农业 | 高排放产业 |
| 卢龙县 | 先进制造业承接地、文化旅游区、优质特色农业生产基地 | 钢铁、机械制造、新型建材、绿色化工、食品工业、医疗健康、新能源、旅游业、特色农业 | 两高一资产业 |

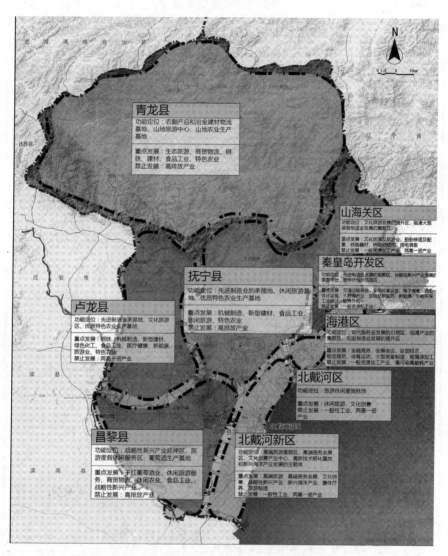

**图 4-4　秦皇岛市各县区产业布局规划图**

# 第五章　产业集聚区体系建设

按照"产业错位、分级互动、分类整合、管理合一"的思路，统一规划，分步组织实施各产业集聚区的整合提升，明确各产业集聚区功能定位，打造"4+4+4"产业集聚区体系。按照"秦皇岛经开区、现代服务业集聚区做'强'，秦皇岛高新区、高端旅游产业集聚区做'新'，特色产业集聚区做'特'、专业性产业集聚区做'精'"的要求，增强整体优势，在整合中推动大提升、大跨越，推进十二个产业集聚区在全市经济社会发展中率先崛起，实现对秦皇岛市建设河北沿海增长极的战略性支撑作用。

## 一、产业集聚区整合设想

着眼城市发展的长远目标，以打造优势突出、功能强大的重大产业平台为重点，以园区整合为突破口，明确功能定位，促进规范发展，形成整体优势，推动形成以国家经开区、省级高新区、规划建设的现代服务业集聚区、高端旅游产业集聚区等为龙头的高端引领、分工有序、配合有力的"4+4+4"产业集聚区体系。见图5-1。

**1. 延伸政策优势，将秦皇岛临港产业集聚区（山海关经开区、海港经开区）、杜庄工业区纳入国家经开区政策享受地理范围**

对不同行政区划、地理相邻、产业相似相依的秦皇岛经济技术开发区、秦皇岛临港产业集聚区（山海关经开区、海港经济开发区）、杜庄工业区实行统一规划、分区建设。加快形成"一区多园"模式，将国家级经济技术开发区的政策延伸到秦皇岛临港产业集聚区（山海关经开区、

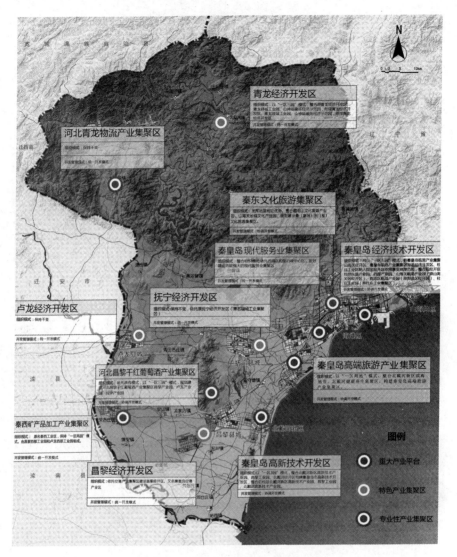

**图 5 - 1　秦皇岛市产业集聚区整合示意图**

海港经济开发区）、杜庄工业区。对山海关经开区与秦皇岛经开区东区，进行连片开发，推进基础设施共建共享，集中力量做大做强临港重大装备制造业。推进海港经济开发区和杜庄工业区连片开发、基础设施共建共享，在加快玻璃建材、金属压延等产业转型升级的同时，加快现代物流、装备制造等大运输量的临港产业发展。秦皇岛经济技术开发区西区，重点发展汽车零配件、光机电一体化、电子信息、高端装备制造等产业。

**2. 整合北戴河新区高新技术产业园、昌黎工业园、北戴河经开区规划建设秦皇岛高新区，打造京秦高新技术产业合作发展示范区**

将高新技术产业发展作为全市实施产业立市战略的重大举措，把秦皇岛高新区建设作为培育打造北戴河新区的突破口。适应京津与北戴河新区同城趋势，打造京津地区的科技创新与成果转化的承接基地。按照"一区多园"模式，加强北戴河新区高新技术产业园、昌黎工业园、北戴河经开区的统一规划，协作发展，合力打造秦皇岛高新区，成为京秦高新技术产业合作发展示范区。

**3. 依托西港区和新行政中心区规划建设功能强大的现代服务业集聚区，打造京津冀滨海高端商务区**

增强城市中心功能，依托搬迁后的西港区和新行政中心区，积极承接首都金融机构、企业总部、咨询机构等功能转移，高标准规划建设，立足本地优质的自然生态资源，以"滨海、活力"为目标，控制开发密度，合理配置基础设施。在西港区配置音乐厅、歌剧院、市民广场、海洋生物科技博物馆等公共设施，大力发展高端商务、高星级酒店、高端餐饮、品牌购物、邮轮游艇、大型演艺，形成中央活力区；在新行政中心区大力发展总部经济、金融商务等生产性服务业，不断提升中心城市能级，辐射带动周边地区发展，打造总部经济区，共同形成功能强大、辐射力强的现代服务业集聚区、省内一流的高端服务中心和京津冀滨海高端商务区。

**4. 发挥"大北戴河"比较优势，规划建设承接京津旅游文化、医疗健康等功能疏解的高端旅游产业集聚区**

将秦皇岛高端旅游产业集聚区的规划建设作为推进秦皇岛市对接京津、促进京津冀协同发展的重大战略举措，依托北戴河区和北戴河新区，充分发挥"大北戴河区"的区位交通、生态资源和产业基础优势，大力承接京津地区特别是北京的旅游、健康养老、医疗、文化、教育、体育等产业转移，建设成为首都医疗文化旅游教育体育资源转移基地、国家健康养老产业发展示范基地。

**5. 按照"一县一区、一区多园、一园一主业"模式，集中打造四大特色产业集聚区**

遵循产业聚集规律，突出园区的产业聚集功能，围绕抚宁、卢龙、昌黎、青龙等县的工业板块，大力实施"一县（区）一区、一区多园、一园一主业"布局调整，推动园区企业集聚发展、关联发展、成链发展、集约发展、合作发展，打造主导产业明确、协作配套合理、特色鲜明的产业集聚区。突出重点，为集中力量建设好园区，在规划期内对发展基础相对较差、发展潜力不大的青龙山神庙循环经济园等不作为本规划研究的重点。

**6. 突出特色，整合打造四大专业性产业集聚区**

利用好省级产业集聚区的品牌优势和政策优势，紧紧围绕秦皇岛市葡萄酒、物流、文化创意、文化旅游、矿产品加工等特色产业，严格按照功能定位和产业发展方向选择产业门类，依托河北昌黎干红葡萄酒产业集聚区、秦东文化旅游产业集聚区、秦西矿产品加工产业集聚区、河北青龙物流产业集聚区，打造特色鲜明、支撑有力的专业性产业集聚区。

**7. 帮扶非沿海县，依托经开区和高新区建设飞地"区中园"**

加大区域发展统筹力度，对青龙、卢龙等两个非沿海县，借力优势区位和品牌政策优势，沿用青龙县依托秦皇岛经开区以飞地经济建设秦皇岛经济技术开发区青龙产业园的模式进行帮扶。适度扩大秦皇岛经济技术开发区青龙产业园的园区面积；依托北戴河新区，在规划建设的高新区建设秦皇岛高新技术产业开发区卢龙产业园。飞地"区中园"要遵从秦皇岛经开区、高新区的统一规划建设与管理，产业类型与准入要符合经开区、高新区的要求。探索"园区共建、利益共享"机制，处理好母园和飞地"区中园"的关系。

秦皇岛市产业集聚区整合组织模式如表 5 - 1 所示，秦皇岛市产业集聚区体系规划如图 5 - 2 所示。

表 5 - 1　　　　　　　　秦皇岛市产业集聚区整合组织模式

| 类别 | 产业集聚区 | 整合组织模式 | 开发管理模式 |
|---|---|---|---|
| 重大产业发展平台 | 秦皇岛经济技术开发区 | 将以"一区五园"模式,将秦皇岛临港产业集聚区山海关经开区、秦皇岛临港产业集聚区海港经济开发区、杜庄工业区纳入国家经开区政策享受地理范围,整合后经开区包括东部产业园、西部产业园、山海关临港产业园(原山海关经开区)、海港区临港产业园(原海港区经开区)、杜庄工业园(原杜庄工业集聚区) | 协调开发模式 |
| | 秦皇岛高新技术产业开发区 | 以"一区三园"模式,整合北戴河新区高新技术产业园、昌黎工业园、北戴河经开区组建秦皇岛市高新技术产业开发区,整合后包括北戴河新区高新技术产业园、昌黎工业园、北戴河高新技术产业园 | 协调开发模式 |
| | 秦皇岛现代服务业集聚区 | 依托西港区和新行政中心区,规划建设功能强大的现代服务业集聚区 | 统一开发模式 |
| | 秦皇岛高端旅游产业集聚区 | 以"一区两地"模式,整合北戴河新区滨海地带、北戴河健康养生集聚区,构建秦皇岛高端旅游产业集聚区 | 协调开发模式 |
| 特色产业集聚区 | 抚宁经济开发区 | 保持不变,依托原抚宁经济开发区(原名骊城工业集聚区) | 统一开发模式 |
| | 卢龙经济开发区 | 保持不变 | 统一开发模式 |
| | 昌黎经济开发区 | 依托空港产业集聚区构建新的昌黎经济开发区 | 统一开发模式 |
| | 青龙经济开发区 | 以"一区两园"模式,整合原青龙经济开发区、青龙县城工业园,形成青龙经济开发区 | 统一开发模式 |
| 专业性产业集聚区 | 河北昌黎干红葡萄酒产业集聚区 | 依托原有模式,以"一区三园"模式,规划建设河北昌黎干红葡萄酒产业集聚区昌黎产业园、卢龙产业园、抚宁产业园 | 协调开发模式 |
| | 秦东文化旅游产业集聚区 | 发挥地理相邻优势,统筹资源,以"一区两园"模式,整合圆明山文化旅游集聚区、山海关长城文化产业园区,形成秦(皇岛)东(部)文化旅游产业集聚区 | 协调开发模式 |
| | 秦西矿产品加工产业集聚区 | 依托秦西工业区,保持"一区两园"模式,以秦西工业区卢龙工业园、秦西工业区昌黎工业园规划建设秦西矿产品加工产业集聚区 | 协调开发模式 |
| | 河北青龙物流产业集聚区 | 保持不变 | 统一开发模式 |

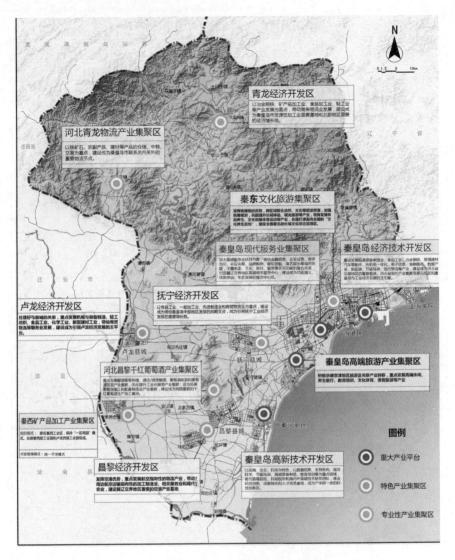

图 5-2 秦皇岛市产业集聚区体系规划图

# 二、四大重大产业发展平台

按照"秦皇岛经济技术开发区、秦皇岛现代服务业集聚区做'强',

秦皇岛高新技术产业开发区、秦皇岛高端旅游产业集聚区做‘新’"的要求，大力提升国家级经开区，高标准规划建设高新区、现代服务业集聚区、高端旅游产业集聚区，提升招商引资质量，完善基础设施配套，加强环境保护和资源集约利用，创新管理体制与机制，培育若干具有较高知名度和影响力省内一流重大产业发展平台。

## （一）秦皇岛经济技术开发区

### 1. 区域范围与功能定位

立足秦皇岛经济技术开发区现有范围，将政策延伸到山海关临港产业园（原山海关经济开发区）、海港区临港产业园（原海港区经济开发区）、杜庄工业区，形成"独立建制、统分结合"的"一区多园"格局。重点发展临港装备制造业、食品工业、冶金钢铁、玻璃建材、汽车零配件、光机电一体化、电子信息、生物医药、数据产业、新能源、节能环保、现代物流等产业，建设成为河北省沿海地区的重要载体、河北省现代产业集聚发展示范区和秦皇岛市工业经济发展的主引擎。

### 2. 功能分区

秦皇岛经济技术开发区由"一区五园"组成，一区即秦皇岛经济技术开发区，五园即西部产业园、东部产业园、海港区临港产业园［含北部工业区、石河西岸（海）港山（海关）合作区］、山海关临港产业园、杜庄工业园。见图5－3。

（1）东部产业园。要依托龙头项目继续做强做大临港装备制造业，形成集聚规模，提升产品档次，打造区域特色鲜明、竞争优势明显的先进装备制造产业群。

（2）西部产业园。要以科技创新为动力，提升改造汽车零配件、光机电一体化、电子信息和生物医药等特色优势产业；精心规划，高起点打造集行政管理、生活服务、配套商务和数据产业、新能源、节能环保、高端装备制造等战略性新兴产业为一体的开发区新区。

（3）海港区临港产业园。根据发展需要，统筹考虑，将规划范围延伸到山海关石河西岸。在用先进适用技术和高新技术改造提升玻璃建材、

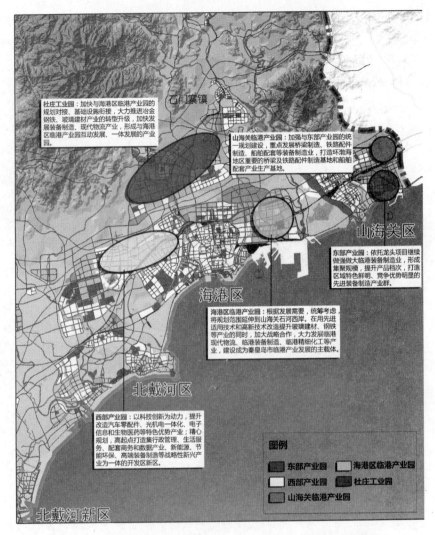

图5-3 秦皇岛经济技术开发区"一区五园"空间结构示意图

钢铁等产业的同时,加大战略合作,大力发展临港现代物流、临港装备制造、临港精细化工等产业,建设成为秦皇岛市临港产业发展的主载体。着眼长远,对原北部工业区加快转型升级的步伐,原则上不新建一般性工业项目,对玻璃工业等资源加工型项目逐步外迁。加快山海关区与海港区城市融合发展,依托山海关石河西岸,规划由山海关区和海港区合作共建石河西岸（海）港山（海关）合作区，在保护好生态环境的基础上，发挥港口、环境优势，依托港口延伸发展港口金融、港航服务、电子交易、企业运营、第三方物流及高端居住等产业，建设成为全市的临港产业商务运营中心（OHQ）。

（4）山海关临港产业园。要加强与东部产业园的统一规划建设，重点发展桥梁制造、铁路配件制造、船舶配套等装备制造业，打造环渤海地区重要的桥梁及铁路配件制造基地和船舶配套产业生产基地。

（5）杜庄工业园。要加快与海港区临港产业园的规划对接、基础设施衔接，大力推进冶金钢铁、玻璃建材产业的转型升级，加快发展装备制造、现代物流产业，形成与海港区临港产业园互动发展、一体发展的产业园。

### 3. 近期建设重点

理顺管理体制，加强"一区五园"的统一规划，搭建统一招商平台。加快推进跨园基础设施规划建设，重点推进东部产业园、海港区临港产业园、山海关临港产业园、杜庄工业园之间的规划对接、基础设施衔接。尽快完善各园道路、给排水、电力、燃气等基础设施建设。

## （二）秦皇岛高新技术产业开发区

### 1. 区域范围与功能定位

夯实北戴河新区产业功能，按照"独立建制、统分结合"模式，依托北戴河新区的高新技术产业园、昌黎县工业园、北戴河经济开发区构建秦皇岛高新技术产业开发区，远期争取创建国家级高新区。充分发挥依山面海的自然环境优势，以滨海、生态、科技为特色，以数据信息、生物医药、海洋科学、节能环保、高端装备制造、研发教育等为重点领域，大力承接京津地区战略性新兴产业和新兴海洋产业转移，吸引高等院校、科研院所和海内外高端技术研发团队，建设科技创新、成果转化和人才培养基地，成为产学研一体的科技创新区和京秦高新技术产业合作发展示范区。

### 2. 功能分区

秦皇岛高新技术产业开发区由"一区三园"组成，一区即秦皇岛高新技术产业开发区，三园指地理毗邻的北戴河新区高新技术产业园、昌黎县工业园、北戴河经济开发园。见图 5 – 4。

北戴河经济开发园：以电子信息、新材料、生物工程等高新技术产业为重点，推进产城一体，建设滨海型生态工业新城。

昌黎工业园：创新开发模式，以高新技术产业为重点，打造成昌黎重要经济增长极。

北戴河新区高新技术产业园：要加快与京津同城发展，大力吸引京津地区的科研机构和高新技术企业，以技术研发、科技服务、人才培养、科技转化为重点，打造科技创新基地、高新技术产业示范基地和高端人才培养基地，建设成为推进河北省产业转型升级的强大引擎。

图例

北戴河经济开发园

昌黎工业园

北戴河新区高新技术产业园

**图 5 – 4　秦皇岛高新区"一区三园"空间结构示意图**

（1）北戴河新区高新技术产业园。要加快与京津同城发展，大力吸引京津地区的科研机构和高新技术企业，以技术研发、科技服务、人才培养、科技转化为重点，打造科技创新基地、高新技术产业示范基地和高端人才培养基地，建设成为推进河北省产业转型升级的强大引擎。

（2）昌黎工业园。创新开发模式，以高新技术产业为重点，打造成昌黎重要经济增长极。

（3）北戴河经济开发园。以电子信息、新材料、生物工程等高新技术产业为重点，推进产城一体，建设滨海型生态工业新城。

### 3. 近期建设重点

按照"一区多园"模式，建立统分结合的管理体制。争取支持，建立企业孵化中心和科技创新大厦。加强与京津地区的科研单位与高科技企业对接。高标准规划，高质量推进基础设施和绿化系统建设。

### （三）秦皇岛现代服务业集聚区

### 1. 区域范围与功能定位

增强城市中心功能，提升中心城市能级，依托搬迁后的西港区和新行政中心周边地区，规划建设功能强大的秦皇岛现代服务业集聚区，规划面积大约 20 平方公里。争取政策支持，加大高端服务业扶持力度，重点承接首都金融机构、企业总部、咨询机构等功能转移，强化金融信息、企业运营、商务办公、会议会展、品牌购物、邮轮游艇、演艺娱乐等城市功能，注重生态、文化、居住、服务等多元功能的复合开发，打造冀辽交界地区高端商务服务中心和京津冀滨海高端商务区，建设成为功能强大、优势突出、生态宜居的都市中心区。

### 2. 功能分区

秦皇岛现代服务业集聚区按照"一区两地"构成，实施统一规划、统一管理。见图 5-5。

（1）西港区。近期以西港区 5.48 平方公里区域为主，远期向西扩散至汤河东岸，向北扩散至河北大街。围绕高端商务、高星级酒店、高端餐饮、品牌购物、邮轮游艇、大型演艺构架产业体系，丰富海港区休闲旅游

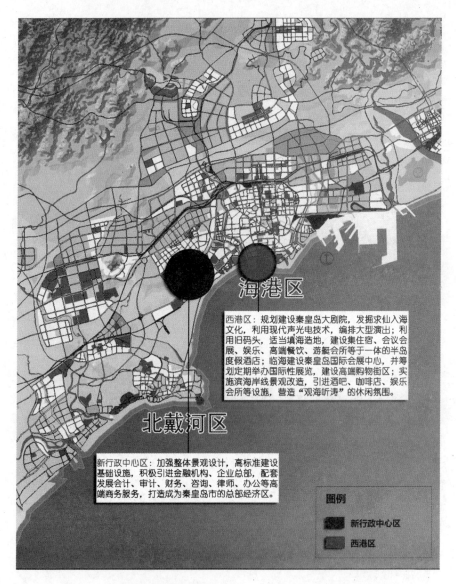

西港区：规划建设秦皇岛大剧院，发掘求仙入海文化，利用现代声光电技术，编排大型演出；利用旧码头，适当填海造地，建设集住宿、会议会展、娱乐、高端餐饮、游艇会所等于一体的半岛度假酒店；临海建设秦皇岛国际会展中心，并筹划定期举办国际性展览，建设高端购物街区；实施滨海岸线景观改造，引进酒吧、咖啡店、娱乐会所等设施，营造"观海听涛"的休闲氛围。

新行政中心区：加强整体景观设计，高标准建设基础设施，积极引进金融机构、企业总部，配套发展会计、审计、财务、咨询、律师、办公等高端商务服务，打造成为秦皇岛市的总部经济区。

图例

新行政中心区

西港区

图5-5 秦皇岛现代服务业集聚区"一区两地"空间结构示意图

功能，打造中央活力区。规划建设秦皇岛大剧院，发掘求仙入海文化，利用现代声光电技术，编排大型演出；利用旧码头，适当填海造地，建设集住宿、会议会展、娱乐、高端餐饮、游艇会所等于一体的半岛度假酒店；

临海建设秦皇岛国际会展中心，并筹划定期举办国际性展览，如秦皇葡萄酒博览会、国际游艇展等；引进国际奢侈品专营店，建设高端购物街区；实施滨海岸线景观改造，引进酒吧、咖啡店、娱乐会所等设施，营造"观海听涛"的休闲氛围。

（2）新行政中心区。加强整体景观设计，高标准建设基础设施，积极引进金融机构、企业总部，配套发展会计、审计、财务、咨询、律师、办公等高端商务服务，打造成为秦皇岛市的总部经济区。

### 3. 近期建设重点

争取将秦皇岛现代服务业集聚区纳入国家现代服务业集聚区政策支持范围。加快西港搬迁步伐，推进现代服务业集聚区的统一规划，建立秦皇岛现代服务业集聚区管理委员会。筹谋布局，加强基础设施和公共服务设施的规划建设。

## （四）秦皇岛高端旅游产业集聚区

### 1. 区域范围与功能定位

秦皇岛高端旅游产业集聚区，规划依托北戴河新区滨海地带、北戴河健康养生集聚区，重点承接首都旅游文化、医疗养老、教育体育等领域的功能疏解，大力发展高端休闲、养生医疗、教育培训、文化体育、度假旅游等高端旅游及关联产业。

### 2. 功能分区

按照"一区两地"模式规划建设秦皇岛高端旅游产业集聚区。见图5-6。

（1）北戴河新区滨海地带。按照"立足高端、面向世界、中国特色"的要求，充分发挥滨海优势，坚持开发与保护并举，控制开发规模和强度，突出发展高端休闲、文化主题创意、商务会奖经济、离区免税购物、旅居度假、分时度假、特色餐饮、游艇、体育运动等产业，打造高端休闲、养生康体和度假旅游品牌，努力建设世界一流的旅游休闲度假目的地、国家级旅游度假区和生态文明示范区。重点规划两个组团，一是赤洋

北戴河健康养生集聚区：积极承接北京的医疗养老、教育培训等功能，以健康疗养、职业培训、文化创意、旅游地产、会议会奖为主导产业，对区域旅游、文化、生态、体育、农业等资源进行全面整合，大力推进高尔夫球场、五星级酒店、创新剧场群、葡萄酒庄园、俄罗斯游客中心、健康养生中心、家庭旅馆、道路景观、滨海浴场的设施的提升改造，开发"运动之春、浪漫之夏、时尚之秋、休闲之冬"系列性产品，支撑北戴河世界一流康疗、养生、休闲目的地建设。

北戴河新区滨海地带：规划建设两个组团，重点承接北京的旅游休闲、文化创意、体育康体等功能，突出发展高端休闲、文化主题创意、商务会奖经济、离区免税购物、旅居度假、分时度假特色餐饮、游艇、体育运动等产业，打造高端休闲、养生康体和度假旅游品牌，努力建设世界一流的旅游休闲度假目的地、国家级旅游度假区和生态文明示范区。

图例
北戴河健康养生集聚区
北戴河新区滨海地带

**图 5－6　秦皇岛高端旅游产业集聚区"一区两地"空间结构示意图**

口及七里海片区，规划建设用地 30 平方公里，建设北京旅游休闲、医疗健康、文化体育等功能转移集中承载；二是北戴河新区中心城区，规划建设用地 35.7 平方公里，为功能疏解及产业转移提供生活配套服务。

（2）北戴河健康养生集聚区。依托北戴河区规划建设健康养生集聚区，积极承接北京的医疗养老、教育培训等功能，以健康疗养、职业培训、文化创意、旅游地产、会议培训为主导产业，对区域旅游、文化、生态、体育、农业等资源进行全面整合，大力推进高尔夫球场、五星级酒店、葡萄酒庄园、俄罗斯游客中心、健康养生中心、家庭旅馆、道路景观、滨海浴场的设施的提升改造，开发"运动之春、浪漫之夏、时尚之秋、休闲之冬"系列性产品，支撑北戴河世界一流康疗、养生、休闲目的地建设。

### 3. 近期建设重点

对北戴河新区滨海地带，近期重点是分功能区规划落地项目，高标准建设基础设施；在加快既有项目落地建设的基础上，积极推进度假酒店（含温泉度假酒店）、会议酒店、商务酒店、经济型酒店、会展中心、游艇俱乐部/基地、主题公园建设，支持北戴河新区申报获批葡萄岛离区免税政策。

对北戴河健康养生集聚区，一是以 5A 级景区标准，推进北戴河区全域景区化建设，申报国家级 5A 景区；二是谋划建设中国旅游博物馆、完善提升北戴河博物馆、轮滑博物馆等文化设施，努力丰富旅游文化演艺活动和群众性休闲文化生活；三是建设集盐疗、泥疗、水疗、香疗、食疗，以及数字体检、健康生养数据管理和远程疗养于一体的北戴河健康疗养中心，谋划建设户外休闲营地、体育健身中心、国际老年公寓、青年旅舍等养生休闲项目；四是依托集发农业观光园、乔庄度假庄园，延伸开发健康食疗、中草药疗养等特色乡村养生项目；五是规划建设高、中、低结合的海鲜餐饮集聚区，开发名人别墅作为花园式主题酒店。

# 三、四大特色产业集聚区

依托当地特色资源，服务县域经济发展，着力培育劳动密集型的资源开发和加工产业，构筑全市工业经济发展链条上的重要节点。

## （一）抚宁经济开发区

### 1. 区域范围与功能定位

抚宁经济开发区区域范围不变，纳入省级开发区管理序列。开发区要以食品工业、一般加工业、先进制造业和商贸物流业为重点，建设成为带动秦皇岛中部地区发展的战略支点，成为引领抚宁工业经济发展的重要增长极。

### 2. 近期建设重点

进一步优化投资环境，加大招商引资力度。加快已引进项目的建设力度，争取尽快竣工投产。进一步完善园区基础设施，加强与城市建设的统筹规划，促进产城相融发展。

## （二）卢龙经济开发区

### 1. 区域范围与功能定位

卢龙经济开发区区域范围不变，纳入省级开发区管理序列。处理好与县城的关系，重点发展机械与装备制造、轻工纺织、食品工业、化学工业、新型建材工业，带动商贸物流等服务业发展，建设成为现代工业示范园秦皇岛市西部地区的重要增长极，成为引领卢龙经济发展的主平台。

### 2. 近期建设重点

处理好县城与工业园发展的关系，统筹安排好生产、生活空间。加大支持力度，进一步完善园区基础设施。创新招商引资模式，进一步加强招商引资力度。

## （三）昌黎经济开发区（又名秦皇岛空港产业区）

### 1. 区域范围与功能定位

依托昌黎空港产业集聚区组建昌黎经济开发区，享受省级产业集聚区政策。发挥空港优势，重点发展航空指向性的物流产业，带动周边航空运输指向性的加工制造业、相关服务业和现代农业，建设冀辽交界地区重要的空港产业基地。

### 2. 近期建设重点

加强与市区、北戴河新区、昌黎县城的基础设施衔接，建设机场与中心城区、火车站、港口等全市重要节点的快速路。高标准谋划建设空港产业园，加大对空港产业园基础设施建设的支持力度。优化投资环境，创新开发模式，加大招商引资力度。

### （四）青龙经济开发区

### 1. 区域范围与功能定位

将原青龙经济开发区、县城工业园按"一区两园"模式纳入青龙经济开发区规划管理，享受省级产业经济集聚区政策，青龙原则上不再新增工业园区。要以冶金钢铁、矿产品加工业、食品加工业、轻工业等产业发展为重点，带动商务物流业发展，建设成为秦皇岛市资源性加工业重要基地和北部地区重要的经济增长极。

### 2. 功能分区

青龙经济开发区按照"一区两园"由原青龙经济开发区、县城工业园构成。见图5-7。

（1）原青龙经济开发区。充分发挥资源、电力优势，依托现有产业基础，加强产业升级，大力发展冶金钢铁、机械加工等产业。

（2）县城工业园。充分依托县城，发挥基础设施较为完备的优势，大力开展招商引资，重点发展林产品加工业、食品加工、机械制造及其他轻工业。

### 3. 近期建设重点

按照"一区两园"模式重新理顺管理体制，加强统一规划，明确各园的产业定位和产业发展重点，禁止高排放的产业进入。加强空间开发管

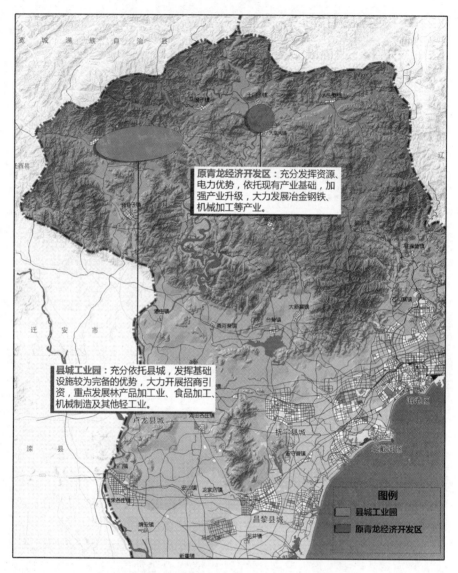

**原青龙经济开发区**：充分发挥资源、电力优势，依托现有产业基础，加强产业升级，大力发展冶金钢铁、机械加工等产业。

**县城工业园**：充分依托县城，发挥基础设施较为完备的优势，大力开展招商引资，重点发展林产品加工业、食品加工、机械制造及其他轻工业。

图 5 - 7　青龙经开区"一区两园"空间结构示意图

制，完善园区环保基础设施，把工业发展对生态环境的影响降到最低。加大招商引资力度，适度承接资源性产业转移。

# 四、四大专业性产业集聚区

从秦皇岛市长远发展出发，立足当前，统筹全局，围绕重点拓展的葡萄酒、物流、文化、矿产品等特色优势产业，规划建设四大专业性产业集聚区，成为秦皇岛推进产业立市的重要支撑。

## （一）河北昌黎干红葡萄酒产业集聚区

### 1. 区域范围与功能定位

依托现有基础，保持原有管理模式，河北昌黎干红葡萄酒产业集聚区区域范围包括昌黎葡萄酒产业园、卢龙葡萄酒产业园和抚宁葡萄酒产业园，属于省级产业集聚区。围绕有机酿酒葡萄供应基地、高档/优质葡萄酒生产基地、葡萄酒文化旅游休闲中心和葡萄酒国际集散（贸易）中心四大功能区的建设，重点发展酿酒葡萄种植、酒庄/酒堡酿酒、葡萄酒旅游和葡萄酒贸易产业集群，优化提升工业化酿酒产业集群，适当拓展葡萄深加工和配套制造业产业集群，建设成为我国重要的干红葡萄酒生产加工基地。

### 2. 功能分区

按照"一区三园"模式规划建设。见图5-8。

（1）昌黎葡萄酒产业园。以精品酒庄及葡萄酒文化项目为抓手，建设好碣阳酒乡、凤凰酒谷、园区西部种植基地等重点功能区块，加强葡萄酒产业的地域资源整合，实现园区内葡萄酒产业带来的生产、生活的有机融合，构建以生态为基石，以居态为根本，以业态为承载的多业态融合的产业发展模式。

（2）卢龙葡萄酒产业园。以柳河山谷产区、一渠百库产区、北方龙城葡萄酒贸易中心为重点功能板块，延伸拓展规划建设长城南麓产区，培育香格里拉、红堡、安德里雅、柳河山庄、蓝山庄园、安德鲁等品牌，推进酿酒葡萄种植步入集约化、标准化、区域化发展，建设成为我国葡萄酒产业示范基地。

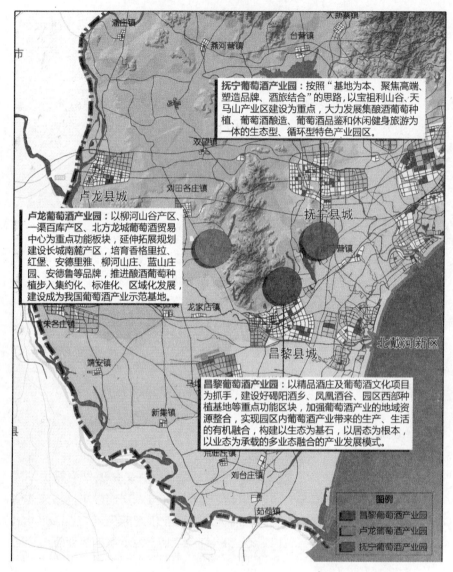

**抚宁葡萄酒产业园**：按照"基地为本、聚焦高端、塑造品牌、酒旅结合"的思路，以宝祖利山谷、天马山产业区建设为重点，大力发展集酿酒葡萄种植、葡萄酒酿造、葡萄酒品鉴和休闲健身旅游为一体的生态型、循环型特色产业园区。

**卢龙葡萄酒产业园**：以柳河山谷产区、一渠百库产区、北方龙城葡萄酒贸易中心为重点功能板块，延伸拓展规划建设长城南麓产区，培育香格里拉、红堡、安德里雅、柳河山庄、蓝山庄园、安德鲁等品牌，推进酿酒葡萄种植步入集约化、标准化、区域化发展，建设成为我国葡萄酒产业示范基地。

**昌黎葡萄酒产业园**：以精品酒庄及葡萄酒文化项目为抓手，建设好碣阳酒乡、凤凰酒谷、园区西部种植基地等重点功能区块，加强葡萄酒产业的地域资源整合，实现园区内葡萄酒产业带来的生产、生活的有机融合，构建以生态为基石，以居态为根本，以业态为承载的多业态融合的产业发展模式。

图例
- 昌黎葡萄酒产业园
- 卢龙葡萄酒产业园
- 抚宁葡萄酒产业园

**图5-8 河北昌黎干红葡萄酒产业集聚区"一区三园"空间结构图**

（3）抚宁葡萄酒产业园。按照"基地为本、聚焦高端、塑造品牌、酒旅结合"的思路，以秦皇酒业干红葡萄酒、宝祖利山谷、天马山产业区建设为重点，大力发展集酿酒葡萄种植、葡萄酒酿造、葡萄酒品鉴和休闲健身旅游为一体的生态型、循环型特色产业园区。

### 3. 近期建设重点

制定葡萄酒产业规范发展的文件，加强对葡萄酒产业的标准化、品牌化建设，规范种植、酿造、包装、营销等各个环节。加强合作，统一对秦皇岛葡萄酒产品进行宣传营销，唱响秦皇岛葡萄酒区域品牌。加大对葡萄酒产业园的支持力度，对优质产业区进行奖励，鼓励酒旅结合，建设复合型庄园。

## （二）秦东文化旅游产业聚集区

### 1. 区域范围与功能定位

秦东文化旅游产业集聚区，规划范围包括地理相近的原山海关长城文化产业园、圆明山文化旅游产业园。要发挥地理相近优势，整合自然、文化等旅游资源，加强统筹规划，在巩固提升长城体验、观光旅游等产业的基础上，大力培育发展休闲养生、文化创意、体育运动等产业，合力打造全国著名的长城文化综合旅游区。

### 2. 功能分区

规划以"一区两园"模式进行建设。见图5-9。

（1）山海关长城文化产业园。以山海关古城为中心，深入挖掘特色文化艺术，培育形成长城体验、文化创意、历史展演、生态观光、休闲度假、参禅悟道、康体养生等产业体系，加快实现文化旅游产业由长城历史文化观光旅游的单一模式向以长城历史文化为特色，以"吃、住、行、游、购、娱"多元休闲型文化旅游发展转型。

（2）圆明山文化旅游产业园。以建设京津冀的"秦皇后花园"和面向全国的"文化养生地"为发展目标，以养生养老、文化创意、旅游农业、体育休闲等产业为重点，建设成为集休闲度假疗养、山地运动康体、田园文化体验等功能于一体的河北省文化旅游产业集聚区。

圆明山文化旅游产业园：以养生养老、文化创意、旅游农业、体育休闲为重点，建设成为集休闲度假疗养、山地运动康体、田园文化体验等功能于一体的文化旅游产业集聚区。

山海关长城文化产业园：以山海关长城为中心，深入挖掘特色文化艺术，培育形成长城体验、文化创意、历史展演、生态观光、休闲度假、参禅悟道、康体养生等产业体系。

图 5 - 9　秦东文化旅游产业集聚区"一区两园"空间结构图

## 3. 近期建设重点

加快五佛山森林公园、总兵府综合文化旅游景区、"闲庭"山海关·中国书法艺术会馆等一批文化品位高、投资规模大、带动力强的文化旅游项目竣工运营。加强项目包装策划推广，大力推进招商引资。加强基础设施建设，做好生态环境保护工作，提高国际运营水平，大力优化发展环境。

### （三）秦西矿产品加工产业集聚区

#### 1. 区域范围与功能定位

秦西矿产品加工产业集聚区，原名秦西工业区，区域范围包括原秦西工业区昌黎工业园、秦西工业区卢龙工业园。要充分发挥交通优势，依托现有产业基础，促进秦皇岛市的石灰石、铁矿等有序转化为经济优势，重点发展新型建材、机械加工、现代物流等产业。

#### 2. 功能分区

保持原有"一区两园"模式，形成由昌黎西部工业园、卢龙西部工业园组成的秦西矿产品加工集聚区。见图 5-10。

（1）昌黎西部工业园。充分利用周边矿产资源丰富的优势，积极承接产业转移，大力发展冶金钢铁业和新型建材产业。

（2）卢龙西部工业园。坚持依托优势、错位发展的原则，重点发展冶金钢铁、新型建材、现代物流产业，建设成为循环经济发展示范园。

#### 3. 近期建设重点

加强昌黎西部工业园、卢龙西部工业园的统筹规划，加快现有交通等基础设施的对接，推进污水、垃圾处理等设施的共建共享。进一步加强园区基础设施和公共设施建设，强化污染源头处理。推进园区绿地系统建设，大力发展循环经济，优化园区发展环境，大力提升园区形象。

### （四）河北青龙物流产业集聚区

#### 1. 区域范围与功能定位

保持原有规划范围不变，属于省级物流园区。进一步加大基础设施的建设力度，以铁矿石、农副产品、建材等产品的仓储、中转、交易为重点，建设成为秦皇岛市联系关内关外的重要物流节点。

卢龙西部工业园：坚持依托优势、错位发展的原则，重点发展冶金钢铁、新型建材、现代物流产业，建设成为循环经济发展示范园。

昌黎西部工业园：充分利用周边矿产资源丰富的优势，积极承接产业转移，大力发展冶金钢铁业和新型建材产业。

图 5－10 秦西矿产品加工产业集聚区"一区两园"空间结构图

## 2. 近期建设重点

进一步完善园区基础设施，加强园区对外交通道路的建设。支持现有入驻企业做大做强，拓展相关物流业务。优化投资环境，加大招商引资力度。

# 第六章 重点产业空间布局

按照突出重点、加强引导、集聚集约、优化布局的原则，加强对重点产业布局的统一规划引导，重点抓好现代旅游业、物流商贸业、装备制造业、食品工业、玻璃工业、钢铁工业、新兴产业、现代服务业及特色优势农业等产业的空间布局。见表6-1。

表6-1　　　　　　　秦皇岛重点产业的空间集聚指引

| 类型 | 产业 | 现状空间分布 | 空间集聚指引 |
|---|---|---|---|
| 强化集聚型 | 装备制造 | 海港区、山海关区、抚宁县、昌黎县、卢龙县、青龙县 | 海港区、山海关区、青龙县 |
| | 食品工业 | 山海关区、抚宁县、卢龙县 | 抚宁县、卢龙县 |
| | 玻璃工业 | 海港区、抚宁县、昌黎县、卢龙县、青龙县 | 海港区、抚宁县 |
| | 钢铁工业 | 山海关区、抚宁县、昌黎县、卢龙县、青龙县 | 青龙县、卢龙县、昌黎县 |
| | 除旅游业和物流商贸业外的现代服务业 | 海港区、山海关区、北戴河区、抚宁县、昌黎县、卢龙县、青龙县 | 海港区、北戴河新区、北戴河区、山海关区 |
| 引导集聚型 | 高新技术产业或战略性新兴产业 | 海港区、山海关区、北戴河区、抚宁县、昌黎县、青龙县 | 昌黎县、北戴河新区、海港区 |
| | 葡萄酒产业 | 昌黎县、卢龙县、抚宁县 | 昌黎县 |
| | 物流商贸 | 海港区、抚宁县、昌黎县、卢龙县、青龙县 | 海港区、昌黎县 |

注：强化集聚型指在空间布局上具有较强的空间集聚特征，应在现状空间布局基础上强化空间集聚的产业。引导集聚型指空间上有一定的集聚要求，最好引导并促进其在一定空间的集聚发展的产业。

# 一、现代旅游业

按照"带状集聚、分区指导"空间布局模式，构建"两带四团两区"的"242"空间布局错位发展旅游空间布局。见图 6-1。

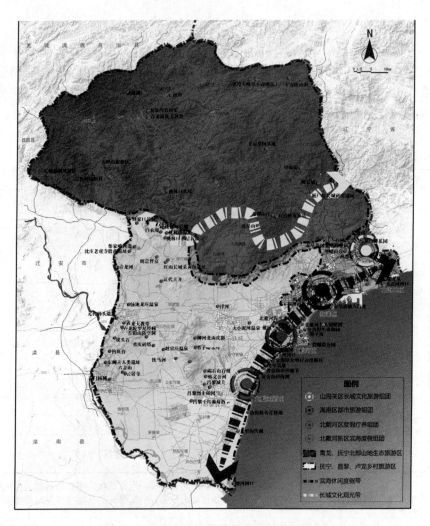

**图 6-1　秦皇岛市现代旅游空间结构规划图**

**1. 两带**

（1）滨海休闲度假带。充分利用百里优质滨海岸线资源，以休闲度假、健身养生、商务会展旅游为龙头，加快旅游多元化产品、中高端项目、重点片区建设和中高端游客市场开发，建成一批有规模、上档次、高品位的拳头旅游项目，积极培育商务会展、文化娱乐、健身养生、医疗康复、生态庄园、工业体验等新兴业态。重点建设南戴河国际娱乐中心、黄金海岸沙雕大世界、北戴河集发观光园、山海关乐岛海洋公园、石河南岛、南戴河仙螺岛等一批精品景区。

（2）长城文化观光带。以万里长城为品牌特色，以长城文化为核心，以五佛山佛教文化为引擎，充分挖掘沿线山地生态、民俗文化、历史传说、宗教等旅游文化资源，利用现代经营理念加快产业化开发，打通南北走向的海山组合线路，形成大小旅游回环，重点打造山海关景区、五佛山景区、青龙祖山景区等一批精品景点，建设长城文化特色的旅游观光基地和休闲基地，形成与滨海沿线相呼应的服务业增长极。

**2. 四组团**

（1）海港区都市旅游组团。依托西港搬迁原址，规划建设高星级度假酒店、会展中心、邮轮停靠码头、滨海景观带、高端旅游综合体等设施，加快园明山文化旅游产业园建设。规划建设金融商务、文化创意、体育运动等载体，将海港区打造为秦皇岛市旅游的集散中心和消费中心。

（2）北戴河新区滨海度假组团。依托大海、沙滩（沙丘）、林带、鸟类等资源优势，以"欢乐海、休闲湾"为核心理念，面向现代旅游发展需求，突出发展高端休闲旅游、文化主题创意、商务会展经济、离区免税购物、旅居度假、游艇等旅游新业态，努力引进国际国内知名旅游集团，着力启动一批旅游综合体项目，培育一批龙头带动型旅游产品，打造以低碳生态为基础，以现代服务业为支撑，世界一流的休闲度假目的地。

（3）北戴河区度假疗养组团。从谋划高端旅游项目、建设高端旅游设施、开发高端旅游产品、开拓高端旅游客源等多方面入手，促进旅游产业向高端化、国际化、现代化、特色化发展。实施旅游精品战略，积极培育会议培训、文化娱乐、健身养生、医疗康复、美容整形、文化演艺、生态庄园等新兴业态，着力构建现代旅游产业体系，扎实推进以景城一体为基础的5A级景区整体创建，打造世界一流康体养生城。

（4）山海关区长城文化旅游组团。主打万里长城起点和海上长城的特色品牌，严格控制并合理规划建设老龙头周围人造建筑，加强山体绿化和沙滩改造；将长城文化体验与山地生态休闲健身运动相结合，利用丰富多彩的长城文化、红色文化、宗教文化、山水生态和乡村民俗旅游资源，层次渐进地开发滑雪、温泉、攀岩等各色参与体验型、健身养生型、体育探险型旅游产品；以石河生态防洪综合整治工程为突破口，加快"一河两岸"景观改造，作为连接老龙头与五佛山南北连接的景观廊道；发挥角山、长寿山、燕塞湖等国家森林公园和地质公园的优势，利用其优美的自然风光和舒适的环境气候条件，开展湖泊休闲度假、山地休闲健身运动、寿文化休闲养生项目和科普教育及观光旅游活动；加快五佛山景区建设，通过举办各种佛事、佛学讲坛、佛教庆典和富于地域特色的佛教文化观光体验活动，打造北方佛教名山。不断挖掘文化内涵和完善服务设施，将山海关打造成为以生态景观、军事文化、建筑文化为主，融山、海、城、佛于一体的风景名胜区。

### 3. 两区

（1）抚宁、昌黎、卢龙乡村旅游区。依托酒葡萄种植优势，借助"中国酒葡萄之乡""中国干红葡萄酒酒城"和"中国酿酒葡萄基地"等称号，依托华夏长城和朗格斯酒庄两大葡萄酒生产企业品牌，建设集葡萄酒博览宫、酒文化广场、酒吧一条街、酒养生坊等于一体的复合型葡萄酒庄园，提供观光、参观、品尝、住宿、会员服务和文化体验等综合性旅游服务，打造葡萄酒文化旅游产业聚集区。开发一批知识性、趣味性、竞技性、娱乐性、参与性强的特色乡村旅游项目；规划一批乡村旅游度假区、生态旅游示范区；包装策划一批具有影响的乡村旅游文化、美食、采摘等节庆活动，努力打造生态休闲、观光采摘、文化体验、运动健身等多重功能、各具特色的乡村旅游聚集区和山区综合保护开发示范区。

（2）青龙、抚宁北部山地生态旅游区。理顺祖山经营体制，依托"北方小黄山"品牌，加快旅游公路建设，以及包括停车场、观景台、滑道、旅店等在内的旅游基础设施建设，突出地质生态、特色植物和佛教文化，通过举办登山运动、木兰花节、礼佛等活动，将祖山打造为秦皇岛北部长城山地旅游新增长极。选择满族民俗保留较为完整的乡村，结合社会主义新农村建设，连村成线，细分功能，各村侧重满族文化不同方面，建设满族风情系列村。

# 二、物流商贸业

结合港口城市特点，根据重大基础设施分布特点和产业聚集区规划建设情况，将物流商贸业按照"一心、三园、多节点"进行规划布局。见图 6－2。

### 1. 一心：临港物流中心

依托秦皇岛东港区和临港物流园区，建设"前港后园"的综合性物流中心。充分发挥海铁联运优势，推进港口、物流园区港联动。提升煤炭物流，依托北煤南运主枢纽港和煤炭运输主通道优势，形成全国最大的煤炭转运和价格形成中心，建设全国煤炭电子交易平台，打造面向京津、衔接东北和华北的综合性港口物流分拨中心。拓展散杂货物流，大力发展集装箱和冶金、汽车、日用消费品杂货物流业务，形成连接东北和京津汽车生产基地、辐射华北和东北市场的汽车中转基地，玻璃建材集散中心和新型石化建材采购中心。培育化工物流，依托化工码头群和油品仓储项目，打造北方最大的千万吨甲醇集散基地。推进临港保税物流园区建设，做大进出口贸易。

### 2. 三园：山海关临港物流园、昌黎空港物流园和河北青龙物流产业集聚区

（1）山海关临港物流园。规划整合海港、铁路、公路资源，突出公路铁路海运多式联运、制造业与物流业联动、区港联动、进出口物流联动四大优势，壮大重型装备物流，提升哈动力重装码头、山船码头和山海关港功能，以动力设备物流项目为龙头，形成以东北、华北重大装备制造基地为依托，面向区域和国际市场的重大装备定制化物流中心、组装中心和出海基地；做强粮油物流，发挥连接东北和华北两大粮食主产区的区位优

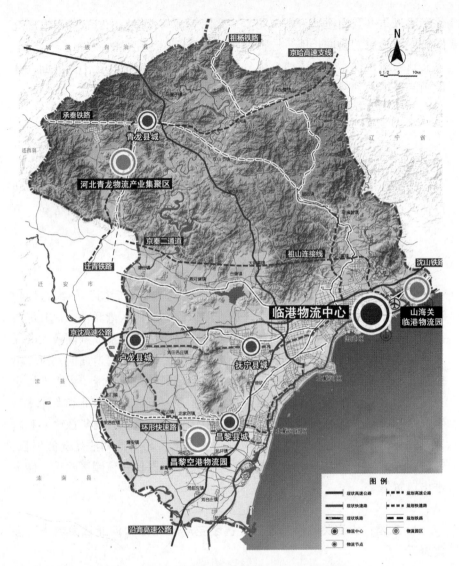

图 6-2　秦皇岛市现代物流业空间布局规划图

势，打造中国北方最大的跨省粮油交易中心。

（2）昌黎空港物流园。按照"零距离换乘"和"无缝隙衔接"的要求，加快基础设施建设，拓展国内国际航线资源，扩大货物吞吐能力；积极开展航空快递物流、区域快件分拨、订舱报关等业务，打造成与京津沈机场错位经营的开放门户。

（3）河北青龙物流产业集聚区。依托矿石物流优势，积极引进连锁经营、仓储保鲜、物流配送、综合运输等大型流通企业，整合城市商贸物流和农产品物流，打造秦皇岛北部物流中心。

### 3. 多节点：各县县城

以各县县城为节点，加快推进县集贸市场迁建、农村集贸市场升级改造等工程，构建比较完善的城乡流通网络。因该类物流需靠近服务主体，不适合进行布局规划，因此不规划特定的产业园区或集聚区。

## 三、装备制造业

根据秦皇岛市装备制造业的布局现状及该产业的空间布局要求，装备制造业重点布局在秦皇岛经济技术开发区东区、临港产业园、西区、杜庄工业园及青龙经济技术开发区。

秦皇岛经济技术开发区西区以发展汽车及零部件产业为主。秦皇岛经济技术开发区临港产业园、东区、杜庄工业园重点发展临港装备制造、桥梁及铁路配件制造、船舶修造及配套、电力装备制造、冶金专用设备、核电装备等产业；青龙经济技术开发区重点发展机电制造、冶金专用设备等产业。

## 四、钢铁工业

立足金属压延业的空间分布现状基础，结合中省产业结构调整要求，按照"尊重基础、升级改造、集聚布局"的原则，重点打造三大基地。依托青龙经济开发区，建设铁矿冶金及加工基地，引导铁选企业引进新技术、新工艺、新设备和先进管理模式，推进铁业向金属压延、装备制造延伸。依托抚宁秦皇岛经开区杜庄工业园，依托首秦金属材料有限公司，通过技术挖潜提高产出能力，开发新产品，优化产品结构，建设钢材生产基地。依托卢龙经开区，以佰工轧钢、国阳钢铁为依托，淘汰落后产能，鼓励现有钢铁企业技术改造，联合重组，建设钢铁冶金产业基地。

# 五、玻璃工业

秦皇岛市玻璃工业要立足现有基础，规划建设形成两大基地。一是依托秦皇岛经开区海港区临港产业园（原北部工业园），发挥技术、人才、品牌等方面的优势，引进国外先进技术，发展船用、车用及光学等玻璃深加工项目，加速技术进步，扩大规模，建设以耀华为核心的玻璃深加工产业集群，形成玻璃工业重要增长极。二是依托秦皇岛经济技术开发区杜庄工业园，以项目和先进生产线带动平板玻璃、玻璃纤维产业的升级改造，打造重要的玻璃工业基地。

# 六、食品工业

根据食品工业的发展基础和条件，以葡萄、玉米、大豆、肉类为重点，规划建设六大食品工业基地，建设中国北方重要的粮油食品加工基地。秦皇岛经济技术开发区西区以龙头企业为依托，重点发展大豆加工、小麦加工、玉米加工及肉制品加工等产业。秦皇岛经开区山海关临港产业园以正大食品综合加工项目建设为抓手，大力发展肉制品加工产业。卢龙县经开区以发展葡萄加工、甘薯加工和肉制品加工为主。昌黎县经开区以发展葡萄加工、粉丝加工、甜玉米加工和面粉加工为主。青龙县经开区重点发展饮料制品、肉制品加工等产业。抚宁县重点发展玉米深加工、板栗加工、葡萄加工及山梨加工等产业。

# 七、战略性新兴产业

积极创造条件，争取国家、河北省更多的战略性新兴产业项目布局在秦皇岛，引导高端装备制造、新一代信息技术、新能源、节能环保、生物医药、新材料重点向秦皇岛市高新技术产业区、秦皇岛市经济技术产业区布局，形成两大战略性新兴产业基地。依托秦皇岛市经济技术产业区的新兴产业园，重点发展大数据产业、生物医药、新能源、节能环保、高端装备制造等产业。依托秦皇岛市高新技术产业开发区重点发展研发设计、高技术服务、新一代信息技术、节能环保等产业。

## 八、新兴海洋产业

适应国内外新兴海洋产业加快发展趋势，引导新兴海洋产业项目布局秦皇岛，重点布局在秦皇岛经开区和秦皇岛高新区，形成两大发展基地。依托秦皇岛经开区重点布局海洋工程装备制造、海洋功能食品和海洋药物等产业；依托秦皇岛高新区重点布局海洋药物等。

秦皇岛市重点工业行业空间布局规划如图 6 - 3 所示。

## 九、特色农业

依托资源特色和区域优势，重点打造九大特色优质农业生产基地。见图 6 - 4。

（1）酿酒葡萄种植基地。依托河北省昌黎干红葡萄产业集聚区昌黎产业园、卢龙产业园、抚宁产业园，坚持"生态为本、聚焦高端、文贸并举、集群发展"，以庄园经济为主体模式，建设酿酒葡萄种植基地。

（2）甜玉米种植基地。以马坨店、泥井、新集、靖安、大浦河等 5 个乡镇为重点，大力推广立体套种"三种三收"高效种植模式，建设甜玉米种植万亩示范区。

（3）中药材种植基地。以青龙木头凳、三星口、龙王庙、肖营子等乡镇为重点，大力推广林药间作、果药间作等立体种植模式，扩大中药材种植基地面积，打造环京津周边中药材种植基地。

（4）生猪养殖基地。发挥正大集团、宏都集团等龙头企业的带动作用，

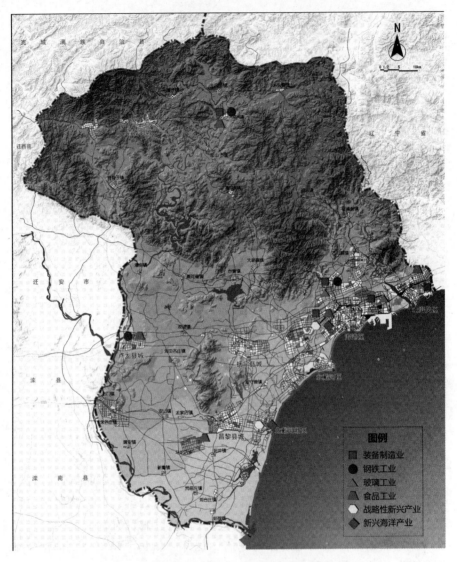

**图 6 - 3　秦皇岛市重点工业行业空间布局规划图**

建设以抚宁县为重点的生猪养殖基地。

（5）肉鸡养殖基地。发挥正大、三融等企业的龙头作用，加快标准化规模养殖基地建设，打造以青龙、卢龙为重点的肉鸡养殖基地。

（6）毛皮动物养殖基地。以荒佃庄、茹荷、泥井等7个乡镇为重点，

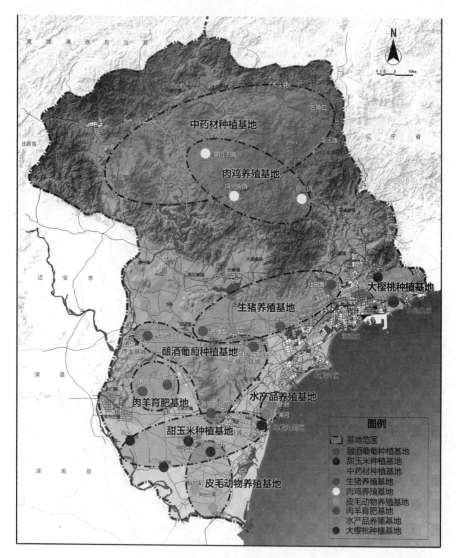

**图6-4　秦皇岛市特色农业空间布局规划图**

以建设毛皮动物良繁体系和标准化生产园区为抓手，培育专业场、专业村和专业户，建设育、繁、养一体化大型毛皮动物养殖基地。

（7）肉羊育肥基地。以卢龙蛤泊、木井及昌黎两山等乡镇为重点，以省级肉羊示范区建设和标准化规模场创建为抓手，大力发展小尾寒羊育肥产业；积极培育开发良种肉羊繁育基地，提高产业发展后劲，建设肉羊育肥基地。

（8）水产品养殖基地。以北戴河新区大浦河、团林等乡镇为重点，培育大型水产养殖企业，打造我国北方重要的水产品养殖基地。

（9）大樱桃种植基地。以石河镇大樱桃基地为重点，大力发展沟域经济及观光农业，推广大樱桃良种繁育，形成高效现代化农业观光旅游片区，打造万亩樱桃沟。

# 第七章 配套基础设施和公共服务平台建设

按照统筹规划、完善布局、扩量提质的要求，加快完善交通、能源、通信和水利基础设施建设，构建网络完善、功能配套、安全高效、城乡共享的现代化基础设施体系，进一步完善重大公共服务平台，为秦皇岛市产业空间布局优化提供强有力的支撑和保障。

## 一、交通基础设施支撑体系建设

### （一）完善与周边区域的铁路通道，扩大港口腹地范围

争取支持，加快推进承秦铁路（承德—秦皇岛）铁路和迁青铁路（迁安—青龙）建设，延伸秦皇岛港口腹地。规划建设山刀（山神庙至刀尔凳）地方铁路，打通秦皇岛与辽西地区客货运铁路通道。优化调整市区铁路布局，实施京哈铁路北戴河至秦皇岛段改线、拆建柳江地方铁路、拆除南大寺站以东的老京山线及秦皇岛南站、加快完成对秦皇岛站客运设施改扩建工程。

### （二）构筑内外畅通的陆路大通道，实现干线公路通园区、园区快速连接、组团便捷互通

**1. 打造带动山海呼应（北部浅山与南部沿海）、空港铁路港海港三港联动的快速环形快速路**

重点推进滨海快速路、沿海快速公路 S364 拓宽改造工程，建设秦抚

快速路（海港区—抚宁县），规划建设抚卢（抚宁—卢龙）快速路、卢龙—昌黎机场—昌黎县城—沿海高速—北戴河新区的快速路。

## 2. 完善境内主要干线和机场的连接线

规划实施沿海高速公路北戴河联络线、沿海高速北戴河机场支线、北戴河机场公路等项目，打通北戴河对外联系通道。规划建设京哈高速公路祖山连接线、承秦高速茨榆山连接线，打通青龙产业园区的对外交通联系。规划建设北戴河新区滨海公路连接线、沿海高速连接线、昌黎机场连接线以及昌黎县城到沿海高速连接线。

## 3. 争取加快建设京秦二通道

进一步增强秦皇岛与京津及东北地区的联系，带动北部浅山地区开发建设。

## 4. 改善青龙县对外的公路交通联系

规划建设京哈高速青龙支线，适时规划青龙至迁安、青龙至辽宁省凌源县的公路建设。

## 5. 加快对重点线路的改（延）建

重点推进各产业集聚区与县城、中心镇的通道改建，提升道路等级，适时推进205国道秦皇岛段改造示范工程、青乐线半壁山至田各庄段改建工程、G102线卢龙城关至十八里铺改线工程、G102秦皇岛市区段改线工程、沿海路北戴河新区段拓宽改造工程、兴凯湖路南延工程、102国道抚宁县城段改线工程、蛇刘线北延工程的开工建设。

## （三）完善集疏运系统，全面提高港口集疏运能力

### 1. 规划建设疏港专用线

重点推进龙港路、机场路、船厂路、山广路分别作为东港区、山海关港区与102国道和京沈高速公路的专用疏港联络线。解决山海关机场路弯道多等问题，在山海关冯任庄处与京哈高速实现互通，规划建设大街作为

东西向沟通各港区的横向联络线。

### 2. 适应城市和港口物流业发展需要建设一批货运站

规划建设市物流中心货运站、集装箱中转站、山海关货运站、开发区东区货运站和集疏港物流中心货运站、海阳、北戴河、东出口货运站。

### 3. 加强秦皇岛港区与铁路干线的衔接以及站场建设

新建津山线铁路（柳村北站）、京哈线铁路（龙家营站）支线至东港区东作业区；新建山海关站至东港区东作业区铁路支线；扩建龙家营铁路站场，建设地方铁路、港口铁路及国家铁路三铁交接场，建设龙家营铁路物流园。

### （四）建设旅游环线通道，加快形成全域旅游的大格局

规划建设由青乐公路、沿海公路和规划旅游路串联而形成的市域旅游环状公路，促进北戴河新区高端旅游集聚区、北戴河健康养生集聚区、圆明山文化旅游产业聚集区、汤河西岸体育运动集聚区之间实现快捷互联互通。近期加快推进建设兴凯湖北路、兴凯湖路南延及城区主干路、北戴河—九门口长城旅游公路等一批增强旅游通道能力的工程建设。见图7-1。

---

**专栏7-1 交通基础设施重点项目**

——加快完成在建项目：海港区铁路拆改线及站场建设工程；秦抚快速路；滨海公路北戴河至秦唐界段改建工程；沿海高速北戴河机场支线工程；沿海高速公路北戴河联络线；205国道秦皇岛段改造示范工程；昌黎机场主体及配套工程。

——完成已经批复或规划论证项目：承秦铁路、迁青铁路；京秦二通道，京哈高速公路祖山连接线；北戴河机场公路，大冷公路，卢昌快速路；沿海路北戴河新区段拓宽改造工程，102国道秦皇岛市区段改线工程，G102线卢龙城关至十八里铺改线工程。

---

——加强研究论证与规划的项目：京哈高速青龙支线，承秦高速茨榆山连接线，北戴河新区滨海公路；抚卢快速路、卢龙—昌黎机场—昌黎县城—沿海高速—北戴河新区的快速路；旅游环形公路；疏港专用线及货运站点、船舶基地；各产业集聚区与县城、中心镇的通道改建工程，沿海快速路拓宽改造工程，蛇刘线北延工程，102 国道抚宁县城段改线工程，兴凯湖路南延工程，青乐线半壁山至田各庄段改建工程。

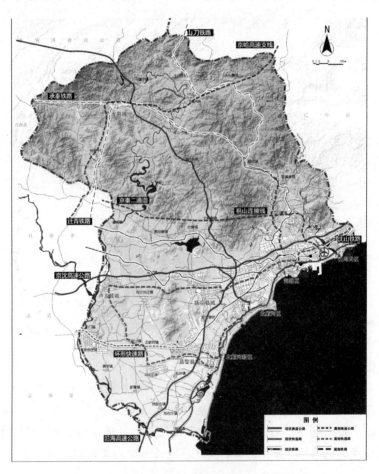

**图 7-1　秦皇岛综合交通运输体系规划示意图**

# 二、水利与电力支撑体系建设

## （一）提高水资源保障能力

### 1. 优化水资源综合配置能力

加快启动建设引青济秦改扩建三期工程、引青济秦与石河水库连接工程、引青济秦北戴河支线复线工程，加快构建"一路双线、东西互济、三库联调、四区双水"的供水基本框架。

### 2. 实施县城供水保障工程

加快建设水胡同水库供给青龙县城、桃林口水库供给卢龙县城、洋河水库供给抚宁县城的相关配套工程建设，提升县城供水的保障率。

### 3. 新建一批水厂

重点实施北戴河西部水厂及引配水工程项目、海港西部水厂及引配水工程项目、北戴河新区以及其他主要用水区的水厂及引配水工程项目。

### 4. 完善水质监测体系建设

组建秦皇岛水文水资源勘测局，整合现有水文监测站、雨量站、地下水位观测站，新建一批水质监测站和地下水实时监测点。

## （二）增强电力能源保障水平

### 1. 建设一批输变电工程

统筹电源建设，优化电网结构，提升供电能力，化解电网安全运行风险。推进昌黎500千伏输变电工程及其配套220千伏输变电工程和新集、黄金海岸（小蒲河）220千伏输变电工程建设，加快推进黄金海岸输变电工程，完善西南部220千伏电网结构。结合北港220千伏输变电工程和五里台 220 千伏主变增容改造工程，加快推进山海关区及开发区东区的电网结构。积极推进 220 千伏肖营子输变电工程建设，形成青龙县地区第二电源通道。尽快实施市区 110 千伏范家店、道南等输变电项目。

### 2. 优化能源结构

积极推进风能、太阳能、生物质能等可再生能源利用。统筹各区供热区域热源和热网规划，积极推动区域热电冷多联供工程建设，实施北戴河区热电联产集中供热工程、秦皇岛开发区京能 2×35 兆瓦热电联产项目、山海关国华 2×35 兆瓦热电联产项目。加快推进园区集中供热等基础设施建设。

---

#### 专栏 7-2　水利与电力重点项目

——水利项目。加快实施引青济秦改扩建三期工程、引青济秦与石河水库连接工程、引青济秦北戴河支线复线工程；加快实施北戴河西部水厂及引配水工程项目、海港西部水厂及引配水工程项目、北戴河新区以及其他主要用水区的水厂及引配水工程项目以及水胡同水库供给青龙县城、桃林口水库供给卢龙县城、洋河水库供给抚宁县城水利配套工程；新建一批水质监测站和地下水实时监测点。

——供电项目。推进昌黎 500 千伏输变电工程及其配套 220 千伏输变电工程和新集、黄金海岸（小蒲河）220 千伏输变电工程建设、黄金海岸输变电工程、肖营子 220 千伏输变电工程、市区范家店、道南 110 千伏输变电项目；新建北戴河区热电联产集中供热工程、秦皇岛开发区京能 2×35 兆瓦热电联产项目、山海关国华 2×35 兆瓦热电联产项目。

---

# 三、环境保护基础设施支撑体系

## (一) 新建、扩建一批污水处理厂

重点实施秦皇岛市污水处理厂、北戴河新区中心片区污水处理厂、北戴河新区团林污水处理厂、搬迁昌黎黄金海岸污水处理厂及配套管网工程，加快推进秦皇岛市海港区西部污水处理厂及配套管网工程、秦皇岛市北部片区污水处理厂及配套管网工程，抚宁县县城污水处理厂及配套管网工程、抚宁县重点乡镇污水处理厂及配套管网工程。建设雨污分流污水收集管道系统建设，提高城镇污水管网覆盖率以及城镇污水收集率。建设城市污水处理厂污泥利用处置设施，提高污泥利用处置率。加快推进园区的污水集中处理等基础设施建设。

## (二) 提高固体废物处理水平

推进城乡垃圾处理一体化规划，加快城镇生活垃圾及医疗废物处理设施建设，提高垃圾处理水平。完善城市垃圾分类、收集、运输、处置体系，建设垃圾无害化、资源化处理厂。推进各县区垃圾一体化项目建设，采取"村收集、镇转运、县处理"模式，逐步提高垃圾收集和处理水平。

## (三) 完善环境监管基础设施和标准化建设

加强重要控制断面、重要水功能区和地下水超采区为重点的水质水量监测能力建设，加强取水、排水、入河湖排污口计量监控设施建设。建立辐射环境监测系统和放射源网络监控系统。完善空气地面站建设，逐步开展 PM2.5、CO、$O_3$，VOC 监测，在昌黎黄金海岸和南戴河分别建设一个空气自动监测地面站，更新鑫园、市监测站空气自动监测地面站。

┌─────────────────────────────────────────────┐

**专栏 7 – 3　环境基础设施项目**

加快推进环境监测能力建设工程；实施秦皇岛市污水处理厂、北戴河新区中心片区污水处理厂、北戴河新区团林污水处理厂、搬迁昌黎黄金海岸污水处理厂、秦皇岛市海港区西部污水处理厂及配套管网工程、秦皇岛市北部片区污水处理厂及配套管网工程，抚宁县县城污水处理厂及配套管网工程、抚宁县重点乡镇污水处理厂及配套管网工程；新建城市污水处理厂污泥利用处置设施以及城镇生活垃圾无公害处理厂。

└─────────────────────────────────────────────┘

## 四、重大公共服务平台建设

### （一）组建科技成果转化服务平台

充分利用就近京津的优势，加强与国内外知名技术成果转移平台、综合性技术服务联盟合作，围绕一批共性技术、关键技术和前瞻性技术，建设科技成果转化服务平台。坚持政府引导、市场运作模式，重点建设科技成果评价服务、创业孵化、技术交流推广服务、技术交易服务等转化服务关键环节，提高为各类企业特别是制造企业服务能力。

### （二）建设检验检测服务平台

服务秦皇岛市产业发展需要，合理利用国家产品质量监督检验中心、省级产品质量监督检验中心的工业检验检测资源，适时组建检验检测服务平台。

### （三）建立中小企业信息化公共服务平台

坚持开放合作、公益主导、系统规划、分步实施的原则，建立由综合性信息服务中心、中小企业制造云服务中心、电子商务信息中心组成的中小企业信息化公共服务平台，为秦皇岛市乃至周边地区制造业产业升级提供产品、标准、人才、市场等各类信息服务。

### （四）建设标准公共服务平台

重点建设系统、完善、协调、准确、快速反应的标准资源综合服务中心，为主导产业的标准查询和标准化需求提供定制服务。建立标准化培训与交流咨询服务中心，为企业提供标准查询、跟踪、应对技术性贸易壁垒的信息咨询服务。

### （五）发展综合物流管理运营平台

重点建设综合物流的管理服务中心，集约发展物流管理高端服务，实现信息服务、运输服务组织、物流交易等综合物流功能集聚，建设综合物流和供应链管理企业区域总部基地。充分利用物流交易平台的功能，打造区域和全国性物流交易中心、结算中心、价格指数中心。通过聚集和整合物流服务、商贸服务、制造业、银行、第三方结算等环节和功能，创新物流服务模式。

# 第八章　体制机制创新与政策保障

围绕产业空间布局优化目标，解放思想、大胆革新，以管理体制、考核体系、产业准入、资源配置、财政金融等领域为重点，突出体制机制创新和重大政策措施的支撑作用。

## 一、体 制 机 制

### （一）创新土地开发利用机制

**1. 建立土地指标向重点集聚区、重点产业倾斜机制**

通过调整和优化产业用地布局，坚持土地使用指标向产业集聚区集中，将有限的土地利用指标用于重大产业集聚区的建设，控制零星工业用地，引导新建和升级企业进入产业集聚区，同时减少中心城区的工业用地供应量。新增建设用地要优先保证重点产业的用地需求，尤其要优先装备制造、战略性新兴产业、现代服务业等今后有很大发展前景的产业的用地需求。严格执行投资强度标准，对不符合要求的项目不引进、不立项、不供地或少供地，鼓励零用地招商；对零星项目不单独供地，项目必须进入产业集聚区，集中使用。

**2. 建立土地开发利用的激励机制**

年度新增建设用地计划优先满足固定资产投资规模大、建设用地报批快、供地率高的县区和产业集聚区，对节约集约用地效果好的县区和产业集聚区，给予一定的新增建设用地计划奖励。对建设用地报批慢、供地率低、节约集约用地效果差的县区和产业集聚区，削减其新增建设用地计划。

## （二）实施差别化的产业准入机制

### 1. 实行产业集聚区差别化准入标准

从土地利用、资源与环境保护、技术创新三大方面制定产业集聚区产业差别化控制指标，秦皇岛经开区、秦皇岛高新区产业准入门槛较高，强调引进企业的科技创新能力，适当提高土地利用强度、投资强度、产出效应及水耗、排放等控制标准；抚宁经开区、卢龙经开区、昌黎经开区强调投资强度和土地利用方面的控制指标；青龙经开区产业准入的土地利用门槛相对较低，资源与环境保护门槛高，技术创新指标不作为强制性控制指标。

### 2. 建立产业项目"按区分流"机制

秦皇岛市产业空间布局和产业集聚区领导小组办公室对产业布局要加强统筹引导，制定切实可行的措施，引导各个产业集聚区根据各自确定的主导产业方向进行产业项目布局，对于新引进的产业项目实施"按区分流"。

## （三）探索差异化的环境保护机制

按照南部滨海蓝色产业区、中部浅山金色产业区、北部山区绿色产业区的划分范围，建立并逐步实施差异化的环境保护政策，其大气环境、水环境、固体废弃物分别执行不同的环境质量控制标准。在分区环境导则的基础上，参照秦皇岛市近、中、远期的环境保护总体目标与节能减排目标，统筹增量控制和存量调整，制定细分标准和技术指标，实施差异化的分区生态环境质量控制标准。具体环境质量考核指标由各相关部门结合现状环境质量与全市预期目标设定，并进行差异化分配。分带环境质量控制在规划期内进行分步实施。

### （四）建立产业集聚区共建和利益共享协调机制

**1. 探索共建共享机制**

在市级层面，建立重大项目引进和建设、产业配套协作、生态环境共同治理、基础设施共建、园区整合等方面的投入分担、财税分成、统计考核等跨区县利益协调机制。探索建立跨区、县土地资源开发利用、生态环境保护和建设的补偿机制。根据不同项目特点和合作方式，制订利益共享和风险共担方案以及具体实施办法，协调好多方利益主体间的关系。探索石河西岸港山合作区合作开发模式。

**2. 建立产业集聚区品牌资源整合机制**

整合各类产业集聚区品牌，确保每个区县至少享有一个省级及以上级别的产业集聚区品牌。争取国家支持，创建国家级高新技术产业开发区、国家级现代服务业集聚区、国家级高端旅游产业集聚区，与秦皇岛经济技术开发区一起形成 4 个国家级产业发展平台；争取省里支持，整合现有全市省级产业集聚区品牌，4 个特色产业集聚区和 4 个专业性产业集聚区均享用省级产业集聚区政策，在全市形成 4 个国家级产业集聚区和 8 个省级产业集聚区的格局①。

**3. 建立产业转移引导机制**

参照江苏的做法，按照"税费两地共享，具体比例由两地政府商定"的原则，建立"区县挂钩、合作共建"的产业转移引导机制，引导不符合南部滨海蓝色产业区产业发展重点的产业因地制宜向秦皇岛市中部或北部山区转移。

**4. 完善飞地经济发展模式**

对为帮扶卢龙、青龙两个山区县相应在秦皇岛高新区、秦皇岛经开区建立的"区中园"，建立利益共享机制。适当扩大秦皇岛经济技术开发区

---

① 原来有 14 个省级产业集聚区。

青龙园的面积。按照"共建共享、收益分成"的原则推进飞地"区中园"建设，原则上规划、基础设施、社会事务由支援方（秦皇岛经开区、秦皇岛高新区）纳入统一帮扶建设管理，招商引资、项目建设由受援方根据规划确定的产业方向、产业准入条件实施，产值、税收按照一定比例分成。

## （五）创新绩效评估和政绩考核机制

### 1. 制定与主体功能相适应的政绩考核体系

对海港区、山海关区、北戴河区，增加对旅游业、现代服务业及城市配套能力等指标的考核比重，弱化对工业的考核；对秦皇岛经开区，重点考核工业、高新技术产业等指标；对北戴河新区，重点考核现代旅游业、科创能力、高新技术产业和生态保护等指标；对抚宁、昌黎、卢龙，增加对现代农业、旅游业、工业等指标的考核比重；对青龙县，重点考核生态涵养、旅游业等指标。

### 2. 建立产业集聚区的绩效评估体系

将产业集聚区发展有效纳入年度目标考核范围，定期组织对产业集聚区进行评估，对产业集聚区基础设施建设、入区企业情况、投入、产出、税收、就业、公共平台建设、区域经济贡献度等指标进行评估，对发展较好的集聚区予以奖励，对发展较差、主导功能偏离的集聚区进行通报。

## （六）创新差别化的产业集聚区开发管理模式

按照"分类管理、统分结合"的原则，对不同类别的产业集聚区实行不同的开发管理模式。

### 1. 对跨行政区的产业集聚区实行"协调开发模式"

正确处理"一区多园"的关系，对跨行政区的秦皇岛经开区、秦皇岛高新区、河北昌黎干红葡萄酒产业集聚区、圆明山文化旅游集聚区、秦皇岛高端旅游产业集聚区，实行"协调开发模式"，即对涉及优化产业空间布局、提升提升集聚集约水平，改善发展环境的重点控制性环节必须发挥"六统"的功能，实行统一管理，主要是：（1）统一协调，统筹解决各集聚区的重大问题；（2）统一规划，对规划实行统一编制和管理，保证布局和功能定位的实施；（3）统一政策，统一招商、财税、土地、环保、征收安置等重大政策，防止各自为政，恶性竞争；（4）统一配套，对跨区域、公共性重要基础设施、重点公共服务平台统一配套建设，共建共享，提高资源配置效益；（5）统一准入，统一准入要求、准入标准、准入管理，推进科学、高效、可持续发展；（6）统一宣传，统一对外宣传口径，统一组织重大宣传和招商活动，打响各产业集聚区品牌。

同时各产业集聚区要建立联合开发的建设管理体制，对跨行政区各园根据规划布局和功能定位进行联合开发建设，并相应建立针对投入分担、财税分成、统计考核等方面的利益协调机制。秦皇岛高新技术产业开发区按照"两块牌子、一套人员"的形式，与北戴河新区合署办公。

**2. 对不跨行政区的产业集聚区实行"统一开发模式"**

对其他产业集聚区，由于不跨行政区，各个产业集聚区设立统一的管委会，实行"统一开发模式"，由所属管委会对下属各园统一规划、建设与管理。

# 二、政策保障

## （一）财政政策

### 1. 统筹安排产业发展引导资金

在市财政预算中统筹安排装备制造业发展资金，支持秦皇岛市壮大装备制造业，建设具有全国影响力的临港大型装备制造业基地。统筹安排高新技术产业发展资金，使秦皇岛市高新技术产业取得突破性发展。设立科技型中小企业发展专项资金。

### 2. 优化服务业发展基金支持重点

为增强城市功能，加快秦皇岛市现代服务业发展，合理安排使用服务业发展资金，进一步将支持重点明确为金融商务、文化创意、健康养生等现代服务业领域。

### 3. 设立产业集聚区发展引导资金

在市财政预算中设立产业集聚区发展引导资金，重点用于四县产业集聚区的基础设施、公共服务平台建设以及重大产业支撑项目和省重点建设项目配套设施建设贷款贴息，引导各县产业集聚区发展。

## （二）投融资政策

### 1. 拓展投融资渠道

积极引导及帮助产业集聚区争取获得国家或省级专项资金、专项贷款。鼓励产业集聚区运用市场化手段，以土地为资本，广辟筹融资渠道，为产业集聚区开发、基础设施建设提供资金支撑。规范发展民间金融，合理引导民间资金流向，推动民间金融正规化合法化，拓宽民间资本投资渠道。鼓励开展建设—经营—移交（BOT）、建设—移交（BT）、融资租赁等多种形式的项目融资。

### 2. 搭建好融资服务平台

支持银行、证券、期货、保险、信托、金融租赁等金融机构在秦皇岛市设立分支机构。增加地方金融供给，加大对企业融资担保的支持，推动大项目通过股权证券化融资或租赁融资、特许经营等方式多渠道筹措建设资金。引入和建立创业投资引导基金，发展创业投资，建立中小企业信用担保基金。

### 3. 创新融资方式

大力开展担保方式创新，拓宽贷款担保物范围，积极开展应收账款质押贷款业务，探索开展土地使用权、林权和海域使用权抵押及股权、专利权质押融资试点。支持在战略性新兴产业、小微企业自主创新和技术改造等领域开展小微企业集合信托债权基金试点工作。

**4. 建立秦皇岛市旅游发展集团**

成立秦皇岛市旅游发展集团，整合部分优质旅游资源，进行资本化运作，将其打造成运作旅游重大项目投融资的平台，促进和引领旅游资源整合和旅游景区开发建设的主体，以及旅游重大项目的策划包装中心。通过旅游投资公司的积极运作，引领建设重大产业支撑项目。有条件的县区成立区域旅游投融资平台。

## （三）科技人才政策

**1. 实施科技创新计划**

强化企业科技创新的主体地位，引导创新资源向企业集聚，提高企业创新能力。重点支持行业龙头企业建立工程技术研究中心、企业技术中心、博士后工作站等。加快建设地区重大创新公共平台，加快推进重大科技专项，组织实施重点技术创新工程。加快发展各类综合型、专业型科技孵化器。争取中省支持，建设一批专业化开放式平台和若干个国家级、省级重点实验室，加强检测中心建设。

**2. 完善人才引进和培养机制**

在税费、户籍、住房、家属安置、子女入学等方面出台优惠政策，围绕装备制造、食品工业、冶金钢铁、玻璃建材、战略性新兴产业、现代服务业等领域吸引高端技术和经济管理人才。充分利用秦皇岛市的大学，为技术和管理人员提供培训教育、学习深造。争取更多的科研院校来秦皇岛合作办学。

## （四）经济管理权限政策

下放经济管理权限，充分赋予秦皇岛经开区、北戴河新区（秦皇岛高新区）、秦皇岛现代服务业集聚区、秦皇岛高端旅游产业集聚区等四大产业发展平台行使市级经济管理权限和相应的行政管理职能。按照事权一致的原则，实行"充分授权、就地办结"的行政审批制度。市政府及有关部门通过直接授权、委托审批、设立派驻机构、项目备案、人员派驻等形式，充分授权于四大产业发展平台及其相关机构直接履行。各项审批事项，凡属市政府部门办理的应在各自管委会办结。对需上报中央和省有关部门审批事项，由市级有关职能部门在承诺办理日内履行上报手续。

专　　论

# 专题报告一　秦皇岛市深化与京津地区产业合作研究

秦皇岛地处河北省东北部，毗邻京津，与北京相距 280 公里，距天津 220 公里，具有承接京津地区产业转移与功能疏解的良好条件。秦皇岛凭借较好的区位交通港口条件以及优质的滨海旅游资源和较好的加工制造业基础，在农业种植、加工制造、旅游、港口物流等方面都与京津地区有着广泛的联系与合作，但也存在着一些突出矛盾和障碍。面对近年来京津地区产业转移和功能疏解的加快，秦皇岛如何抢抓机遇，积极加强与京津地区产业合作，创新承接京津地区产业转移的方式方法，对秦皇岛加快产业发展，优化产业空间布局具有十分重要的意义。

## 一、秦皇岛市与京津地区产业合作的优势条件

### （一）与京津地区便捷的交通通达条件

秦皇岛西距北京 280 公里，西南距天津 220 公里（见图 1），相对较短的通勤距离促使高铁时代在京津冀地区内部的小时经济圈效应日益增强。目前，秦皇岛铁路旅客主要集中在秦皇岛、山海关、北戴河和昌黎 4 个车站。秦皇岛每天到北京、天津的列车分别有 22 趟、27 趟，京津到秦皇岛的列车分别有 30 趟、35 趟（见表 1）。其中，秦皇岛到北京列车通勤最少只需 2 小时 14 分钟；秦皇岛到天津列车通勤最少只需 2 小时 28 分钟。便利的通勤条件有利于人员、信息交流与合作，有利于商贸货物网络，有利于游客互访和旅游市场协作开发。特别是随着京津冀城市群城际

快轨建设日益提上日程，未来秦皇岛与京津地区的小时经济圈效应日益突出，各类深层次的产业合作将在更广泛的领域展开。

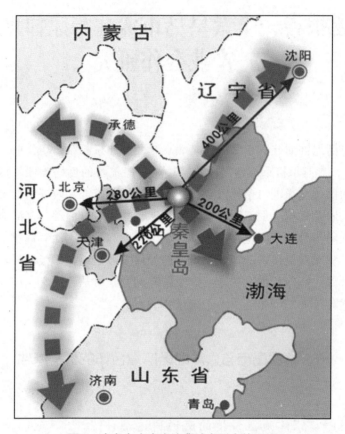

**图1　秦皇岛市在京津冀城市群中的区位**

资料来源：《秦皇岛市综合交通运输体系发展规划》。

表1　　　　　　　　　　秦皇岛与北京、天津通勤列车趟数

|  | 北京 | 天津 | 秦皇岛 |
|---|---|---|---|
| 北京 | — | 107 | 30 |
| 天津 | 125 | — | 35 |
| 秦皇岛 | 22 | 27 | — |

资料来源：根据12306铁道部火车票网查询统计，即时数据以铁道部实时更新为准。

## （二）与京津地区互补性较强的要素资源

秦皇岛市的农产品、旅游、水、矿产、劳动力、土地等生产要素资源相对丰富或低廉。一是水资源在沿海及华北地区相对丰富。市域年平均降雨量700毫米左右，境内流域面积100平方公里以上的河流23条，多年平均水资源总量16.2亿立方米，其中地表水12亿多立方米。二是矿产资源种类多，部分矿种储量较大，具有较好开采利用条件。已发现各类矿产55种，已探明储量的21种，特别是在经济建设中用途广、用量大的矿产，如金、铁、煤、水泥灰岩、花岗岩、建筑沙石等都比较丰富。三是旅游资源丰富。近年来在旅游立市发展战略下一些重点景区（点）建设加快推进，特别是山海关、北戴河、南戴河、葡萄庄园等景区颇受外来游客青睐（见表2），截至2012年底，全市共有各类旅游景区47家，国家A级以上旅游景区32家（34处），其中：5A级景区1家，4A级景区15家，3A级景区6家，2A级景区10家。四是农业种养殖规模较大。例如，年产蔬菜365万吨；年出栏生猪260万头、日供京津市场2000头以上；年出栏肉鸡5000万只，年出栏肉羊近200万只，目前秦皇岛已成为京津市场重要的蔬菜和商品猪供应基地。五是劳动力与土地成本远低于京津地区。这样，从全产业链发展和市场需求的角度看，秦皇岛市的低端生产要素与京津地区人才、资金、信息、技术等高端要素的对接为城际产业合作提供了要素互补的条件（见图2）。

**表2　　　　　2012年全市旅游景区（点）接待人数前10名**

| 名次 | 景区（点）名称 | 接待人数（万人次） |
| --- | --- | --- |
| 1 | 山海关景区 | 223.6 |
| 2 | 北戴河集发观光园 | 141.6 |
| 3 | 黄金海岸沙雕大世界 | 110.9 |
| 4 | 北戴河鸽子窝公园 | 93.9 |
| 5 | 南戴河国际娱乐中心 | 92.2 |
| 6 | 山海关乐岛海洋公园 | 55.9 |
| 7 | 北戴河老虎石公园 | 55.2 |

| 名次 | 景区（点）名称 | 接待人数（万人次） |
|---|---|---|
| 8 | 北戴河野生动物园 | 49.8 |
| 9 | 新澳海底世界 | 44.8 |
| 10 | 昌黎葡萄沟 | 44.7 |

资料来源：秦皇岛市旅游局：《2012 年秦皇岛市旅游业年度报告》。

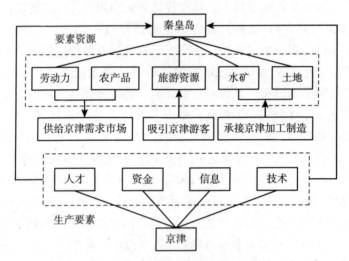

**图 2　秦皇岛市与京津要素资源互补图**

## （三）与京津地区产业各具比较优势

由于秦皇岛与京津处于不同的城镇化和工业化发展阶段，总体而言京津地区产业发展相对高端化，高端制造业、总部经济、科技研发等现代服务业发展具有比较优势，相比之下秦皇岛则在文化休闲旅游、金属冶炼及加工制造、农业种养殖等产业领域具有比较优势（见图3）。首先，农业种养殖基础较好。拥有国家级蔬菜标准园 4 个、省级标准园 59 个；生猪人工授精改良体系建设水平全国领先；另外，秦皇岛是国家级商品肉鸡标准化生产示范区和全国主要的肉鸡出口加工基地、全国最大的毛皮动物养殖基地、河北省最大的肉羊育肥基地和全国最重要的育肥羊饲料集散地、河北省最大的甜玉米种植基地和全国最大的甜玉米罐头加工基地、全国最大的海湾扇贝养殖基地和全国水产品加工业示范基地。其次，秦皇岛已经成为京津冀地区短期休闲度假基地和接待国家领导人会议休假的重要目的地。近年来，秦皇岛抢抓河北沿海发展上升为国家战略和首都经济圈规划机遇，突出中国海洋旅游年主题，主抓旅游产业升级、配套改善、市场开拓、服务提升、环境优化等重点工作，逐步实现了旅游城市向城市旅游、旅游产业向产业旅游、旅游管理向旅游服务的转变，初步形成"旅游＋文化＋生态"三位一体、融合发展新格局。最后，金属冶炼及装备加工制造业基础雄厚。船舶修造、汽车零部件、大型钢结构及道路专用装备制造、电力装备制造方面发展较快，2012 年全市规模以上装备制造企业 120家，完成工业增加值 115.6 亿元，利润总额 17.4 亿元，上缴税金 13 亿元；金属冶炼及压延加工业方面，在大口径焊管、造船用钢板、不锈钢冷轧板、涂镀层钢板、建筑钢结构等方面不断延伸产业链条，2012 年全市规模以上金属冶炼及压延加工企业 35 家，完成工业增加值 92.8 亿元。金属冶炼业及装备制造业日益成为秦皇岛与京津地区产业配套协作的重要领域。

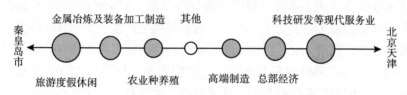

**图 3 秦皇岛市与京津地区形成的产业比较优势格局**

## 二、秦皇岛市与京津地区产业合作的现状

秦皇岛市与京津地区的产业联系涉及多领域、多行业、多层次，随着产业合作的深化推进，城际之间的产业协作效率也不断得到提高。其中，秦皇岛与北京的合作主要在制造业配套、农产品对接和产学研合作等领域，与天津的合作主要在旅游市场开发、农产品供应等领域。

（一）食品安全、产销衔接、农技交流等合作不断深化

秦皇岛市围绕服务首都，积极调整农业产业结构。早在 2011 年，秦

皇岛市在北京新发地蔬菜批发市场举办"北京（秦皇岛）优质农产品展销会"，秦皇岛市政府与北京市农业工作委员会在会上签署了《京秦农业合作框架协议》。双方分别明确专门机构，负责京秦农业合作工作的组织协调，共同建立政府间的农业合作沟通机制，加强在农业领域的产业政策、生产技术、食品安全、产销衔接等方面的交流与合作；双方积极推进政府部门及企业间的项目合作，对具有战略性的合作项目，双方积极给予一定的政策和资金支持；共同支持开展优质农产品产销对接活动。

随后，秦皇岛市围绕自身产业结构调整和京津地区的需要，重点开展了蔬菜产业结构的调整，目前全市蔬菜播种面积102万亩，其中设施蔬菜种植面积达到51万亩，规模化生产基地面积达到60万亩，拥有各类蔬菜品牌30个。昌黎嘉诚、抚宁绿源、日昌升等合作社每年向北京京客隆、家乐福等大型超市配送无公害蔬菜3万吨以上。与此同时，北京市新发地蔬菜批发市场客商多次到秦皇岛市卢龙、昌黎两县蔬菜生产基地进行考察，并签订日光温室黄瓜种植收购协议，协议种植面积为70亩，由北京市蔬菜收购商"天下禾民"蔬菜货栈提供种苗，每棵种苗0.65元，产品全部回收。随着蛋鸡、奶牛、肉牛、肉羊等特色产业也逐步发展壮大，大量畜牧业农产品进入北京消费市场，如我们调研的宏都食品有限公司每年生产的冷鲜肉有50%供应北京，10%供应天津，目前秦皇岛已经成为京津市场重要的畜产品供应基地。除此之外，通过双方搭建合作平台，北京平谷大桃除了满足本地市场需求外也积极进入秦皇岛消费市场。

## （二）承接京津地区加工配套外迁及产能转移取得积极进展

由于秦皇岛市金、铁、煤、水泥灰岩、花岗岩、建筑沙石等资源都较为丰富，同时水资源、土地及劳动力成本相比京津地区较低，因此有条件承接京津转移出来的产业。在"企业进园区、园区集群化"发展思路的深化推进下，目前秦皇岛市已经形成有15家产业聚集区（含开发区或园区），其中不少园区如秦西工业区、秦皇岛杜庄工业聚集区、河北青龙经济开发区、河北卢龙经济开发区、青龙物流产业聚集区等，都发展成为京津重要的钢铁产能转移地、京津高新技术产业和先进制造业研发转化及加工配套基地。随着京津两市产业结构和转型升级步伐的加快，一些一般性产业正在大幅向周边区域转移，其中有部分产业正积极转移到秦皇岛，同时一些制造业的配套环节，如销售、物流等产业也随之转移。具体的，通过对企业的走访调研发现有不少企业的总部或控股公司设在北京，但一些生产和服务环节已开始向外转移，秦皇岛承接了冶金、机械、建材、酿酒、工程技术服务等行业（见图4、专栏1）。

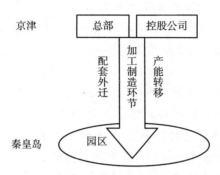

**图4　秦皇岛与京津制造业关联示意图**

## 专栏1　总部在北京、加工制造环节在秦皇岛的主要企业

1. 秦皇岛首钢长白机械有限责任公司。归属首钢，以精密加工、表面再制造、冶金设备制造服务技术为主体，集机加、锻造、焊接、热处理、表面处理等工艺门类齐全的机械设计制造企业。旗下还成立了子公司秦皇岛首钢长白结晶器有限责任公司，其经营范围涉及连铸机结晶器及冶金设备、备件制造、普通机械加工等。

2. 秦皇岛首钢板材有限公司。是首钢、秦皇岛市联合与香港宝利达、富利投资公司共同建设经营的合资企业。发挥首钢和港资合作的优势，突出高科技和现代化管理，生产20余种材质、规格的中厚钢板。旗下，秦皇岛首钢渤通物流有限责任公司是秦皇岛首钢板材有限公司控股的销售公司，负责厚钢板的国内销售业务。

3. 山海关船舶重工有限责任公司。是中国船舶重工集团公司所属的国有大型一类企业。主要经营船舶修理、制造、改装、拆解，海洋工程建造、维修，港口机械及钢结构制造，船舶备件供应，热浸镀锌，工程项目建筑施工，码头装卸及仓储等，年造船能力 140 万载重吨，年承修大中型船舶 200 余艘。

4. 中信戴卡轮毂制造股份有限公司。是中国中信集团公司投资组建的大陆第一家铝合金车轮制造企业，现已成为世界最大的铝车轮供应商。每年约 200 款新产品投放市场，近百项新技术新工艺进入生产阶段，数十款具有自主知识产权的装备研发成功。

5. 中粮华夏长城葡萄酒有限公司。隶属于中粮集团有限公司，是中国首家生产干红葡萄酒的专业型企业，严格按照"国际葡萄酿酒法规"生产，主要产品有长城牌干红葡萄酒、干白葡萄酒、桃红葡萄酒，销售收入在同行业中名列前茅。

6. 中冶京诚（秦皇岛）工程技术有限公司。是中冶集团秦皇岛冶金设计研究总院通过整体分立式改制设立的有限责任公司。公司服务范围包括工程咨询、工程设计、工程总承包、工程项目管理、工程监理、工程造价咨询、招标代理、环境评价、技术转让、技术服务、计算机软件开发、系统集成等业务。

## （三）加快推进与京津地区的产学研合作

为借力京津地区创新资源优势，近年来秦皇岛市主动联系、上门对接，已与京津多家科研机构、产业园区、高技术孵化基地搭建产学研合作平台，推进与京津地区的联系单位开展项目联合研发、共建科研机构、建设技术转化基地、加强人才交流培养等多种方式的产学研合作，促进优质创新资源向秦皇岛汇集。例如，自 2011 年起，北京大学与秦皇岛开发区开始合作建设北京大学（秦皇岛）科技产业园，将北京大学先进的科研成果与秦皇岛市区位、产业、环境优势相衔接，联手打造集研发、孵化、培训及交流为一体的高新技术人才和企业聚集的科技产业园区，目前产业园依托北京大学先进技术及在国内的影响力，以科技为主导，教育和医疗服务相辅助，正在积极谋划引进一批高新技术企业及教育机构。又如，2012 年 9 月，秦皇岛市与中国科学院签署了《中国科学院与秦皇岛市政府全面科技合作协议书》，采取共建机构、人员交流、合作研发、技术转让、技术咨询、技术服务等多种方式，推动秦皇岛科技创新和高新技术产业化发展。再如，秦皇岛市与北京海淀区政府签署合作框架协议，决定在重点领域加强合作与交流（见专栏2）。

## 专栏2　秦皇岛市与北京海淀区签署合作框架协议

根据框架协议，秦皇岛市与海淀区双方将重点加强以下方面的合作：

1. 科技领域合作。鼓励支持双方产、学、研、用主体采取联合攻关、委托研究、专利技术转让等形式开展合作，以秦皇岛经济技术开发区和北戴河新区为重要平台，发挥海淀区科技创新、创业孵化、成果转化服务等方面的优势，促进中关村核心区企业的新技术、新产品、新服务在秦皇岛市的市政建设、政府信息化建设、智慧城市建设等重点领域中的示范应用。

2. 企业转移与承接。引导海淀区有空间发展需求的企业与秦皇岛形成有序的产业转移；加快双方企业和科研实体的联合投资，推动跨区域并购、合作和重大项目落地。

3. 在教育领域合作。双方将建立教育教学交流机制，互派教师开展短期交流，在两地选择部分学校"结对子"、"手拉手"，在教育领域开展教学、科研合作。

4. 旅游领域对接合作。双方将积极推广特色旅游线路和品牌，打造美丽港城游、海淀皇家园林及中关村科教旅游等特色精品；相互加大旅游宣传推销力度，实现两地旅游咨询站点的资源共享；合力推动旅游资源和旅游产品的合作与开发。

5. 生态环境建设交流合作。双方将围绕滨海湿地生态系统、滨海生态绿道、城市湿地公园、"三山五园"绿道系统等重点生态建设项目上加强基层研究，开展保护措施、生态修复工程等方面的交流，加强在城市绿化的规划、建设、监督、保护、管理等方面的合作。

## （四）旅游线路对接及市场共建持续强化

秦皇岛是我国知名的滨海度假旅游城市，多年来秦皇岛市一直注重培养京津冀城市群客源市场。2012 年秦皇岛市共接待国内旅游者2313.03 万人次，从国内旅游客源地构成上看，京津市场客源占到近30%，河北省市场占 27%。与此同时，秦皇岛还积极开展与京津地区旅游线路的对接，加强旅行社之间的合作，推进旅游市场的共建共享，加强旅游推介，近年来先后成功举办"北京·秦皇岛周"、"天津·秦皇岛周"主题活动。例如，为促进津秦两地旅游对接和融合，秦皇岛与天津签署了旅游战略合作框架协议，旨在依靠两地各自旅游优势，逐步消除旅游壁垒，推进无障碍旅游合作，加强旅游信息一体化，共建津秦大旅游区，打造"津秦大旅游圈"。两地互相创造条件、提供支持和帮助，联合开发跨区域精品旅游线路，共同开拓国内外客源市场，共同打造发挥本地资源优势的资源品牌；在生态旅游、滨海旅游、乡村旅游、红色旅游、农业及工业旅游等专项旅游方面密切合作；同时，秦皇岛市还借助天津的经济、文化、信息优势，积极推动本地旅游的资源开发，实现优势互补、客源共济。

# 三、秦皇岛与京津地区产业合作存在的主要问题

尽管秦皇岛与京津产业合作取得一些成绩，但也存在一些问题，这些问题既有秦皇岛市本身产业发展阶段、基础条件、战略导向等问题，也有现有体制机制不利于促进城市间开展产业合作的问题。

## （一）产业合作层次总体依然较低

由于秦皇岛与京津所处产业发展阶段不同，在产业合作上主要表现为垂直分工模式为主。从投资方式上看，主要是京津地区企业到秦皇岛投资建厂从事加工制造业生产，投资企业注入资金和技术，秦皇岛提供土地、劳动力以及资源原材料。这种产业分工方式在工业化初期阶段有利于秦皇岛市经济发展，但是随着秦皇岛市资源和环境约束的不断增

强，仅仅依靠土地、劳动力和资源吸引外部技术和资金的模式不可持续。例如，近10年来北京不少钢铁及相关加工制造产能转移到秦皇岛，一段时期内对秦皇岛的经济增长起到重要的驱动作用。但同时也造成工业结构不优、经济发展方式粗放，特别是重工业、高耗能行业增长过快。2012年，秦皇岛市重工业增加值占规模以上工业的比重高达84.8%，比河北省平均水平高5.3个百分点；石油、化工、建材、钢铁、电力五大高耗能行业增加值占规模以上工业的比重达到48.0%，其中钢铁行业增加值所占比重为33.5%。而高新技术产业增加值占全市生产总值的比重仅为25%，这与沿海发达城市一般占50%的比重相差甚远。2013年1~5月，全市重工业增加值占规模以上工业的86.0%，重工业中高耗能行业增加值占到40.5%，生铁和粗钢产量占钢铁产品的72.3%。

尽管秦皇岛市以钢铁、建材等主导的重型工业结构并不是直接由京津地区产业转移造成的，但这也一定程度上反映京津地区一些产业层次比较高的制造业配套企业尚没有在秦皇岛形成气候，加工制造产业链关键环节的企业和产品少，制造业总体上处于产业链低端，缺少高附加值产品、名优特产品和市场占有率高的产品。而资源依赖型的产业因为门槛低、技术要求低、环保监管不到位等原因，使得各区县盲目扩张，分散布局，对秦皇岛市乃至京津冀的资源和环境保护带来严重影响。可见，要提升三市的产业合作层次，一方面，京津要考虑将本身制造业的一些环节进一步向外部转移，更多地去提升自身的服务业水平；另一方面，秦皇岛市也要加快产业结构转型升级步伐，下大力气转变以钢铁、建材等为主的传统工业结构，积极引进高新技术、节能环保、生产性服务业等重点领域的战略投资。

## （二）优势要素资源城际争夺激烈

秦皇岛与天津、北京在某些产业布局发展上还存在同质化，优势要素市场竞争明显，大大降低了三市间产业发展的协调性，京津冀城市群中首位城市的要素集聚效应要远大于其要素扩散效应，一些高端优势要素更倾向于向京津及周边地区流动。出现这种现象主要有以下原因：一是客观上受到城市群发展阶段的限制，京津及周边地区产业尚未完全实现转型升级。二是秦皇岛市总体发展战略和功能定位一段时间内摇摆不定，是"旅游城市"还是"工业城市"一度进入大讨论，这样在与京津地区的产业协作中，未能充分发挥比较优势，导致秦皇岛市在京津冀城市群中的替代性强，互补性弱，使优势资源更快地流向较高回报率的周边地区。三是动车通勤的通道效应对吸引优势要素产生一定制约。秦皇岛市目前的旅游休闲度假功能强于工业生产功能，快速通勤便于旅游业发展，但两个多小时的车程尚未对京津优质资源流向秦皇岛市产生更大的吸引力。由于秦皇岛市与京津地区实现了当日快速往返，如果有条件，大多企业更愿意将总部迁入京津地区享受更高端的综合服务。由于秦皇岛自身尚未形成与京津紧密的产业细化分工关系，在市场作用力下，资金、人才、信息更愿意向发展环境更优越、行政效能更高的经济高地聚集。目前，秦津高铁即将通车，秦皇岛与京津的时间距离将缩短为一小时，其对秦皇岛与京津产业的合作发展将会带来新的机遇。

## （三）产业结构单一带来路径依赖

秦皇岛市二、三产业内部结构过于单一，不利于城际产业高级化和多领域的合作。在工业领域，由于传统资源依赖型为主的重工业占据工业较大比重，基础相对较好，在承接京津地区产业转移过程中存在"路径依赖"现象，大多资源型耗能型投资迁入，但高新技术及战略新兴产业转移不多。再看旅游业，以滨海休闲度假为单一结构的秦皇岛旅游淡旺季反差明显，最适于户外旅游活动尤其是海上活动的时间是 6~8 月，放宽一些可包括 5 月和 9 月，而 10 月~来年 4 月虽然也可开展户外活动，但下海活动几乎不可能进行（见图5）。来自京津地区的旅游资本更倾向于投资回报率较高、回报周期较快的滨海旅游业，而对于境内其他旅游资源开发则表现谨慎。实际上，秦皇岛市内陆旅游资源丰富，通过开发，完全有可能解决长期以来秦皇岛市旅游发展中面临的季节过短的问题，而且随着休闲社会的到来，各类不同层次的旅游产品都可以对京津大都市的人们产生更大的吸引。

## （四）配套不完善的短板效应明显

秦皇岛市城市基础配套不完善，一定程度上严重影响到与京津地区的

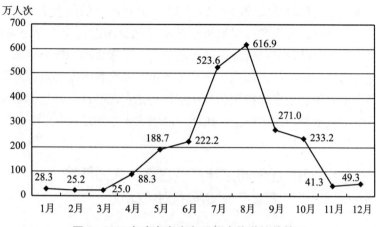

**图5　2012 年秦皇岛市各月国内旅游接待情况**

资料来源：秦皇岛市旅游局《2012 年秦皇岛市旅游业年度报告》。

产业对接合作。一是秦皇岛火车站站场配套建设不完善，秦皇岛火车站多承担了由京津通往东北的任务，自身没有始发车，因此也没有供列车及工作人员的停靠和休闲场所，在有重大接待活动中，旅客要从秦皇岛返回京津地区时常面临"回不去"的困境。二是旅游配套设施不完善，城市道路、停车场、旅游专线、住宿、餐饮、安全检测等配套滞后，在北戴河旅游高峰时期，沿海景点线路拥堵现象频发。三是产业园区基础设施配套不完善，影响招商引资和产业高端协作。山区和后开发建设的园区普遍存在路网建设不完善、污水处理厂配备不到位、公共服务设施配套不齐全等问题。开发建设较早、高新技术产业较为集中的园区一般位于中心城区，但从产业发展需求看，则又存在信息化水平不高、科技商务服务不到位等问题。

## （五）产业合作缺乏有效协调机制

目前在政府层面已经搭建了一些产业合作平台，但是协调合作机制建设尚处于初级阶段。一是缺乏高层协商和规划协调机制。秦皇岛市与京津地区的产业协作，大多停留在专业部门之间的对接上，不同部门、不同城市围绕自身的工作开展城际对接，不可避免造成城市群产业整体发展上的低效率。二是行政区划意识过强，同时受到"分灶吃饭"财税体制的影响，考虑产业合作时各级政府首先考虑本行政区利益的最大化，经济协调成本很高；同时，省级政府与地级市政府之间尚不能建立平等协商机制，京津冀城市群内部没能形成统一的产品市场、要素市场和服务市场，适应市场经济的合作机制还未形成。三是跨省市产业合作带来的资源开发利用和生态环境治理缺乏有效协调，合作结果是把资源消耗、环境污染和生态破坏留给了秦皇岛，而把资金、优质产品引入了京津地区。

## 四、加强与京津产业合作，大力承接京津产业转移的对策建议

近年来，秦皇岛市通过搭建合作平台，推进企业积极开展市场化运作，突出产学研合作，强化产业链对接，加快了与京津地区产业合作的步伐，取得了一定的成效，促进了秦皇岛市产业结构调整与升级，加快了秦皇岛市经济建设的步伐。但由于秦皇岛市自身产业内部结构单一、基础配套不完善以及京津冀城市群发展阶段性等问题和因素仍制约着城市间产业合作的深度和质量，需要政府在城市群产业分工与合作中加强正确引导，充分发挥不同城市间的比较优势，提升区域产业整体分工效益。

### （一）大力搭建产业合作平台，引导京津地区企业落户秦皇岛

政府通过搭建产业合作平台，可以对企业开展合作发挥重要的作用。秦皇岛市无论在农业合作、旅游对接还是产业招商、项目共建上，市政府及相关部门一直积极与京津地区政府联系、争取搭建合作平台，这为城际产业联系起到了桥梁作用。在 2013 年重大招商项目中，就有不少秦皇岛与北京两地企业的合作案例。一是京秦企业联合投资项目，成立合资公司，联合开发经营。如和康源大融农牧有限公司，由山东和康源生物育种有限公司、北京大风家禽育种有限责任公司、秦皇岛中红三融农牧有限公司合资兴办。计划总投资 15000 万元，新建 4 个种鸡场，每个投资 0.25 亿元，新建一个配套孵化厂，投资 0.5 亿元，年孵化雏鸡 6000 万只。再如，秦皇岛经济技术开发区的食用菌生产及深加工、光伏发电项目，年产 30 万吨食用菌及深加工系列产品联产 25MW 光伏发电，由北京恩希培养

基技术有限公司和秦皇岛淞之源植物蛋白有限责任公司联合投资和建设，采用合作运行模式，京方公司负责资金投入，秦方公司负责以土地入股方式投入，组建合作公司进行经营。二是秦方企业根据发展需要寻求京方技术合作。如秦皇岛粮丰海洋生态科技开发有限公司于 2011 年 5 月成立，注册资本 6000 万元，主营高档海产品——半滑舌鳎、石斑鱼和河豚的养殖与销售。公司拥有独特的农业产业链，拥有全国最大的黄粉虫养殖基地和加工基地，并通过生产昆虫蛋白饲料，用其饲养高档海珍品，是典型的农业循环经济。公司在 2012 年，先后与"中国水产科学院黄海水产研究所"、"中科院海洋研究所"建立紧密联系，并挂牌成立了"中国水产科学研究院黄海水产研究所科技成果转化基地"、国家"十二五"科技支撑计划课题"节能环保型循环水养殖工程装备与关键技术研发"项目示范基地。

今后要继续搭建产业合作平台，企业遵循市场规律，加强市场化运作，促进了项目共建合作。通过政府引导、企业唱戏，中间组织运作，个体参与，搭建各种层次和类型的产业合作互助平台。其中，重点培育一批跨行政区域的行业协会和市场中介组织，发挥其在平台搭建中的支撑作用，积极支持和鼓励社会公益组织、高校科研院所等社会力量参与产业合作。

## （二）借力京津科研优势，积极开展产学研合作

京津冀城市群中秦皇岛市直接面对京津两大城市，如何利用好京津的创新和知识资源是影响秦皇岛市经济转型发展的重要内容。秦皇岛市一直以来积极开展与北京地区高新技术企业、开发区、高校、科研院所之间的技术研发合作，通过提供土地和资金，支持北京地区的科研机构到秦皇岛建立分支机构或研发中心。在此基础上促进科技成果转化应用，通过运用市场化招商手段，进一步向京津地区招商，带动一批新兴高新技术产业项目的开工建设。这种做法，从短期看，投入大、经济效益不明显；但是从城市长期发展看，有利于吸引高端要素、促进创新，提高城市核心竞争力。从某种程度上看，产学研合作就如"黏合剂"，能够发挥不同城市的比较优势，驱动城际产业之间的合作和交流，使得城市之间产业发展真正做到协同、协作和共赢。从承接产业分工与合作

模式上看，通过加强产学研合作有利于促进秦皇岛与京津地区从过去垂直分工合作到水平分工与合作转变，从过去单一招商引资吸引外地企业到秦皇岛独营投资为主导，逐渐向城际间企业联合研发投资及同步成长转变。因此，今后要继续借力京津科研创新优势，深化与京津地区企业、科研院所之间的产学研合作，推动秦皇岛市在战略性新兴产业、新兴海洋产业等领域取得更大的突破。

## （三）加快完善基础配套条件，支撑开展产业合作

产业分工协作除了软环境例如平台支撑和政策引导之外，更重要的是硬环境建设，加快城市的基础设施建设，完善城市配套服务功能将有利于支撑产业协同发展。目前秦皇岛市内外运输多数线路能力已基本饱和，需要加快优化内外交通网络，构筑陆路畅通大通道，全面打通"产业路"。在铁路建设上，加快推进实施承秦铁路、迁青铁路及其连接线工程。在市内干线建设上，为确保园区内外交通畅通，加快实施京秦二通道、北戴河至北戴河机场快速通道、京哈高速祖山连接线等重点公路项目，实现干线公路"通园区"。在高速公路建设上，继续加强区县之间、与周边城市之间的高速连接。同时还要加快提升港口集疏运能力，推进港口铁路与京哈、沈山、津山、大秦等国铁干线的衔接，打开连接承德、张家口、辽宁西部、西北地区乃至蒙古、俄罗斯的临港物流通道。在体制上，要积极解决多头管理问题。目前秦皇岛市的山海关、北戴河和秦皇岛三个火车站，分别由沈阳铁路局、河北铁路局、北京铁路局管辖，对发挥秦皇岛港的作用带来较大制约。除了交通基础设施外，还要积极推进产业园区和旅游景区景点的基础设施建设。

## （四）健全与京津地区的产业协作机制，为产业合作提供保障

在行政区经济框架下，建立健全城市间合作机制，可以有效化解一些产业竞争矛盾，通过合作促进区域共赢。要建立高层协商和规划协调机制，鼓励和引导跨地区之间建立起平等协商机制，推进决策层、协调层、执行层等全方位、多层次的产业合作协调机制和对口部门联席协商机制。建立产业协作与生态环境共保机制，促进联建联发联控，加强区域资源的合理利用和生态环境的保护，充分体现城际产业合作过程中生态价值平等

的观念，京津地区不能只把低端产业转移到秦皇岛，否则出现的大气严重污染问题同样会威胁京津自身。还要积极加强市场中介组织的作用，组建区域性的行业协会，充分了解各类产业发展的信息，引导企业开展产业细分与合作。

（五）推动体制机制改革，为秦皇岛跨区域产业合作争取更大利益空间

一般的，在城市群内，首位城市通常以知识经济和服务经济等高端服务功能为主导；次级中心城市通常以高新技术为支撑发挥现代制造业等经济功能为主；一般性节点城市则立足于发展基础和条件做好产业配套及服务功能。由于秦皇岛市与京津处于不同的发展阶段，京津地区产业发展相对高端化，总部经济、科技研发、高端制造业为代表的产业具有比较优势，秦皇岛则在文化休闲旅游、金属冶炼及加工制造、农业种养殖等产业领域具有比较优势。显然，秦皇岛农产品、旅游、水、矿产、劳动力、土地等低端生产要素资源与京津地区人才、资金、信息、技术等高端要素客观上可以实现优势互补。但是在现行的财税制度和政绩考核机制下，城市之间产业合作首先考虑各行政区的利益最大化，缺乏大区域发展的全局观，不可避免导致产业协作的低效率，为此必须加快相关配套体制和机制的建设。一是争取在京津冀地区率先推进政绩考核和财税制度改革，彻底改变以 GDP 和发展速度为核心的考核机制，突出政府公共服务职能方面的考核，对秦皇岛等旅游城市的考核要区别对待；在财税制度设计上从侧重效率目标向更加注重公平目标转变，为京津冀地区健康发展提供制度保障。二是在资源开发利用和生态环境治理上，争取中央政府协调京津冀地区加快生态环境保护的联防联控，通过财政资金引导完善生态补偿政策，争取更多财政资金用于加强秦皇岛的生态环境建设。三是在市场建设上，争取中央政府协调京津冀各地区进一步消除行政壁垒，通过财税、金融政策引导，支持重点行业跨所有制、跨区域联合重组，推动生产要素和产业链优化配置。

**参考文献：**

[1] 弓洪玮：《京津冀协同发展背景下的秦皇岛产业承接定位》，载于《产业与

科技论坛》2014年第22期。

［2］焦瑞：《秦皇岛新兴产业人力资源战略研究——以京津冀经济圈产业对接为背景》，载于《经济与管理》2014年第7期。

［3］柳春青：《京津冀协同发展下秦皇岛区域经济发展对策研究》，载于《经济研究参考》2014年第69期。

［4］鲁金萍等：《新时期京津冀区域产业合作的方向与重点》，载于《河南科学》2014年第11期。

［5］肖金成、袁朱等：《中国十大城市群》，经济科学出版社2009年版。

# 专题报告二　秦皇岛市产业空间总体布局研究

本报告通过深入分析秦皇岛市产业空间布局的现状及存在的主要问题，影响秦皇岛市产业空间布局的主要因素，对秦皇岛市未来产业空间布局的总体思路进行了研究，并对各区县产业布局重点提出指导性方向，以期为编制秦皇岛市产业空间总体布局规划提供参考。

## 一、产业空间布局现状与问题

### （一）现状

#### 1. 工业和服务业集聚滨海地区

目前秦皇岛市的产业布局主要依托滨海地区展开，滨海地区的工业和服务业是支撑秦皇岛市的主要力量。滨海三个主城区和开发区以占全市约8%的土地面积，产出了占全市约45%的地区生产总值，其中有60%的工业和45%的服务业。其中，滨海南部的南戴河和北戴河区以旅游和海洋渔业为主，滨海中部的海港区和开发区以工业、物流业和城市综合服务业为主，滨海北部的山海关区以工业和旅游业为主。近年来，内陆地区依托当地资源优势，发展起来了以冶金和建材为主的工业，主要分散布局在昌黎、抚宁、卢龙和青龙一些发展条件较好的小城镇。旅游业仍以滨海度假旅游为主导，内陆区域的旅游资源尚未得到较大规模的开发。物流业主要以秦皇岛港煤炭物流为主。

## 2. 特色农业广泛分布于滨海以外地区

秦皇岛市地势北高南低，形成北部山区—低山丘陵区—山间盆地区—冲积平原区—沿海区。依据自然地理条件，北部山区主要包括青龙县，以林果、苗木为主，粮食为辅；低山丘陵区主要包括卢龙县和抚宁县，以甘薯、杂粮、粮油为主；冲积平原区主要包括抚宁县和昌黎县，以葡萄、蔬菜、海水养殖等为主。昌黎和卢龙是"全国粮食生产先进县"，是河北省最大的甜玉米种植基地。卢龙县是中国甘薯之乡，青龙县是河北杂粮之乡。青龙县是河北省重要的中药材生产基地。昌黎县是河北蔬菜之乡，抚宁是河北蔬菜示范县、河北豆角之乡和生姜之乡。抚宁县是全国生猪调出大县和生猪标准化生产示范县，卢龙县是全国生猪优势产区。青龙县是河北省级肉鸡标准化生产示范县。昌黎县是中国养貉之乡和华北地区重要动物皮毛集散地，卢龙县是河北省省级肉羊标准化生产示范县。北戴河、南戴河及昌黎是海湾扇贝养殖基地。

2012 年各区县三次产业增加值和比重如表 1 所示。

表1                 **2012 年各区县三次产业增加值和比重**

| 区县 | 第一产业增加值（亿元） | 第二产业增加值（亿元） | 第三产业增加值（亿元） | 地区生产总值（亿元） |
|---|---|---|---|---|
| 全市 | 148.1 | 447.7 | 543.4 | 1139.2 |
| 海港区 | 2.00 | 69.93 | 127.87 | 199.8 |
| 山海关区 | 5.55 | 21.35 | 13.68 | 40.58 |
| 北戴河区 | 1.14 | 10.29 | 26.67 | 38.1 |
| 秦皇岛开发区 | 0 | 168.41 | 72.17 | 240.58 |
| 青龙县 | | | | 113 |
| 昌黎县 | 63 | 69 | 43 | 175 |
| 抚宁县 | 42.4 | 55.9 | 50.9 | 149.2 |
| 卢龙县 | 25.4 | 32.5 | 36.1 | 94 |

续表

| 区县 | 第一产业比重<br>（%） | 第二产业比重<br>（%） | 第三产业比重<br>（%） | |
|---|---|---|---|---|
| 全市 | 13 | 39.3 | 47.7 | |
| 海港区 | 1 | 35 | 64 | |
| 山海关区 | 13.68 | 52.61 | 33.71 | |
| 北戴河区 | 2.99 | 27.01 | 70.00 | |
| 秦皇岛开发区 | 0 | 70 | 30 | |
| 青龙县 | | | | |
| 昌黎县 | 36 | 39 | 25 | |
| 抚宁县 | 28.42 | 37.47 | 34.12 | |
| 卢龙县 | 27 | 34.6 | 38.4 | |

资料来源：根据调研中各区县提供资料计算。

### 3. 各类产业聚集区正在规划发展

秦皇岛市共有产业聚集区（开发区、园区）15 家，其中：国家级开发区 1 家，省政府批准设立的产业聚集区、工业聚集区、经济开发区、文化旅游产业聚集区和物流产业聚集区等共 12 家，市级园区 2 家，如表 2 和图 1 所示。另外每个县内部还有各类园区，如青龙山神庙循环经济示范区、青龙县城工业园区。这些园区多处于规划和建设前期的准备阶段，核心区域基础设施比较完善，但用地空间有限，扩展区正处于加强规划和基础设施建设的推进阶段。见表 3。

### （二）问题

### 1. 全市统筹互动不够，山海城县联动较弱

秦皇岛市目前全域县区之间、滨海与内陆之间的协作互动不够，产业关系性不强，滨海地区的发展没有对内陆产生应有的带动作用，表现在滨海地区的制造业虽然有一定的发展，但总体规模不大，发展水平不高，尚没有形成较强的辐射带动作用；滨海地区富有特色的旅游业孤立存在，没有与内陆山区丰富的旅游资源联动开发，带动内陆地区旅游业的发展；滨

表2 秦皇岛市级以上产业集聚区

| 级别 | 名称 | 规划面积（平方公里） | 功能 | 地点 |
|---|---|---|---|---|
| 国家级 | 秦皇岛经济技术开发区 | 128 | 工业 | 西区、东区、出口加工区和新兴产业园 |
| | 北戴河新区 | 425.8 | 服务业 | 北起戴河，南至滦河，西起京哈铁路和沿海高速公路，东至渤海海域 |
| 省级 | 河北昌黎干红葡萄酒产业聚集区 | 162 | 工业、旅游 | 昌黎、卢龙、抚宁 |
| | 秦皇岛临港产业聚集区 | 46.3 | 工业、物流 | 秦皇岛海港经济开发区、山海关临港经济开发区 |
| | 秦皇岛西部工业聚集区 | 29.8 | 工业 | 昌黎，卢龙 |
| | 秦皇岛杜庄工业聚集区 | 37 | 工业 | 杜庄 |
| | 昌黎工业聚集区 | 8.4 | 工业 | 县城西南 |
| | 北戴河经济开发区 | 4 | 工业 | 县城 |
| | 青龙经济开发区 | 9.98 | 工业 | 大巫岚镇 |
| | 卢龙经济开发区 | 12.51 | 工业 | 卢龙县城东北部 |
| | 抚宁经济开发区 | 13.76 | 工业 | 县城与开发区毗邻区域 |
| | 海港区圆明山文化旅游产业聚集区 | 26 | 旅游 | 海港区东北部 |
| | 青龙物流产业聚集区 | 9.48 | 物流 | 肖营子 |
| 市级 | 昌黎空港产业聚集区 | 20 | 物流 | 龙家店镇 |
| | 曹妃甸临港产业园 | 20 | 工业 | 曹妃甸 |

资料来源：根据秦皇岛市发改局提供资料整理。

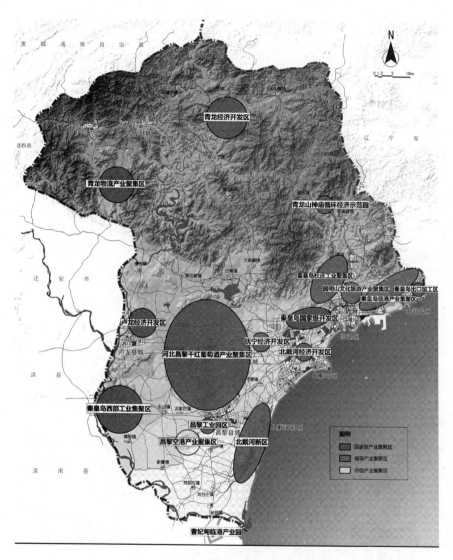

**图1　秦皇岛市产业聚集区现状分布图**

表3 区县工业主要行业及重点企业

| 区县 | 主导行业 | 重点企业 |
|---|---|---|
| 海港区 | 玻璃建材、食品加工，高新技术 | 耀华集团、香海粮油、跃华玻璃、奥晶玻璃制品公司、尼特科技、双轮环保、河北奕玽、博硕 |
| 山海关区 | 食品加工、装备制造 | 中铁山桥、工务器材厂、正大食品、三融食品公司 |
| 北戴河区 | 电子信息 | 金维达机械公司、天业联通重工股份公司 |
| 秦皇岛开发区 | 食品加工、装备制造、高新技术 | 金海食品、山船重工、哈电重装、中信戴卡、中粮鹏泰、天业通联重工、海湾公司、康泰、鹏远光电、前景光电 |
| 青龙县 | 食品加工、金属压延 | 首秦龙汇矿业公司、安胜矿业公司、中红三融农牧有限公司 |
| 昌黎县 | 冶金建材、干红酒、粮油食品加工、缝纫机零件制造业、渔业及水产品加工 | 安丰钢铁、宏兴实业、鹏远淀粉、中粮华夏、索坤日用玻璃 |
| 抚宁县 | 食品加工、金属压延、玻璃建材 | 骊骅淀粉、首秦金属材料、浅野水泥、信合水泥、宏都实业集团 |
| 卢龙县 | 食品加工、金属压延、建材 | 佰工钢铁、武山水泥、圣源玉米 |

资料来源：根据秦皇岛市发改局提供资料整理。

海地区的物流业以服务区外煤炭运输为主，与本地产业发展相关的生产性服务业关联较小。因此内陆地区为了自身发展的需要，不得不走依赖传统资源开发型的产业发展路径，冶金、建材等传统产业成为支撑县域经济的主导产业，而与滨海地区相互配合的旅游业、制造业产业链、生产性服务业等关联较弱，既不利于秦皇岛市自身产业的转型升级，也不利于滨海以外县的发展。

## 2. 区县产业定位不明，恶性竞争十分突出

滨海区域中，海港区与经济技术开发区、北戴河区及北戴河新区都存在着产业趋同的现象，几个区域在各自的发展方向中都有关于总部经济、文化创意、高新技术等产业发展的定位。秦皇岛经济技术开发区电子信息

等高新技术产业已经得到初步发展，引进了十多家相关企业，北戴河区也规划发展电子信息等高新技术产业，但成效不明显。北戴河新区正在规划发展高新技术产业园区，准备申请设立省级高新技术产业园区，打造海岸中关村，并规划建设东北亚地区重要的总部经济基地。除中心城区外，四个县的产业结构十分雷同，四个县均把冶金建材作为本县发展的主要主导产业，而这些行业都是国家严格控制的行业，这对四个县的未来发展提出了严峻的挑战。

### 3. 园区布局分散混乱，集群效应难以形成

园区布局混乱现象十分突出，园中园，园挨园，大园套小园，眼花缭乱，且各园区定位雷同，没有形成专门的主攻方向，不利于对外统一招商引资。如北戴河区、北戴河新区和秦皇岛经济技术开发区西区均有发展高新技术产业的设想，三个城区均有发展高端商务、会展的设想。一些园区在空间上紧邻，但分属不同行政区管辖，不利于园区基础设施的统一规划，且在用地区块上功能交叉重复较多，且可用地规模较小，难以引进大企业进入，这一现象在海港区和山海关邻近地区较为突出。一些园区规划面积较小，如青龙山神庙循环经济示范区只有3.2平方公里，青龙县城工业园区分为东西两区，面积只有2.06平方公里，秦皇岛经济技术开发区青龙园区规划面积只有0.2平方公里。青龙县目前还准备在三个乡镇规划0.33～0.67平方公里的道口经济园区。这些区块都不是真正意义上的园区经济，只能算是一种分散的产业用地。

### 4. 岸线开发基本饱和，优化调整成本较高

经过几十年的开发建设，秦皇岛市滨海区域的岸线利用已经基本饱和，除了能开发利用的已经使用外，剩下的是必须保护的生态岸线。对于一个以滨海闻名的城市来看，秦皇岛市岸线利用中旅游岸线占据了较大比重，除此之外是以煤炭运输为主的港口物流岸线，而真正能用于临港工业的岸线较少，这与许多滨海城市的状况有很大的不同，意味着秦皇岛市工业的发展必须向内陆进一步拓展。对于已经形成的岸线利用格局，要想重新整合和优化调整，不但触及多方利益，也会带来较高的重置成本以及对资金的大量需求。

**5. 管理体制尚未理顺，统筹协调面临困难**

在现有政绩考核和财税体制影响下，各区县均以自身利益最大化为出发点，什么产业能有收益，就发展什么产业，是各区县不得不为之的办法。而对秦皇岛市而言，一方面，经济总量尚未形成足够的水平，难以支撑全域经济的发展；另一方面，现有的财税体制也阻碍了全市统筹协调的能力，目前除了海港区外，各区县的税收基本不上交，造成市级财政的统筹能力很弱。同时，对于一些正在建设的开发区，其相应的管理体制尚未理顺，已经开始影响到这些区域的正常开发，如北戴河新区的设立，与抚宁县和昌黎县的诸多矛盾问题尚未理顺，对招商引资和项目审批都带来影响。一些以河北省审批的产业聚集区，由于分属不同行政单元，对其后的相关政策争取以及利益分配也产生了一系列问题和矛盾。

# 二、产业空间布局的影响因素

## （一）区位因素：区位交通优势突出，毗邻京津两大都市

秦皇岛市位于燕山山脉东段丘陵地区与山前平原地区，南临渤海，境内地势西北高、东南低，是河北平原东侧最狭窄的地段。秦皇岛市西距北京 280 公里，距天津 220 公里，西南距石家庄 483 公里，是京津冀城市群重要组成部分，位于环渤海经济圈的中心地带，是华北、东北、西北地区重要的出海口。境内铁路运输网络四通八达，京山、京秦、大秦、沈山四条铁路干线汇集，通过各联络线与港区相通，辐射东北、华北、西北等广大地区。公路运输路网比较发达，通过京沈高速公路、秦津高速公路、205 国道、102 国道等高等级公路与腹地沟通。海运至上海 688 海里，至香港地区 1364 海里，与世界上 130 多个国家和地区的港口保持频繁的贸易往来。秦皇岛港作为世界第一大能源输出港，其港口集散优势亦十分明显。拥有军民两用、4C 级山海关机场一座，已开通至北京、上海、大连、沈阳、哈尔滨、西安等 29 条航线，北戴河机场 2016 年 3 月 31 日正式通航。毗邻京津的优越区位和自身不断完善的

交通基础设施条件为秦皇岛市经济发展提供了极为有利的条件，随着京津冀城市群体系的不断完善，尤其是津秦客运专线的通车以及未来京秦城际的规划建设，为秦皇岛市的产业发展带来新的机遇。

（二）资源因素：自然与人文景观众多，海洋资源丰富

秦皇岛市自然环境优越，境内地势西北高、东南低，全市有中山、低山、丘陵、盆地、山前（冲洪积）平原、滨海平原六种地貌类型。自然景观丰富多样，秦皇岛自然条件独特，背山面海，丘陵起伏，四季分明，冬无严寒，夏季气候凉爽，阳光充沛，河流众多，森林密布，海岸线资源丰富，形成了我国北方少见的融"山、河、海、林、田园、阳光、沙滩、城"为一体的自然景观风貌。历史悠久，秦皇岛古为碣石地域，乃关城要塞，地位特殊，传说浪漫，文物古迹驰名中外，是国家级历史文化名城和国家级风景名胜区。矿产资源较为丰富，优势矿种有金、铁、水泥灰岩及非金属建材等，矿产资源分布相对集中。地热资源丰富，开发潜力较大。港口资源条件较好，秦皇岛港位于渤海湾底，为海湾型港口，海域开阔，水深、风平、不冻、不淤，10 米等深线距岸约 3～4 公里，可以利用海岸资源围海造陆形成港口用地，港池和航道开挖后基本不淤。海岸线162.7 公里，所辖海域位于滦河口和辽东湾部分渔场，是我国黄渤海区主要经济鱼类的产卵场和索饵场。水资源相对丰富，全市人均占有水资源量600 多立方米，在华北地区为资源相对丰富的地区。

（三）知识因素：科技创新能力显著增强，科技合作不断推进

科技创新能力决定了产业的发展水平和吸引产业集聚的能力，秦皇岛市具有较好的科技创新基础，有利于为未来发展先进制造业提供基础。秦皇岛市是国家创新型试点城市，科技创新资源比较雄厚。现有燕山大学、东北大学秦皇岛分校等高校 13 所，视听机械研究所、玻璃工业研究设计院等科研院所 4 所（其中，国家级 2 所，省级 2 所）；经省科技厅认定高新技术企业 66 家，其中产值超亿元的 26 家，省级创新型试点企业 11 家。科技创新能力显著增强，专利申请量和授权量双双突破千件，每万人专利申请量和授权量居河北省 11 个城市之首。科技创新服务平台更加完善，现建有包括燕山大学国家大学科技园，开发区高新技术创业服务中心等

科技企业孵化器 5 家（其中国家级 2 家），国家级技术转移示范机构 1 家、国家级生产力促进中心 1 家，全市共有市级以上工程技术研究中心和重点实验室 61 家，其中国家级 2 家，省级 27 家；建有省级以上企业技术中心 24 家，其中国家级 3 家；博士后科研工作站 7 家；省级产业技术研究院 1 家；省级产业技术创新联盟 2 个。特别是近年来加快在企业布局建设工程技术研究中心，依托企业建设工程技术研究中心 26 家，居于河北省 11 个城市前列。秦皇岛市发挥毗邻京津的区位优势，科技合作平台逐步扩展，市政府分别与中科院北京分院、河北工业大学签署了全面科技合作协议。

但从人才密度指数看，秦皇岛市人才优势的相对地位在下降，而其他城市的水平均有所上升，2006 年秦皇岛市人才密度指数仅次于石家庄市，但到 2011 年，已位居第七位。目前秦皇岛市人才外流的趋势比较明显。未来随着京津冀城市间经济联系的加强，大都市区生活成本的上升，京津两大都市区丰富的人才和创新资源优势可以为秦皇岛市的产业发展提供有力的支撑。见表 4、图 2。

表4　　　　　　　　　2011 年河北省各市专利申请量和授权量

| 地市 | 专利申请受理量（件） | 专利申请授权量（件） | 万人专利申请受理量（件/人） | 万人专利申请授权量（件/人） |
|---|---|---|---|---|
| 河北省 | 17595 | 11119 | 2.43 | 1.54 |
| 石家庄市 | 3726 | 2487 | 3.62 | 2.42 |
| 承德市 | 410 | 242 | 1.18 | 0.69 |
| 张家口市 | 322 | 161 | 0.74 | 0.37 |
| **秦皇岛市** | **1563** | **1013** | **5.20** | **3.37** |
| 唐山市 | 2353 | 1525 | 3.08 | 2.00 |
| 廊坊市 | 1543 | 897 | 3.51 | 2.04 |
| 保定市 | 3182 | 1812 | 2.82 | 1.61 |
| 沧州市 | 1165 | 832 | 1.62 | 1.16 |
| 衡水市 | 995 | 698 | 2.28 | 1.60 |
| 邢台市 | 1004 | 530 | 1.40 | 0.74 |
| 邯郸市 | 1332 | 922 | 1.44 | 1.00 |

资料来源：《2012 年河北省统计年鉴》。

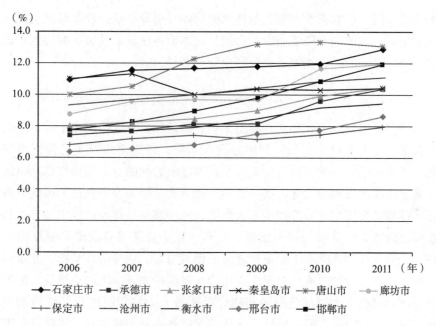

（%）

图2 2011年河北省各市人才密度指数

资料来源：《2012年河北省统计年鉴》。

## （四）体制因素：行政区经济仍是制约产业合理布局的主要因素

产业布局是企业自身按照市场经济规律自主决策的结果，政府主要通过布局规划引导企业向适宜地区布局，同时在环境保护、土地供应、基础设施等方面提供保障和要求。我国各地区发展中，一方面，存在着政府在产业布局方面所做的工作不够，不能对企业布局进行引导和有效的政策供给以及相关环境保护、资源利用等方面的管制欠缺；另一方面，由于我国现行财税体制和政绩考核制度尚不健全，对产业布局带来了非常不利的影响。这既包括国家和省级层面，也包括城市层面，在实践中城市层面对该问题的解决相比国家和省级层面要容易，不少城市已经作出了较多的尝试，如北京市出台有《北京市'十二五'时期工业布局规划》，上海市有《上海产业用地指南》，许多城市在现行财税体制和政绩考核制度下也探索出了许多与产业布局规划相配套的政策措施。尽管每个城市发展所面临的问题不同，但如果没有健全的体制做保障，引导产业合理布局就会成为一句空话，对于秦皇岛市而言，必须针对本市各区县及其园区的特点，破除行政区经济的障碍，促进全市产业统筹布局发展。

（五）重大项目：对产业空间重塑带来新的机遇和挑战

秦皇岛市目前正处在新一轮空间调整的阶段，从大的区块来看，北戴河新区已经批准设立，如何利用好这一品牌，促进全市产业的振兴与发展，产业空间布局的优化与调整以及不同区块之间的分工与协作都是决定未来全市经济发展的关键因素。其他一些重大项目如西港东迁和市政府搬迁，都将对全市空间整合产生重大影响，既面临项目建设过程中各方面利益关系的协调，又面临诸多土地、投资、社会管理等各项政策制度的制约，还面临如何与既有组团板块之间的统筹协调。从外部环境看，北戴河机场、津秦客专的开通将对秦皇岛市未来发展带来新的机遇与挑战，需要及早应对这些重大项目建设中和建设后所带来的空间组织及其结构的变化，积极应对挑战，抓住机遇，优化地区产业空间布局结构，为秦皇岛市未来较长一段时期的发展创造良好条件。

# 三、产业空间布局的总体思路

## （一）指导思想

全面贯彻落实党的十八大精神，坚持以邓小平理论、"三个代表"重要思想、科学发展观为指导，大力实施"开放强市、产业立市、旅游兴市、文化铸市"战略，抓住首都经济圈规划、河北省沿海开发开放、各项综合配套改革试点等机遇，立足先进制造业和战略性新兴产业发展空间需求，打破行政区域界线，坚持"生态为先、合理分工、集中集聚、资源节约、优化整合，合作共赢"原则，有序实施港城互动、山海协作、城乡统筹、集聚区联动，切实保护生态空间，优化城镇空间布局、整合集聚区功能，发展县域特色优势产业，提高滨海地区产业和人口的承载能力，培育各区新的增长点，建立健全有利于产业合理分工的体制机制，推动秦皇岛大发展、快发展、科学发展，在全省率先全面建成小康社会，加快建设富有实力、充满活力、独具魅力的沿海强市、美丽港城。

## （二）产业定位

### 1. 国际知名的旅游休闲度假胜地

突出"百年古城文化、百年大港遗韵、百年戴河人文"特色，加快旅游业转型升级步伐，推动旅游城市向城市旅游、旅游产业向产业旅游、旅游管理向旅游服务转变，完善服务配套，延展产业链条，提升发展质量，把秦皇岛建设成为我国北方地区旅游内涵更加丰富的旅游休闲胜地。着力推动观光型旅游向休闲度假和文化体验型旅游转变，由季节游向全年游延伸，由滨海旅游向全域旅游拓展。继续强化滨海旅游的既有优势，巩固传统观光产品，提升休闲娱乐和度假产品品质和档次，做强养生度假、会展节庆、邮轮游艇等产品，打造和提升滨海休闲度假产业集群。利用丰富多彩的长城文化、红色文化、宗教文化、山水生态和乡村民俗旅游资源，层次渐进地开发滑雪、温泉、攀岩等各色参与体验型、健身养生型、体育探险型、科普求知型、乡野休闲型项目，打造和提升长城山地生态旅游。依托北戴河老别墅、葡萄种植加工体验以及薰衣草种植等良好的基础和优势，差异化发展各类文化创意休闲度假产品，打造高端文化旅游产品。

### 2. 环渤海地区后发崛起的科技成果转化基地和新兴产业基地

把先进制造业作为增强城市产业竞争力的主攻方向，结合"智慧城市"建设，促进工业化和信息化深度融合，做大做优增量、提升改造存量，形成一批高端化优势产业、集群化特色产业和规模化新兴产业。坚持"有中生新"和"无中生有"相结合，坚持转型升级和环境治理、赶超发展相结合，强化项目推动、基地支撑、龙头拉动、品牌引领、集群发展，推动开放带动、创新驱动、绿色优先发展，推进工业化和信息化融合、先进制造业和现代服务业互动，全面优化工业技术结构、组织结构、布局结构和行业结构，增强工业综合实力、核心竞争力和可持续发展能力。做大做强船舶及海洋工程装备、电力装备、高速铁路设备、重型工程装备、冶金专用设备、汽车及零部件等先进装备制造业，改造提升金属冶炼及压延、粮油食品加工、玻璃及玻璃制品等优势传统产业，培育壮大电子信息、新能源、新材料、节能环保、生物医药、新型海洋等战略性新兴产业。

### 3. 国家重要的综合性港口物流基地

发挥区位优势，坚持港口带动、产业联动、区域互动，大力提升现代物流业发展水平。以西港搬迁为契机，巩固和提升秦皇岛港世界第一煤炭输出大港的地位和功能，促进港口功能转型，加快发展集装箱和散杂货运输，提升集疏运功能，尽快形成新的竞争优势。发展装备制造业物流外包，积极推进装备制造企业优化自身业务流程，构建全程供应链管理体系。围绕环首都经济圈建设，发展壮大专业市场群，打造电子信息产品、葡萄酒等专业化物流服务基地。着力发展粮油物流，推进大宗农产品跨区域集散，大力发展冷链物流，建设区域性农产品物流中心。发展空港物流，谋划建设空港物流园区。培育第三方物流企业，畅通重大物流通道，将秦皇岛建设成为东北亚国际物流节点、全国区域性物流枢纽城市、国家级煤炭交易中心、冀东物流通道桥头堡。

### 4. 京津冀优质农副产品供应基地

围绕京津大都市及周边城市居民基本生活需要，推进现代农业发展，提高农业产业化水平和市场竞争力。扶优做强龙头企业，立足全市农业主导产业和优势产业，着力培育一批重量级的大型龙头企业和企业集团。积极引导龙头企业向优势产区集聚，推进农业产业化示范区建设，抓好优质农产品生产基地建设，大力发展无公害农产品，绿色食品和有机农产品，严格规范农产品生产、加工、储存、运输等环节，力保农产品安全。推进品牌建设，壮大叫响地域性知名产品。拓宽农产品销售市场，与京津建立长期稳定的供应体系，扩大市场份额。

## （三）策略导向

### 1. 产城港推进：加快增强产业实力，提升城市港口功能

秦皇岛市虽然近年来自身经济取得长足发展，但与全国首批沿海对外开放城市相比、与所处的毗邻京津两市的优势区位条件相比，总体经济发

展水平仍有较大的提升空间，当前迫切需要在经济总量方面继续做大，以产业推动城市发展，以产业发展推动港口发展，以港口发展推动城市和产业发展，促进港城互动。以产业推动城市发展就是要依托产业实力的总体增强，提高城市整体竞争力，带动辐射县域经济发展，吸纳更多的人口向城市区域集中，从而促进城市综合服务功能的提升，带动商贸、物流以及金融业的发展。以产业发展推动港口发展就是要通过产业发展创造新的港口物流需求，增强港口对城市产业发展的支撑作用，改变港口功能结构单一的状况，推进港口发展方式的转变。以港口发展推进城市和产业发展就是要充分发挥港口的优势，围绕城市工业和服务业发展需求，做好港口服务，统筹城市、产业与港口布局，促进产城港协调推进。

推进港城互动发展，港口的发展既要考虑城市宜居、生态等方面的要求，又要与城市发展、产业布局统筹衔接，构筑以城育港、以港兴业、产城港一体、联动发展的新局面。根据城市发展总体布局和港口发展实际情况，积极协调港城关系，将城市发展和环境改善放在更突出的位置，将污染较大的货类调离城市中心城区，有效推进西港东迁工程，不断调整优化港口的总体布局。充分发挥港口优势，积极承接产业转移，培育壮大临港产业，推进临港工业、物流业、旅游业发展，整合临港产业用地空间，完善港口集疏运配套体系，促进港城共融共赢。

### 2. 海陆山统筹：推进产业陆域拓展，优化滨海岸线功能

秦皇岛市的经济发展一直以来处于两种不平衡状态，一是经济发展主要集中在滨海区域的狭长地带，全市主要产业基本上集中在这一区域，近年来虽然县域经济有所发展，但均为资源依赖型产业，对资源环境的破坏比较严重。二是旅游产业作为秦皇岛市一直努力打造的主导产业，季节性问题始终没有根本性的突破，对全市经济发展的带动作用十分有限，旅游品牌没有对城市经济的发展带来更大的溢出效应。从未来发展看，解决秦皇岛市长期以来面临的发展问题，必须加大力度推进全域开发和统筹布局。

实施全域开发，要稳步推进产业向内陆拓展，依托滨海地区已有产业基础和内陆地区土地资源的优势，加强区县产业合作互动，推进滨海地区产业优化升级和内陆地区产业发展壮大，增强全市产业发展后劲，实现全

域产业统筹协调发展。推进制造业向内陆地区拓展，充分利用好产业集聚区发展平台，积极承接城区制造业转移，提高滨海先进制造业发展水平。推进旅游向浅山区拓展，发挥滨海休闲观光品牌优势，以滨海旅游带动内陆旅游开发，丰富旅游产品，加强旅游配套服务，推动季节性旅游向全年度旅游转变，单一休闲游向全方位旅游转变，形成全域全季节旅游格局。优化滨海岸线功能，切实保护滨海生态环境，珍惜利用岸线资源，围绕西港东迁、市政府改造等重大工程建设，合理配置生产生活生态空间用地，促进人与自然和谐发展。

**3. 城镇乡协调：以工促农、以城带乡，优化城乡产业布局**

产业支撑是推进城镇化、实现城乡一体化的动力。要按照优势互补、集中布局、效益优先原则，进一步调整和优化城乡产业布局，推进三次产业在城乡之间广泛融合互动、协调发展。以产业发展推动人口集聚，提升中心城区和重点城镇人口集聚规模，提高产业集聚效应。合理规划布局县域产业集聚区，搭建产业发展平台，推动产业集中集约集群发展。

在滨海核心区域的产业集聚区以发展高新技术产业和高端制造为主，并逐步推进传统产业向内陆产业集聚区转移。内陆产业集聚区，在保护生态的前提下，大幅提高传统产业附加价值，延伸产业链条，提升工业化水平。在中心城区核心区和县域中心镇，优化服务业布局。不具备城市化和工业化条件的其他农村地区，要深化农业结构调整，优化种养业布局，积极发展现代农业，推进农业产业化经营。加强中心城区、县城和重点镇的基础设施建设，完善产业发展配套条件，增强人口承载功能。

**4. 集聚区联动：促进产业园区整合，实现产业集聚发展**

秦皇岛市各类产业园区众多，有的园区空间相连，但不属于统一行政区域，有的园区发展空间有限，难以满足未来集聚产业发展的需要，为了提升产业集聚区的发展水平，有必要对现有产业园区进行规划、功能、管理等方面的优化整合，为未来发展提供较好的产业发展平台，并为争取各类政策创造条件。

统筹协调邻近产业集聚区的总体功能定位及产业发展主攻方向，统筹道路、供排水、供电、排污、网络通信等基础设施布局和建设。优化调整土地利用布局，细化每个地块用地功能。统一对外招商，共同谋划一批投资强度大、科技含量高、产业关联度高的项目，吸引更多央企、知名民企布局落地，增强招商引资引智引技实效。鼓励社会资本参与集聚区建设，完善招商引资政策，优化政府服务环境，加快提高承接产业进入能力。加强区县各类产业集聚区的协作，建立不同行政辖区范围内产业集聚区统筹协调的管理机制和利益分享机制。

### （四）发展目标

围绕"开放强市、产业立市、旅游兴市、文化铸市战略"发展战略，到 2020 年，形成先进制造业与现代服务业、现代农业并举的产业发展格局；产业布局由滨海向内陆不断推进，区县产业各具特色，滨海与内陆产业协作逐步开展，全域产业统筹发展的格局基本形成；形成国家级开发区、省级产业聚集区、特色工业园区为补充的产业布局骨架，聚集区承接产业发展的载体功能大幅度增强，集群效应显现；产业布局调整稳步推进，中心城区现代服务业和高新技术产业层次得到提高，内陆制造业得到较大发展，全域旅游格局已经形成。

## 四、产业空间布局总体框架

按照"分区指导、轴向拓展、多点支撑、协调发展"的总体要求，依托自然地理格局和现有产业空间分布格局，推动中心城市做优做强，推动产业轴向拓展带动内陆腹地，构筑以综合交通干道为产业拓展轴，以产业集聚区为重要支撑点，多个空间层次相互支撑、相互补充的"三区三轴多支撑"的产业空间总体布局。见图3。

### （一）三区：加快形成三大产业片区

适应秦皇岛市自然地理格局，依据资源和产业特色，以滨海平原地区、浅山丘陵地区、北部山区为依托分别形成蓝色产业区、金色产业区、绿色产业区，充分发挥资源优势、经济区位优势，形成分工明确、特色显著的产业片区。

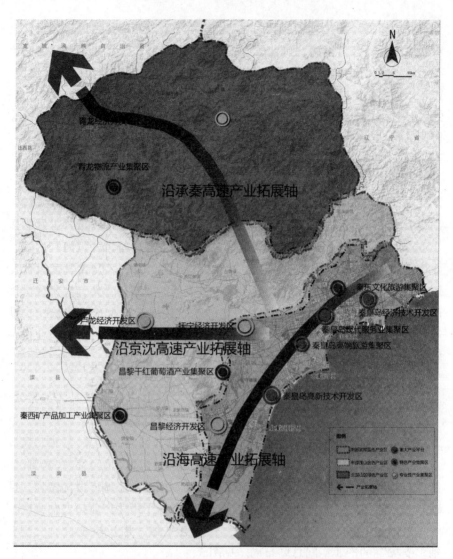

图3 秦皇岛市产业空间布局总体结构图

## 1. 南部滨海蓝色产业区

南部滨海蓝色产业区指沿海岸线狭长带状区域，宽度约距离海岸线20公里，包括山海关区、海港区、北戴河区、北戴河新区、抚宁县城以南地区及昌黎县城以南地区。这个区域是秦皇岛市生产力布局的重点区域，是全市城市化、工业化的主战场，坚持生态优先，充分考虑自然生态环境的承载能力，因地制宜发展滨海旅游和现代服务业，集聚发展临港产业、战略性新兴产业和新兴海洋产业，禁止新规划建设一般性资源加工型产业；改造提升传统产业，加大存量优化调整力度，随着城市发展需要适时推进传统产业向后方腹地转移，为高端产业和城市建设提供空间。围绕滨海湾区，以滨海绿色廊道、滨海精品景区建设为主体，塑造特色鲜明、绚丽多彩的滨海景观带，打造展现秦皇岛"滨海、活力、生态"特色的标志性地带和绿色生态湾区。

### 2. 中部浅山金色产业区

中部浅山金色产业区指长城以南与南部滨海蓝色产业区的中间过渡地带，主要是浅山丘陵区，包括卢龙县、抚宁县城以北地区及昌黎县城以北地区，是秦皇岛市产业空间向纵深腹地拓展的重点区域，是以特色农业、加工制造业、旅游业为特色的产业区。依托交通干道，加大招商引资力度，承接滨海地区部分产业转移，在县城及重点镇集聚发展一般性加工业；加大旅游产品的规划建设，建设滨海地区旅游后方腹地，以浅山地区的历史、葡萄文化、休闲娱乐等特色旅游资源大力发展旅游业，与滨海地区旅游形成错位发展的局面。依托规划建设的京沈高速公路第二通道，建设一批旅游景点和农业示范园区，带动周边地区的发展。

### 3. 北部山区绿色产业区

北部山区绿色产业区指长城以北地区，属青龙县，基本上是山区，是秦皇岛市的生态屏障和生态绿色产业区。要以生态环境保护为前提，注重生态涵养，重点发展以林果、畜牧和中药材等为特色的山地农业，山地资源型、农业休闲观光型和长城游为主的旅游业，依托县城和有条件的重点城镇点状布局、集聚发展服务周边区域的第三产业和清洁型资源类工业，适度提高人口和产业承载能力。工业发展空间布局主要和重点城镇的发展相互结合，促进城镇化与工业化的互动发展。限制发展高排放产业和危险性项目，水源保护区内禁止发展工业项目。

三大产业区的发展指引如表5所示。

表5                        三大产业区的发展指引

|  | 地理范围 | 发展定位 | 产业发展导向 | 禁止发展产业 |
|---|---|---|---|---|
| 南部滨海蓝色产业区 | 沿海岸线狭长带状区域,宽大约距离海岸线20公里,包括山海关区、海港区、北戴河区、北戴河新区、抚宁县城以南地区及昌黎县城以南地区 | 1. 全市城市化、工业化的主战场;<br>2. 以现代服务业、高新技术产业和临港产业为特色的蓝色产业带;<br>3. 展现秦皇岛"滨海、活力、生态"特色的标志性地带 | 1. 因地制宜发展滨海旅游、现代服务业、战略性新兴产业、新兴海洋产业和临港产业;<br>2. 促进传统产业升级或适时搬迁 | 禁止新建一般性资源加工型产业,严格限制化工、化学品和油品仓储等存在安全隐患和环境风险产业发展 |
| 中部浅山金色产业区 | 长城以南与南部滨海蓝色产业带的中间过渡地带,包括卢龙县、抚宁县城以北地区及昌黎县城以北地区 | 1. 秦皇岛市产业空间向纵深腹地拓展的重点区域;<br>2. 以特色农业、加工制造业、旅游业为主导的特色产业带 | 重点发展特色农业、旅游业和一般性加工业 | 限制发展高能耗、高污染产业 |
| 北部山区绿色产业区 | 长城以北地区,属青龙县 | 1. 秦皇岛市的生态屏障;<br>2. 秦皇岛市以山地经济和清洁型资源加工业为特色的产业区 | 重点发展山地农业、山地旅游和清洁型资源加工业 | 禁止发展高排放产业和危险性项目 |

资料来源:作者整理。

## (二) 三轴:培育三条产业拓展轴

大力加强山海协作和区域联动,推进产业空间布局向纵深腹地拓展,依托重要的交通走廊和城镇发展轴线,形成以中心城区为核心,以沿海高速、京沈高速、承秦高速分别为向南、中、北方向拓展的三条产业发展轴线。

### 1. 沿海高速产业拓展轴

依托沿海高速,构建连接山海关城区、海港城区、秦皇岛经开区、北戴河城区、北戴河新区等重要板块的沿海发展带。充分发挥港口和岸线资源及景观优势,在保护生态环境的前提下,以海湾、绿带、道路等廊道为骨架,因地制宜地发展港口物流、临港产业、旅游休闲、高档居住、战略性新兴产业，建设成为促进东西方向联动发展的滨海产业特色明显、自然景观亮丽的发展走廊。

## 2. 京沈高速产业拓展轴

依托京沈高速，强化中心城区与抚宁、卢龙的空间联系，构建连接山海关区、海港区、秦皇岛经开区、抚宁县城、卢龙县城等重要节点的产业拓展轴。突出京沈高速交通通道作用，引导东西向经济与人口的优化布局，促进滨海地区一般性工业向抚宁、卢龙等地转移，引导近岸地区产业向后方腹地拓展，建设成为以先进制造业和商贸物流为特色的产业拓展轴。

## 3. 承秦高速产业拓展轴

以中心城区为核心，依托承秦高速，强化中心城区与山区的经济联系，构建连接海港区、北戴河区、秦皇岛经开区、抚宁大新寨镇、青龙县城等重要节点的南北向产业拓展轴。发挥交通廊道作用，选择重点节点集聚发展一般性加工业和商业，培育重点城镇，引导沿线旅游业发展，带动山地经济发展，构建推动全市滨海旅游与山地旅游联动发展的重要轴线，成为联动南北、带动周边，支撑秦皇岛北部地区加快发展的发展轴。

（三）多支撑：打造以秦皇岛经开区、高新区、现代服务业集聚区、高端旅游产业集聚区为龙头的十二大产业集聚区

依托各地的产业发展基础，按照"规模集聚、打造集聚区"的思路，推进工业、服务业向集聚区集中，重点建设以秦皇岛经开区、高新区、现代服务业集聚区、高端旅游产业集聚区等重大产业发展平台为龙头，以抚宁经开区、卢龙经开区、昌黎经开区、青龙经开区等特色产业集聚区为支撑，以河北昌黎干红葡萄酒产业集聚区、秦东文化旅游产业集聚区、秦西矿产品加工产业集聚区、河北青龙物流产业集聚区等专业性产业集聚区为补充，形成相互支撑、相互补充、各具特色、错位发展的十二大产业发展载体。见表6。

**表6** 秦皇岛市产业集聚区体系

| 类型 | 个数 | 名称 |
|------|------|------|
| 重大产业平台 | 4 | 秦皇岛经开区、秦皇岛高新区、现代服务业集聚区、高端旅游产业集聚区 |
| 特色产业集聚区 | 4 | 抚宁经开区、卢龙经开区、昌黎经开区、青龙经开区 |
| 专业性产业集聚区 | 4 | 河北昌黎干红葡萄酒产业集聚区、秦东文化旅游产业集聚区、秦西矿产品加工产业集聚区、河北青龙物流产业集聚区 |

资料来源：作者整理。

# 五、各区县产业布局导向

## （一）基本依据

按照各区县区位、交通、自然资源条件、现有产业基础和在全市及周边区域的比较优势以及功能定位，依据国家产业政策和省市产业发展方向，确定各区县产业发展重点。鼓励发展在全市具有比较优势、对经济社会发展有重要促进作用，有利于节约资源、保护环境、产业结构优化升级的产业；限制发展不符合行业准入条件，不利于产业结构优化升级的生产能力、工艺技术、装备及产品；淘汰不符合有关法律法规规定，严重浪费资源、污染环境、不具备安全生产条件的落后工艺技术、装备及产品。见图4。

## （二）各区县功能定位与产业发展重点

### 1. 海港区

（1）发展基础。海港区是秦皇岛市的核心区域，人口和经济在全市都占据比较重要的地位，是带动全市经济社会发展的核心区域，也是产业转型升级的重要引领区，提升城市竞争力的关键区域。2012年三次产业结构之比为1∶35∶64，已经形成以第三产业为主导的产业结构。服务业水平逐步提高，红星美凯龙、英国乐购、彩龙市场等大型商贸物流企业正式营业，太阳城、金三角等商业区繁荣兴旺，区域商贸中心地位巩固提升。

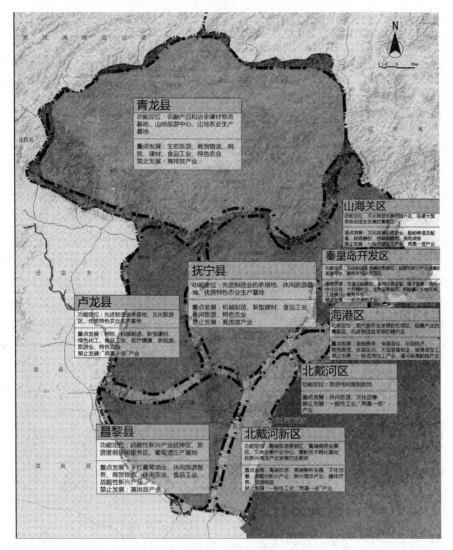

**图4　秦皇岛市各县区产业布局规划图**

文化创意、服务外包、社区服务、金融等现代服务业大力推进。旅游休闲度假基地建设取得新进展。制造业具有较强的基础，已经形成以装备制造、玻璃及深加工、粮油食品深加工为主的工业结构。现代农业快速发展，蔬菜、林果、畜牧三大主导产业进一步发展壮大，"一村一品""多村一业"的格局初步显现。

（2）产业功能定位。现代服务业发展的引领区，先进制造业发展的提升区。

（3）产业发展重点。一是大力发展现代服务业，提高商贸、物流业发展水平，打造消费品物流中心；加快发展金融、商务等服务业，增强服务全市乃至周边区域的能力。发展总部经济，打造国内企业华北地区总部、跨国公司区域性职能总部、中小规模民营企业总部以及旅游企业总部。二是着力发展高新技术产业和战略性新兴产业，加快发展节能环保、电子信息、新能源、新材料、生物医药等产业发展。三是提升壮大传统优势产业，加快发展装备制造业，发展以汽车、船舶零配件为重点的先进制造业配套基地，提升大型港口机械及其成套设备生产能力；推动玻璃加工产业高端化，加快推进太阳能基板、硼硅玻璃、LOW－E玻璃生产线建设，打造优势的玻璃原片生产基地，巩固建筑玻璃和汽车玻璃市场，开发节能环保和安全玻璃的新产品，打造高品质的产业玻璃制造基地；改造提升金属冶金及压延加工业，重点发展高精度铝板带箔、汽车板、涂层铝材、镁合金构件等国内空白及替代进口产品。着力发展管线钢、船板钢，建设全国重要的板材加工基地。

## 2. 山海关区

（1）发展基础。山海关区临港工业具有较好基础，目前已初步形成了以山桥产业园、工务器材为龙头的桥梁及铁路配件制造产业，以荣浩船舶重工、金恒重工、富盛船务为龙头的船舶配套产业。文化旅游产业优势得天独厚，老龙头景区、天下第一关景区、孟姜女庙景区为国家5A级景区，拥有世界文化遗产地、国家级风景名胜区、国家历史文化名城、全国重点文物保护单位、国家地质公园、国家森林公园、中国长城文化之乡、中国孟姜女文化之乡、中国书法之乡等头衔。五佛山森林公园正在开发建设，北部浅山区近湖、近河、近山和文化多元优势突出，开发潜力巨大。2012年三次产业结构之比为13.7∶52.6∶33.7。农业结构进一步优化，果品、蔬菜、花卉、苗木等高效作物的种植面积稳中有升，优质品种比重不断增加，"正大秦皇"被评为国家著名农产品、中国名牌产品，与烟台、大连两个国内大樱桃主产区并称为全国三大樱桃生产基地，以大樱桃采摘、休闲旅游为主要内容的休闲农业呈现良好发展态势。畜牧业生产全面增长，主要畜禽存栏明显增加，肉蛋奶产量大幅度增长，基本形成肉鸡、奶牛、生猪和蛋鸡四个产业化经营体系。工业结构调整成效初显，传统产业改造升级步伐加快，高新技术产业有了良好开端。旅游转型升级步伐加快，古城人气提升、渐趋繁荣。

（2）产业功能定位。临港工业发展的集聚区，文化旅游发展的提升区，区域物流中心，休闲农业示范基地。

（3）产业发展重点：一是文化旅游产业，发挥山海关文化特色优势，推动山海关旅游由资源依赖向创意产业转型、由季节游向全年游转型、由以传统观光游览为主向以文化为核心的休闲度假为主转型，真正形成以古城、滨海、山地三大版块文化旅游产业格局。向古城挖潜、向山野拓展、向海上延伸。二是临港物流和新兴服务业，引导中铁山桥、正大公司等企业剥离物流业务，促进企业内部物流专业化、社会化发展，培育壮大第三方物流。充分利用信息基础设施和互联网，加快推动现代物流信息化建设，以信息化促进传统物流企业改造和工商企业物流化管理，以信息化提升物流系统整体水平。三是临港制造业，重点发展高铁器材桥梁制造制造、船舶配套、食品精深加工、核电装备等产业。四是绿色休闲农业，以优质、高效、外向、生态、安全为方向，加快农业生产手段、生产方式和生产理念的现代化，做大做强肉鸡、大樱桃、蔬菜等优势产业，培育壮大绿色果品、养殖、水产、花卉等特色农业。以农业观光资源为依托，以生态、文化、科教和休闲为主题，结合特色优质农产品基地建设，引导发展以生态农业为重点的自然风光游、以农业现代化发展风貌展示和科普教育为重点的农艺观赏游，以农家体验为主题的健康保健游，建成一批特色村，着力把休闲农业培育成现代农业新的增长点。

### 3. 北戴河区

（1）发展基础。北戴河区是世界知名的旅游休闲度假基地，是党和国家领导人的暑期办公、修养地，是闻名中外的中国"夏都"，国家级重点风景名胜区。随着北戴河国际机场、津秦客运专线等立体交通体系的建设，与京津1小时交通圈正在加速形成。北戴河区生态环境优势突出，空气质量优质，是国家首批服务业综合改革试点区。2012年三次产业结构之比为 3∶27∶70。近年来，北戴河区以高端旅游为主导的旅游经济得到迅速发展，鸽子窝公园、怪楼奇园、奥运公园等景区升级改造，集发观光园等 4 个景区达到 3A 级以上标准，高端旅游项目扎实推进，旅游经济品质有效提升。旅游内涵逐步丰富，连续成功举办轮滑节、情侣狂欢节、铁人三项赛、沙滩节、健走节、国际观鸟节、国际摄影艺术节等一系列重大节庆赛事活动。总部经济、文化创意、高新技术有所推进。

（2）产业功能定位。旅游休闲度假胜地。

（3）产业发展重点。主打旅游业，着力构建现代旅游产业体系，优先发展高端旅游产业，积极培育文化娱乐、健身养生、医疗康复、生态庄园、工业体验等新兴业态，推进文化旅游融合发展，壮大文化创意产业规模。

### 4. 秦皇岛经济技术开发区

（1）发展基础。秦皇岛经济技术开发区是国务院批准设立的首批国家级经济技术开发区。目前已发展成为集国家级出口加工区、国家级大学科技园、国家级创业服务中心于一体的现代化、多功能、综合性的产业区。2012 年三次产业结构之比为 0∶70∶30。经过多年的发展，已经成了汽车零部件、重大装备制造、金属压延、粮油食品加工等优势产业，产业链条不断延伸，功能配套逐步完善。中信戴卡、哈电重装、天威保变、山船重工、臻鼎科技、金海等企业的竞争力显著增强。高新技术制造业迅速崛起，初步形成了以海湾公司、康泰公司、燕大软件为代表的电子信息产业集群。未来秦皇岛经济技术开发区仍将是支撑秦皇岛经济发展和带动产业转型升级发展的重要力量。

（2）产业功能定位。先进制造业发展的集聚区，高新技术产业发展的引领区，战略性新兴产业的培育区，服务外包示范园区。

（3）产业发展重点。一是做大做强先进装备制造业，重点发展交通运输装备、专用成套设备、电子信息及光电一体化设备等领域，形成集聚规模，提升产品档次，打造临港先进装备制造产业群。二是大力发展战略性新兴产业，推动数据产业、生物及新医药、新能源与节能环保等战略性新兴产业，提高技术创新能力，形成与京津及周边地区分工明确、产业特色各异的发展格局。三是积极发展高端服务业，推进工业设计、现代物流、信息服务及外包等产业发展。四是改造提升传统产业，加快粮油食品、金属压延、化工等传统产业升级，努力实现产品由中低端为主向中、高端为主转变。

### 5. 北戴河新区

（1）发展基础。北戴河新区区位交通条件优越，拥有优良绵长的82公里滨海岸线、丰富多样的自然生态旅游资源。境内集中了一批高品质、风格独特的旅游资源，有中国北方最优质的沙滩海水浴场、世界罕见的海洋大漠——翡翠岛、中国最美的八大海岸之一——黄金海岸、华北最大的泻湖——七里海、22万亩连绵葱郁的林带以及南戴河国际娱乐中心、沙雕大世界、海上乐园、仙螺岛等旅游娱乐项目。北戴河新区拥有潮汐河口、滩涂湿地等自然资源，是海洋生物的重要栖息地，空气环境质量，在东北亚地区非常突出。北戴河新区已获批国家旅游综合改革试点、国家服务业综合改革试点、绿色节能建筑示范区，是河北省重点打造的三大新区之一。

（2）产业功能定位。高端旅游度假区，高端商务会展区，文化创意产业中心，高新技术孵化基地。

（3）产业发展重点。一是大力发展高端旅游业，与北戴河区错位发展，兼顾以休闲度假为核心的民众性。二是高端商务会展业，吸引各类商务会展活动在新区开展，形成全年性旅游格局，将北戴河新区打造成为河北省会展新城。三是培育发展文化创意产业，加快建设婚庆基地、动漫产业园等文化产业项目，积极引进艺术院校，支持建设酒吧、艺术品等特色街区，深层次挖掘文化创意产业价值，培育文化品牌，把北戴河新区打造为秦皇岛市文化创意产业中心区。四是稳步发展高新技术产业，依托北京、天津以及秦皇岛等地的科研机构和高新科技企业，努力开发一批具有自主知识产权的新产品、新技术，促进京津都市圈的高技术人才、资金、技术向北戴河新区集聚，逐渐形成以旅游信息服务、高技术服务业、绿色建筑、农业高端产业等为主体的高新技术产业集群。五是发展康体疗养产业，重点发展以京津居民和周边大城市居民为主的异地养老、大都市高收入人群的康体保健以及都市白领及高端人士的医疗美容旅游等，将北戴河新区打造为国家健康养生休闲旅游示范基地。六是培育旅游制造业，培育集旅游轻型装备、旅游企业用品和纪念品、个人户外休闲运动用品等设计、孵化、生产加工、展示交易于一体的旅游制造业中心，将北戴河新区打造成河北省旅游制造业基地。

### 6. 青龙县

（1）发展基础。山区特色农业资源丰富，无公害果品认证面积达到33万亩，绿色食品认证面积达到1000亩，精品杂粮种植面积达到10万亩，年出栏肉鸡3000多万只，是京津冀绿色无公害农产品基地。苹果、板栗等各类干鲜果树61万亩，果品常年产量18万吨。红富士苹果在"第八届中国苹果节"上获得银奖；"青龙甘栗"是京东板栗的代表产品，远销日本和东南亚。全县山场面积406万亩，森林覆盖率达55.59%，居河北省第三位。矿产资源丰富，铁矿远景储量50亿吨，黄金储量80余吨，花岗岩储量26亿立方米。山地旅游资源丰富，有"塞外黄山"之称的国家4A级风景区祖山，南山生态观光园被评为"省级森林公园"等。2010年三次产业结构之比为22∶45∶33。农业经济平稳增长，畜牧、林果、中药材三大主导产业和杂粮、食用菌、桑柞蚕等特色产业的基地规模日益扩大。工业经济增势强劲，首秦龙汇氧化球团、唐钢青龙炉料氧化球团、安胜新八条线、富鹏天雅制衣、玻璃纤维网格布、云冠栲胶等一大批支撑项目建成投产，大巫岚德龙铸业、中红三融肉鸡屠宰深加工等一批重大项目顺利实施，发展后劲明显增强。

（2）产业功能定位。农副产品和冶金建材物流基地，生态旅游中心。

（3）产业发展重点。一是大力发展生态旅游，以打造环京津地区生态观光、休闲度假旅游名县为目标，以"满韵清风·生态青龙"为主题形象，全力构建以215省道旅游产业为发展轴，以祖山、南山、都山、青龙湖、温泉开发五大旅游项目为引擎的旅游业新格局，积极融入"京—承—秦"旅游金三角。二是加快发展商贸物流业，建设铁矿产品交易运输中心，冀东北农副产品仓储、加工、销售集散地，新型建材产业及轻工业发展核心区、销售基地，内蒙古、东北货物入关中转站。三是大力发展特色农业，紧紧围绕建设京津唐秦绿色农产品基地目标，做大做强畜牧、林果、中药材三大主导产业，培育壮大精品杂粮、桑柞蚕、设施蔬菜等特色产业。四是加快推进传统产业改造升级，积极培育装备制造业。

### 7. 昌黎县

（1）发展基础。昌黎县素有"花果之乡""鱼米之乡""文化之乡""旅游之乡"和"中国干红酒城"的美誉。海上养殖、旅游开发、高效种植、商贸物流、干红酒酿造、粮油加工、冶金建材、缝纫制造、畜禽养殖已成为立县产业。昌黎境内交通便捷，四通八达，距离秦皇岛港45公里，山海关机场60公里，北戴河25公里，西距天津新港150公里，北京机场250公里，是全市距离京津和周边大城市最近的区域，位于县城西南部的北戴河机场正在建设，将为昌黎县的发展带来新的机遇。2012年三次产业结构之比为36∶39∶25。现有产业中冶金建材业是县域经济发展龙头，葡萄酒产业集群效应不断增强，粮油食品加工业呈现蓬勃发展的势头。水产养殖与加工业向工厂化、无公害、生态型转变，产业链条日趋完善，畜禽养殖业区域化布局、规模化养殖、专业化生产、产业化经营的格局初具规模。商贸物流业城乡市场体系和新型业态逐步完善，辐射范围进一步扩大。旅游业全面提升发展档次和水平，完成了黄金海岸北区基础设施升级改造和美化亮化工程，积极打造休闲度假、生态旅游、工业旅游，先后启动建设了体育休闲公园等一批重点项目。高效种植业向无公害、产业化、现代化积极推进。

（2）产业功能定位。区域商贸物流中心，旅游度假休闲基地，葡萄酒生产基地。

（3）产业发展重点。一是以干红葡萄酒业为特色的工业，依托华夏、茅台、朗格斯、地王等企业，围绕提高质量、增加品种、发展高端化、多元化、个性化的葡萄酒、白酒等产品。缝纫机零件制造业，以发展整机组装为目标，推进中国北方"缝纫机城"建设。水产品加工业，着力构建现代水产品产业体系。二是商贸物流业，加强农产品产地市场建设，培育壮大一批皮毛交易市场、杏树园花卉交易等特色专业市场。积极发展物流业，加快发展物流产业园和第三方物流企业，建设两大综合性物流中心（昌黎县钢铁物流中心、北戴河机场空港物流中心）和两大物流基地（汽车交易物流基地、家居产业物流基地）。三是不断发展壮大的旅游业，深入挖掘碣石山帝王文化、韩愈文化、五峰山红色旅游等文化内涵，实现与自然生态旅游、工业旅游的有机结合。以打造展示东方乃至世界葡萄饮品酿造文化为目标，建设集原生态山地览胜、休闲养生、观光度假、健身娱乐为一体的原生态观光园和小型欧式葡萄酒庄园。将葡萄酒产业与旅游相结合，积极引进一批工业旅游项目，发展干红葡萄酒文化游。

### 8. 抚宁县

（1）发展基础。抚宁县拥有丰富的矿产、林木、水系等资源类型以及丰富的旅游资源。其中，矿产资源近 30 种，白煤、铝土、石灰石、大理石等储量丰富；县域北部燕山山脉植被茂密，林木资源丰富；境内水系发达，洋河、戴河、汤河、石河四条主要河流，均为常年性河流。南部沿海地区有 12.5 公里的海岸线，北部有大片天然林区，其间有长城蜿蜒而过，自然和人文旅游资源丰富多样；其中北戴河新区南戴河片区具备良好的旅游服务设施，将发展成为抚宁县重要的形象窗口和旅游品牌。2012年，全县三次产业结构比例为 28.4：37.5：34.1。抚宁县是河北省粮食、油料生产出口的基地县，形成了板栗、生猪、绿色蔬菜等特色主导产业。工业经济主导地位已经形成，其中资源型工业优势明显。钢铁、农副产品加工、机械、玻璃纤维、石油化工等重点行业构成了全县工业的主要基础，有首秦板材、骊骅淀粉、浅野水泥、长白机械等企业。旅游业得到较快发展，南戴河建设不断完善。

（2）产业功能定位。先进制造业的承接地，休闲旅游基地。

（3）产业发展重点。一是培育壮大装备制造、金属压延、新型建材、农副产品深加工等产业，积极承接先进制造业转移，深化传统产业改造提升，进一步推进炼油、造纸、水泥、玻纤等县域传统产业改造整合。二是加快发展旅游业，按照休闲旅游产业定位，加快实施"金舍·如意温泉小镇"、葡萄岛旅游综合、香海湾国际生态度假城、南戴河国际商务中心、海上休闲垂钓等高端旅游项目建设，推进南戴河国际娱乐中心、板厂峪等既有景区提升改造。三是发展特色农业，做大做强蔬菜、生猪、板栗三大特色主导产业，因地制宜发展壮大中华圣桃、苹果、食用菌等地方特色产业。推进山区综合开发，加快"花果之乡"

"田园之旅"等示范区建设，培育发展生态农业和休闲观光农业，实现山区特色产业与休闲旅游融合互促。

### 9. 卢龙县

（1）发展基础。地形以低山、丘陵为主，属暖温带大陆性季风气候。两条水系二十四条河流形成了良好的灌溉条件，且自然灾害较轻。土质多为褐色砾质或砂质壤土，通透性好，酸碱度中性偏酸，含有丰富的钙、磷、钾、铁、锌等矿物质，形成了非常适宜酿葡萄生长的独特条件。为"中国甘薯之乡"和"中国酿葡萄生产基地县"。2012 年的三次产业结构之比为27∶34.6∶38.4。工业经济实力稳步提高，已初步形成了以葡萄酒、甘薯等农产品加工为主的食品加工业，以水泥、陶瓷为主的建材业，以筑路机械、专用设备为主的机械制造业，以钢铁冶炼、黑色金属压延为主的金属压延业，以中成药、医疗保健器械为主的医药保健业五大支柱产业。农业结构进一步优化，酿葡萄、甘薯、畜牧养殖、蔬菜、核桃五大主导产业链条不断延长，区域特色农业格局基本形成。第三产业发展迅速，商贸流通及物流业发展步伐进一步加快，交通运输、连锁配送、仓储装卸、加工包装、邮政电信、电子商务等现代物流业蓬勃兴起。旅游业呈现出良好的发展前景，龙河湾、柳河山谷、古城保护开发等一批高端旅游项目成功签约启动。莲花山休闲度假山庄、德源山庄生态旅游观光园、棋盘山绿色庄园等新景区开发取得明显成效。鲍子沟、六峪山庄等原有景区实现了上档升级。

（2）产业功能定位。先进制造业承接地，文化旅游区。

（3）产业发展重点。一是积极发展先进制造业，提升传统产业发展，装备与机械制造产业继续提升机械制造能力和水平，发展精密铸件、数控机床、专用汽车、汽车配件、节能锅炉、矿山冶金机械、工程钻机、大型水泵等产品；黑色金属压延产业积极发展精品线材、优质板材、不锈钢材、装备制造用材、不锈钢制品等项目；新型建材产业重点发展水泥制品、建筑陶瓷、岩棉保温材料、防火材料、绝缘材料及各种新型节能建筑材料；绿色化工产业集群重点发展化纤、制肥、钛白粉、树脂板材、树脂装饰材料、树脂管道、环保涂料等产品；食品加工产业重点发展葡萄酒、甘薯、核桃、畜禽产业。二是大力发展医疗健康、新能源、新材料等战略性新兴产业。三是积极发展现代物流产业，建成集运输、仓储、货代、联运、加工、配送、信息、环保等为一体的京东地区钢材、水泥、煤、焦炭集散中心。四是文化旅游产业，深入挖掘孤竹文化，打造红山民俗文化基地、书院山拜学圣地和首阳山德源文化基地；打造龙河湾"环渤海休闲旅游度假区"、柳河山谷"中国葡萄酒产业聚集区"；重点培育长城山地旅游。五是大力发展现代农业，以甘薯、林果、蔬菜、畜牧养殖为主，推进现代高效农业示范区建设。

## （三）各区县产业发展导向

根据各区县发展条件和产业发展基础，全市未来产业发展方向，确定区县产业功能定位及发展重点。见表7。

表7                        区县产业发展导向

| 区县 | 产业功能定位 | 重点发展 | 禁止发展 |
|------|------------|---------|---------|
| 海港区 | 现代服务业发展的引领区<br>先进制造业发展的提升区 | 商贸、物流<br>金融、商务<br>总部经济<br>装备制造<br>生物医药<br>电子信息<br>玻璃及深加工<br>食品加工<br>新材料<br>新能源 | 一般资源加工产业<br>高污染、高耗水产业 |
| 山海关区 | 临港工业发展的集聚区<br>文化旅游发展的提升区<br>区域物流中心<br>休闲农业示范基地 | 船舶修造及配套<br>铁路器材、桥梁钢结构<br>食品加工<br>核电装备<br>文化旅游<br>临港物流<br>绿色休闲农业 | 一般资源加工产业<br>高污染、高耗水产业 |
| 北戴河区 | 旅游休闲度假胜地 | 旅游<br>文化创意 | 一般工业<br>高污染、高耗水产业 |

| 区县 | 产业功能定位 | 重点发展 | 禁止发展 |
|---|---|---|---|
| 秦皇岛开发区 | 先进制造业发展的集聚区<br>高新技术产业发展的引领区<br>战略性新兴产业的培育区<br>服务外包示范园区 | 交通运输装备<br>专用成套设备<br>电子信息<br>光电一体化设备<br>数据产业<br>生物及新医药<br>新能源<br>节能环保<br>工业设计<br>现代物流<br>服务外包 | 一般资源加工产业<br>高污染、高耗水产业 |
| 北戴河新区 | 高端旅游度假区<br>高端商务会展区<br>文化创意产业中心<br>高新技术孵化基地 | 高端旅游<br>高端商务会展<br>文化创意<br>高新技术<br>康体疗养<br>旅游制造 | 一般工业<br>高污染、高耗水产业 |
| 青龙县 | 农副产品和冶金建材物流基地<br>生态旅游中心 | 生态旅游<br>商贸物流<br>装备制造<br>金属压延<br>特色农业 | 高污染、高耗水产业 |
| 昌黎县 | 区域商贸物流中心<br>旅游度假休闲基地<br>葡萄酒生产基地 | 干红葡萄酒业<br>商贸物流<br>旅游<br>特色农业 | 高污染、高耗水产业 |
| 抚宁县 | 先进制造业的承接地<br>休闲旅游基地 | 装备制造<br>新型建材<br>农副产品深加工<br>旅游<br>特色农业 | 高污染、高耗水产业 |

续表

| 区县 | 产业功能定位 | 重点发展 | 禁止发展 |
|------|------------|---------|---------|
| 卢龙县 | 先进制造业承接地<br>文化旅游区 | 装备制造<br>黑色金属压延<br>新型建材<br>绿色化工<br>农副产品深加工<br>医疗健康<br>新能源<br>新材料<br>现代物流产业<br>旅游<br>特色农业 | 高污染、高耗水产业 |

资料来源：作者整理。

**参考文献：**

［1］秦皇岛市人民政府：《秦皇岛市国民经济和社会发展第十二个五年规划纲要》，2011年。

［2］秦皇岛市人民政府：《秦皇岛市"十二五"专项规划汇编》，2011年。

［3］秦皇岛市人民政府：《秦皇岛市各区县国民经济和社会发展第十二个五年规划纲要》，2011年。

［4］河北省统计局：《2012年河北省统计年鉴》，2013年。

［5］河北省统计局：《2013年秦皇岛市统计年鉴》，2014年。

# 专题报告三　秦皇岛市工业发展研究

　　加快发展工业，是秦皇岛落实"产业立市"发展方针的主攻方向，也是推进新型工业化进程的战略重点。本专题根据国家政策导向和本地整体发展条件，立足产业基础和未来发展趋势，提出秦皇岛工业发展的方向和思路，为产业布局提供重要依据。

## 一、工业发展条件分析

### （一）发展现状

#### 1. 支柱产业地位突出

　　2012 年，秦皇岛市规模以上工业完成增加值 352.8 亿元。其中，装备制造业、冶金工业和食品工业位于前三位，增加值分别达到 115.6 亿元、92.7 亿元和 39 亿元，分别占全市工业增加值的 32.71%、26.28% 和11.05%；三大支柱产业增加值合计为 247.3 亿元，占工业增加值的比重为 70.04%。玻璃工业完成增加值 9.7 亿元，占工业增加值的比重为2.75%，失去原有支柱产业的地位。[1]

#### 2. 部分行业优势明显

　　借助区位、港口、资源、龙头企业的优势，秦皇岛市在装备制造、粮

---

　　[1]　秦皇岛市统计局：《秦皇岛统计年鉴（2013）》，中国统计出版社 2013 年版。

油食品、金属压延、高新技术等领域拥有一批优势产品，形成规模化、品牌化，在国内乃至世界具有一定知名度和影响力。包括：世界级汽车轮毂制造基地、中国北方重要的粮油加工基地、全国优质干红葡萄酒生产基地、国内重型装备制造基地、玻璃生产及深加工基地等。部分产品在国内乃至世界具有优势或较高市场占有率，包括：大型冶金、电力装备，汽车轮毂，桥梁结构及铁路道岔，非晶硅薄膜太阳电池设备，电子医疗仪器，消防网络软件等。

### 3. 企业具有规模优势

2012 年，全市规模以上工业企业 385 家，资产总额达到 1589.8 亿元，单个企业平均资产 4.1 亿元。年主营业务收入 10 亿元以上工业企业达到 29 家，其中 30 亿 ~ 50 亿元的 11 家，50 亿 ~ 100 亿元的 8 家，100 亿元以上的 1 家。[①] 这些企业包括：中信戴卡股份有限公司、中铁山桥集团有限公司、秦皇岛天业通联重工股份有限公司、山海关船舶重工有限责任公司、秦皇岛秦冶重工有限公司、秦皇岛首秦金属材料有限公司、秦皇岛正大有限公司、秦皇岛金海粮油工业有限公司、秦皇岛骊骅淀粉股份有限公司、中粮华夏长城葡萄酒有限公司、中国耀华玻璃集团公司等。以上在国内行业中占有龙头或领先地位的企业，具有领先技术和优势产品，生产规模继续扩张，是秦皇岛工业发展的核心主体。

### 4. 创新能力逐步增强

全市高新技术企业达到 66 家，建有国家级重点实验室 1 家、国家级工程技术研究中心 1 家、省级工程技术研究中心和重点实验室 27 家。天业联通制造出国内首台新型全面岩石掘进机，在硬岩掘进机领域打破国外垄断。山船重工建成世界首海洋风车装船 TIV - 1，填补国内外空白。康泰医学自主研发产品出口 150 多个国家和地区，获得国家级重点新产品奖。[②]

---

① 秦皇岛市统计局：《秦皇岛统计年鉴（2013）》，中国统计出版社 2013 年版。
② 秦皇岛市工信局提供资料。

## （二）主要问题

### 1. 产业结构虚高度化

2012 年，秦皇岛市三次产业结构比重为 13：39.3：47.7①，呈现三、二、一的整体结构，结构比例上已经进入后工业化时期；同期，秦皇岛市工业增加值占地区生产总值的比重仅为 31%，远低于河北省 47.1% 的平均水平。根据秦皇岛产业结构演变的进程和工业内部结构，形成现有三次产业结构的主要原因，是由于工业产值比重过低导致的服务业比重过高，并没有经过工业达到较高水平、带动服务业发展，然后工业比重下降、服务业比重上升的合乎规律的工业化进程，产业结构存在名义虚高度化的问题。秦皇岛市工业比重偏低，存在工业化补课、工业再提升的需要（这种补课不是发展重化工业、单纯扩张规模，而是重点优化工业内部结构、增强竞争能力），以提高工业的战略地位和支撑能力。

### 2. 传统产业比重过高

2012 年，秦皇岛市重工业增加值占规模以上工业的比重高达 84.8%，比全省平均水平高 5.3 个百分点；全市石油、化工、建材、钢铁、电力五大高耗能行业增加值占规模以上工业的比重达到 48.0%，其中钢铁行业增加值所占比重为 33.5%；高新技术产业增加值占全市生产总值的比重仅为 1/4，与沿海发达地区城市平均达到 50% 以上的水平相差甚远。战略性新兴产业处于培育阶段，尚未实现突破，缺少具有规模带动效能的主导行业、骨干企业和"拳头"产品。②

### 3. 缺少创新引领企业

秦皇岛市重点企业和重点项目多以单点形式存在，上、下游延伸不够，为高端环节提供配套的一级、二级供应商聚集度低，产业链内部及产业链间协调互动发展的格局尚未形成。部分大型项目单体投资规模大，但缺乏持续增长和升级能力。总体上讲，大型企业特别是国有企业对产业聚

---

①② 秦皇岛市统计局：《秦皇岛统计年鉴（2013）》，中国统计出版社 2013 年版。

集的推动作用较为有限，缺少引领技术创新和协同发展的扩散效应。具有更强创新活力和创新成果产业化动力的中小型企业发展相对滞后，创业活力不足。

### 4. 整体运行面临困境

近两年，秦皇岛市工业增长速度缓慢，低于河北省平均水平；企业运营困难，效益下滑严重。2012年，全市规模以上工业综合效益指数为195.4，同比下降37.0个点，低于全省平均水平109.0个点，居全省最后一位。与省内较高的沧州市（422.1）、唐山市（352.4）、邯郸市（337.8）有较大的差距。截止到2013年5月份，全市406家规模以上工业企业中，75家（停产31家）处于停产半停产状态。企业流动资金短缺，劳动力成本持续走高，生产经营陷入困境。[①] 2012年，全市工业企业亏损面达到34%；亏损企业亏损额达到39亿元，较上年增加近一倍。[②]

### 5. 后续增长动能不足

由于投资总量不足，近几年全市工业低速增长，增速始终处于全省后位。2012年，全市工业完成固定资产投资210.0亿元，占全省的2.3%，是最少的设区市。总量规模上，仅相当于投资最多的石家庄市的15%，比后数第二的衡水市少226亿元。[③] 项目质量上，新项目主要集中于原有传统行业，缺少占据产业高端、具有领先水平和引领结构优化升级的高质量大型项目。

整体上看，秦皇岛工业中传统产业的优势趋于弱化，新兴产业仍未培育壮大，支撑全市工业中近期较快发展的动力出现阶段性空缺，整体上处于再上新台阶的艰难起步阶段。加快改造提升传统产业，大力培育具有带动作用的新兴产业，实现工业的振兴、崛起，是秦皇岛工业乃至经济发展的首要课题。

---

① ③ 资料来源：《河北省统计年鉴（2013）》。
② 秦皇岛市工信局提供资料。

## （三）有利条件

### 1. 地理区位条件优越

秦皇岛地处环渤海、环京津冀两大经济圈的中心区域，位于我国东北、华北两大经济区结合部，关内外各种运输方式汇集的交通枢纽和咽喉地带。特殊的地理位置，使秦皇岛具有连接辐射东北、华北两大地区的区位优势。振兴东北老工业基地战略的深入实施，拓展了东北地区经济发展的空间。环渤海经济圈迅速崛起，成为支撑我国经济快速发展的新引擎。贴近和依托以上两大腹地，既有利于开拓市场，也便于引进产业和实现配套发展，是秦皇岛发展先进制造业的有力支撑。

### 2. 借势京津得天独厚

秦皇岛临近北京、天津两大都市，距天津220公里，距北京280公里。京、津两大都市需求规模大且层次高，是传统产业升级、新兴产业培育成长的巨大市场依托；具有改造传统产业和发展新兴产业必要的资金、技术、人才、信息等资源，大量科技成果需要产业化。随着道路交通条件的进一步完善，秦皇岛与京津的同城效应将逐步显现。依托有利的市场区位，紧密全面对接京津，秦皇岛能够直接接受经济辐射、技术扩散、产业转移和人才支撑。特别是借势北京加快发展更为重要。北京是全国领先的综合性高新技术产业基地，产业门类齐全，优势企业众多，创新能力突出，进入产业扩散转移阶段，科技成果不断外溢、转化。随着京津冀一体化进程的加快推进，秦皇岛借势发展的优势将得到进一步释放，获得加快发展工业的巨大动力和广阔空间。

### 3. 大型海港提供便利

秦皇岛港是我国沿海最重要的煤炭下水港，目前港口吞吐能力2.3亿吨，远期将达到约4亿吨。近年来，已经由单一的能源输出港拓展到服务于矿石、集装箱、粮食、装备制造产品等多种货物的港口，未来仍具有较大发展潜力。优越的深水大港和便利的水陆联运及陆地集疏运交通体系，有利于布局发展临港工业。依托港口优势，秦皇岛形成规模化的大型装备制造、粮油食品加工、玻璃建材等基地。随着环渤海湾地区产业结构优化升级，以及秦皇岛港港口功能的继续优化拓展，更多先进制造业将会向秦皇岛产业园区集中布局，促进临港工业加快发展。

### 4. 要素资源综合集成

秦皇岛作为旅游城市，生态环境良好，空气清新，环境优美，适宜居住，有利于发展对生态环境要求较高、需要高端人才的高新技术产业。与北京、天津相比，劳动力、土地等生产要素价格相对较低（北京电子行业高级人员月薪约 2 万元，本地仅 1 万元），具有一定低商务成本优势。紧邻的唐山、营口等我国重要石化、金属生产基地，原料采购及市场销售距离近，物流成本较低。海域面积广阔，适合发展海洋经济。市内有燕山大学、东北大学秦皇岛分校等多所高校，具有研发条件和一定的科研人才优势。各类要素资源的综合集成，提供承接产业转移的有利条件，也使秦皇岛发展具有劳动力、资金、技术密集特点的行业（如软件、服务外包）具备较强竞争优势。充分利用以上条件，可以在更大规模和更高层次上加速发展高新技术产业，成为工业发展的重要突破口。

### （四）制约因素

### 1. 宏观环境深度影响

当前世界经济复苏艰难曲折，美国等发达国家"再工业化"趋势明显，对我国市场空间形成挤压。我国处于经济转型期，正在转入中速增长阶段。国内传统行业包括装备制造业的增长速度明显回落，中低端产品产能过剩状况逐步加重，成本增加以及行业内部竞争加剧，给企业经营和招商引资带来较大困难。秦皇岛工业中的主要行业如冶金、建材等，多为周期性、传统性、产能过剩的行业；装备制造业中比重较大的冶金设备、船舶制造、铁路设备等，也受到行业需求不振的直接影响，面临着市场空间限制，中近期都将处于相对不利的市场环境。

### 2. 产业拓展范围受限

受到城市生态环保及国家产业政策限制，具有港口布局指向型的大型石化、冶金、造纸等项目，在秦皇岛建设的可能性已经排除。适合港口发展的先进制造业只能在现有装备制造、食品加工等产业门类中寻找，或是在已经确定发展的重点产业中向细分行业拓展延伸。同时，国内具有发展前景的行业，或是受到国外技术垄断难以进入，其他则多数面临迅速饱和的状态，产业进入的市场门槛明显提高。这不仅限制了秦皇岛引进具有规模化扩张特性项目的范围，也极大地增加了选择重点产业和发展战略的难度。

### 3. 高端领域竞争激烈

我国大力推进发展战略性新兴产业。但是，战略性新兴产业具有系统性、长期性和风险性，新的技术突破以及进入高端领域，同时伴随着激烈的竞争，并对整体发展环境要求较高。面对国内新兴产业发展的浪潮，秦皇岛未能占得先机，目前处于迎头赶上的关键时期。与国内战略性新兴产业发达地区相比，秦皇岛在资金、技术、人才、配套条件等诸多方面不具备优势，或是处于不利地位。秦皇岛实现战略性新兴产业的突破，将面临激烈的区域竞争和市场竞争。

### 4. 创新能力亟待增强

优化提升传统产业，发展战略性新兴产业，都需要创新能力和良好发展环境作为前提条件。秦皇岛部分行业，如冶金装备、桥梁结构与铁路设备、船舶修造等领域具有较强研发能力，但是受到整体行业不景气、产品专业性的限制。需要加快发展的领域，如装备制造高端领域、战略性新兴产业，或是缺少配套条件包括关键零部件、外协件、机加工制造，或是技术支撑和产业化开发能力弱，缺少必需的关键技术和前瞻性技术储备，高端人才特别是专业技术人才缺乏。一个地区具备较强的创新能力，既需要具备实力的大型企业、相应的科技研发机构、大量的先进科技人才，更需要良好的发展机制和环境氛围。培育和增强这种具有整体性的创新能力，是一个艰苦而相对长期的过程。尽快提高整体创新能力，是秦皇岛实现工业崛起面临的更为严峻和深层次的挑战。

# 二、重点产业选择

## （一）基本原则

### 1. 政策导向，借势区域发展战略

根据国家推进京津冀协同发展战略，落实河北省加快沿海地区发展、重点发展秦唐沧地区的战略部署，承担和发挥国家、河北省赋予秦皇岛的产业发展职能，力争在环京津、环渤海地区实现借势发展，以此作为重点产业选择的方向指引。

### 2. 依托海港，充分体现临港特色

集成发挥区位条件、深水大港、产业基础等综合优势，重点发展壮大适合大运量、低成本、大进大出海洋运输的临港产业和海洋产业，港区后方园区与城区及下属县合理分工，错位发展，着力彰显临港特色，增强核心竞争优势。

### 3. 远近结合，尽快形成增长动能

立足基础，"有中生新"，注重装备制造业和传统优势产业的优化提升；面向未来，"无中生有"，加快培育壮大高成长性、引领作用突出的战略性新兴产业，形成优势产业的梯度接续，积蓄新的增长动能。

### 4. 生态环保，有利于可持续发展

根据地区缺水的环境状况，产业选择要充分考虑城市定位、生态功能、水资源承载力和环境容量。宁缺毋滥，属于国家明令禁止、严重污染环境且难以治理、国内中低技术水平的产业和项目，均不得进入选择范围。

## （二）选择方案

秦皇岛工业重点产业的选择范围属于竞争性领域。竞争性领域产业的

发展要充分发挥市场机制配置资源的基础性作用，产业选择应以市场为导向，由投资主体自主决策。为了有利于秦皇岛新型工业化进程的加快推进和工业科学合理布局，需要在充分考虑国家产业政策导向和区域发展规划的基础上，根据发展目标和功能定位，对产业发展提出方向性的指导意见。

综合考虑资源条件、现有基础、市场前景和产业功能等因素，秦皇岛市工业重点行业分为主导产业、特色（配套）产业和新兴产业三大类（详见表1）。其中，装备制造业和食品加工业为主导产业；冶金、建材（玻璃）工业为特色（配套）产业；新兴产业为潜力支柱产业。按照以上选择，形成以新兴产业为先导，以装备制造业和食品加工为主体，以冶金、建材工业为特色的总体产业格局。

**1. 主导产业**

主要包括装备制造业、食品加工业。在中、近期秦皇岛市工业发展中的地位是：实现提速发展的核心支撑和主要动力。

表1 秦皇岛工业重点产业选择方案

| 产业类别 | 选择理由及有利条件 | 目标 |
|---|---|---|
| 1. 主导产业 | 能够发挥竞争优势，符合城市功能定位，占据产业主体地位，后续增长潜力较大 | 中近期工业加快发展的核心基础和主要动力 |
| 装备制造业 | 产业基础雄厚；带动作用强大；具备较大发展空间；后续项目支撑带动有力 | 国内领先的临港大型装备制造业基地 |
| 食品工业 | 依托港口、原料优势；具有较好产业基础；区域特色突出；具备较大扩张潜能 | 环渤海地区特色食品加工基地 |
| 2. 特色（配套）产业 | 未来增长空间受到限制；立足现有基础和区域市场，形成特色和发挥配套优势 | 保持稳定增长的重要基础和助推动力 |
| 冶金工业 | 未来增长空间相对有限；已有较大产业规模；当地资源、下游配套优势 | 区域性钢铁工业基地和装备制造业配套基地 |
| 建材工业 | 未来增长空间受到限制；玻璃工业具有特色；产品创新有一定潜力 | 北方玻璃工业基地、技术研发与交易中心 |
| 3. 潜力支柱产业 | 具有较好发展前景，符合城市发展与产业升级方向；提供增长动力和具有引领功能 | 工业实现赶超的支撑动力和新支柱产业 |

续表

| 产业类别 | 选择理由及有利条件 | 目标 |
|---|---|---|
| 战略性新兴产业和新兴海洋产业 | 国内发展空间广阔;借势京津,承接技术产业化;依托基础、在更多领域进行选择,采取相应路径实现突破 | 环京津地区后发崛起的战略性新兴产业基地 |
| 电子信息、高端装备制造、新材料、新能源、海洋医药等 | 电子信息产业最具潜力;高端装备制造具有基础;新材料及生物医药(保健品、食品)力争突破;新能源加快发展 | 新的优势产业和经济增长亮点 |

主要理由是:

（1）符合城市性质和发展方向。秦皇岛市作为滨海旅游城市和区域中心城市,要求工业具有较高的技术含量,能够吸纳相对较多的劳动力,污染排放降到最低限度。以上两大行业,总体符合以上要求。特别是装备制造业产业链长,带动作用大,属于资金和技术密集型产业,对于城市产业结构的提升引领作用明显。

（2）充分发挥大型海港交通优势。工程机械、重型装备单体规模大、体量重、运输条件要求高,物流成本影响竞争力,依托主要交通线、大型海港建立生产基地是装备制造业布局的重要特点。大型粮油加工企业需要利用港口输入原料和产品外运;发展海洋食品、保健品,需要利用海洋资源。

（3）具备较大扩张潜能。装备制造业在全市工业中位居首位,具有较强竞争优势;汽车零部件、冶金装备、铁路装备、船舶修造等领域具有较高市场占有率和一定品牌效应。食品加工业位居全市工业第三位,粮油、葡萄酒加工具有规模、产品系列和品牌优势,肉类加工(包括水产品加工)加快成长。食品加工业中期内可能取代冶金工业,成为更具带动力的支柱产业。以上行业龙头企业作用突出,并且有新的项目进行建设和谋划。如多个大型汽车零部件项目 2015 年建成后,新增 200 亿元以上销售收入;食品工业肉鸡系列化加工(年产值预期 50 亿元)、粮食深加工等项目,具有增长潜力和规模量级。

**2. 特色（配套）产业**

主要包括以玻璃为主的建材工业、以钢铁为主的冶金工业。在中、近期秦皇岛市工业发展中的地位是：保持稳定增长的重要基础和助推动力。主要理由是：

（1）增长空间受到限制。作为传统产业，特别是在国家产业政策严格限制、河北及国内产能严重过剩的背景下，再度进行较大规模扩张缺少可能性。一是产业政策限制。国家《钢铁工业"十二五"发展规划》提出，环渤海、长三角地区原则上不再布局新建钢铁基地。水泥、玻璃等建材行业也是国家政策严格限制发展的行业。二是区域市场激烈竞争。周边地区有多个钢铁基地，省内有唐钢、京唐等钢铁公司；辽宁有营口鲅鱼圈、鞍山（鞍钢也有大型船用高品质船板生产）等钢铁生产基地，区域内有两个千万吨级国家大型钢铁基地。河北省是全国玻璃生产能力最大的省份，周边地区更有多个大型水泥等建材企业。三是市场发展空间限制。秦皇岛钢铁行业中龙头企业的主要产品为中厚板、建材用钢，属于国内产能过剩严重的产品。受产能扩大与下游需求（主要是造船、房地产等）减少的影响，未来 3 ~ 5 年，中厚板、线材产能利用率将处于较低水平，市场环境不容乐观。秦皇岛玻璃行业受国内环境、行业竞争及龙头企业影响，增长速度出现较大下滑，已经不具有支柱产业的地位，未来再创辉煌存在较大难度。四是产品特点影响。玻璃、水泥等建材产品，中厚板、线材等钢铁产品，受运输成本限制难以远距离销售，具有区域市场的特点，未来本地产能扩大也受到较大限制（耀华玻璃已在异地扩能）。

（2）产业特性与城市方向不尽相符。传统建材、钢铁行业都是高耗能、污染影响较大的行业，产业特性与未来城市发展总体方向难以高度契合，与秦皇岛作为滨海旅游城市的定位和形象不够适宜和协调。随着未来城市发展和产业结构升级，以上行业应该向远离中心城区的位置迁移。

总体来讲，在秦皇岛市乃至区域经济中，以上两大行业未来地位处于下降态势。特别是随着秦皇岛装备制造和食品加工两大支柱产业的发展，以及战略性新兴产业（如电子信息）的崛起，以上两大行业虽然保持一定增长，但产值比重的相对地位将进一步下降。因此，不再作为支柱产业进行定位。

（3）玻璃行业作为特色产业的分析。龙头企业中国耀华玻璃集团公司受到国有企业改革、历史留问题等方面的制约，以及企业搬迁产能受限、国家天然气价格调整加大成本等方面的影响，未来几年难以迅速达到辉煌时期的市场占有率。国内各地都在发展新型玻璃产品，市场竞争加剧，中高端产品产能出现过剩，耀华玻璃集团公司所具有的技术优势、产品优势、品牌优势有所削弱。玻璃产品受到运输环节影响较大，远距离销售影响市场竞争力。因此，秦皇岛玻璃制造业的产能规模在现有基础上、根据市场适度扩张。未来秦皇岛玻璃制造业难以再度成为全市的支柱产业，除非在新的产品领域有重大突破。因此，玻璃等建材产业不再作为支柱产业进行定位。

但是，秦皇岛玻璃制造业已有近百年发展历史，规模、品种及技术水平曾居全国前列，目前在国内玻璃制造业仍然占有一席之地（2011 年位列全国玻璃企业排名第 19 位）。全市玻璃行业也在进行产品结构优化调整，谋划发展多品种、深加工、高附加值的玻璃产品，试图再创辉煌。特别是耀华玻璃集团曾经发挥过"城市名片"的作用，对于秦皇岛工业发展是一段辉煌的记忆；作为大型国有企业，承担着就业和社会稳定的职能。因此，将玻璃制造业作为秦皇岛的特色产业，重点优化提升，力争焕发新的生机。

（4）冶金工业作为特色（配套）产业的分析。秦皇岛冶金工业以钢铁为主，主要是依托本地及周边的铁矿资源，发展黑色金属冶炼及压延加工业，及少量有色金属压延加工业。有利条件，一是具有资源优势，青龙、昌黎及周边地区铁矿资源丰富；二是优势产品宽厚板的龙头企业，具有设备、市场、技术等综合优势，直接面对本地及周边的造船、桥梁、机械、风电、海上石油平台、管线等下游用户，具有发展高端、精品、新型、专用钢材的有利条件。从中近期发展前景看，冶金工业虽然在秦皇岛工业中还将占有重要地位，但受到整体宏观环境制约，增长速度、经济效益等方面的原因，导致整体影响力会逐步下降，位居工业第二位的地位将在 3~5 年后被取代，成为具有相当部分配套功能的特色产业，这也符合原材料工业向下游配套延伸的方向。

### 3. 潜在支柱产业

作为新兴产业，就是与国家战略性新兴产业相对应的主要产业。在中近期秦皇岛市工业发展中的地位是：工业经济实现赶超的主要动力和新支柱产业。主要理由是：

（1）具有整体带动效应。战略性新兴产业具有技术领先、市场需求量大、处于成长期的产业特点。秦皇岛市目前的多数工业属于传统行业，资源、环境、政策约束日益加大。发展战略性新兴产业，可以拓展未来发展空间，提升产业层次，也可以利用先进技术实现对传统产业、服务业等其他产业的改造、融合而提高整个经济的发展水平，对产业结构产生整体性的提升作用。

（2）存在重大突破可能。当前，战略性新兴产业的大多行业中，我国企业还处于成长期，尚未建立起牢不可破的竞争优势，产业竞争格局还有可能发生嬗变。同时，战略性新兴产业门类较多，为后发地区采取宽领域、多产品、差异化、配套型发展的模式提供了可能。因此，秦皇岛市完全有可能依据自身的区位条件、资源禀赋、发展基础，采取有效的途径和强有力的措施，将战略性新兴产业发展成为抢占未来经济制高点、调整产业结构、创造新的产业优势的突破口。

（3）具有诸多有利条件。产业特性与旅游城市的性质吻合；本地生态环境较好，有利于吸引相关人才；距离北京、天津较近，可以承接其外溢和扩散的相关成果进行产业化，也可以利用其市场需求支持产业发展，如电子信息、环保设备等。发展信息产业具有网络基础优势，目前已经建成"数谷"平台；高端制造（海洋工程）、生物医药、新能源等方面具备一定产业基础。

## （三）总体选择依据

### 1. 能够充分利用现有产业基础和发挥竞争优势

临港布局大型装备制造业、食品工业，具有物流成本、交通运输优势，符合产业特性要求。秦皇岛装备制造产业在国内、省内占有重要地位；食品加工业具有特色，具备建设高水平、大型基地的客观基础和优越条件；战略性新兴产业的发展，则在很大程度上依赖于外部科技成果的在秦皇岛就地转化。立足现有基础，结合规划建设中的项目，今后5～10年内，秦皇岛市工业的比较优势和增量支撑主要来自于以上三类重点产业。实现产业结构调整升级，一方面必须依托现有产业基础，加快现有传统产业的改造升级，提高产业素质，实现高端化和新型化；另一方面要大力培育新兴产业，通过引进外部优质资源，拓展产业门类，形成新的增长点。秦皇岛市发展临港指向型、具有特色的装备制造业、食品工业，以及战略性新兴产业，具有竞争优势。如果今后没有新的其他行业特大项目进入，这种产业格局中期内不会出现重大改变。产业基础和竞争优势在很大程度上决定发展方向和未来空间。以上三类重点产业的确定，是秦皇岛区位、资源、产业基础、城市发展功能和招商引资等各种因素综合集成的必然结果，是提升工业整体地位和竞争优势所做出的客观选择。

### 2. 符合经济发展所处阶段和中期发展趋势

秦皇岛市经济发展水平实际处于工业化中期阶段。这一时期工业化的推动力通常以资源、资金密集型产业为主导。随着工业化进程推进，产业结构升级的基本路线和方向是，由重化工业转向装备制造业和高新技术产业。优化提升冶金、建材等优势传统产业，做强做优装备制造业，将战略性新兴产业培育为新的支柱产业，是秦皇岛工业化现阶段产业结构优化升级的必然选择。根据产业基础和发展趋势，未来 5 ~ 10 年内，装备制造业、食品加工业具备规模经济特性突出、产业体量大、市场前景广阔等特点，将占据工业的主导地位；冶金、建材等传统产业具有资源、产业基础、配套等优势，产业地位稳中趋降，是未来工业结构平稳升级的重要基础；战略性新兴产业如能在较短时间内迅速扩张，将成为秦皇岛工业新的支柱产业。因此，重点发展以上三类产业，是未来产业结构优化的总体概括，也是新型工业化进程推进的客观趋势。

### 3. 有利于完成秦皇岛当前面临的迫切任务

中近期内，秦皇岛产业结构升级面临着迫切的任务。一是提高工业比重，实现三次产业结构的合理协调；二是优化调整工业结构，改变以重化工业、原料加工型产业为主的状况，增强反周期波动的能力；三是尽快培育新的支柱产业，扭转工业经济增速下滑的被动局面，并力争工业经济在全省位次前移。从总体上看，国内无论发达地区还是相对落后地区，都在通过加快产业结构优化升级抢占竞争的制高点，从而获得或是保持经济发展的领先地位。秦皇岛要真正成为名副其实的沿海开放城市、全省经济强市，必须尽快扩大工业总量规模，优化产业结构，提升技术层级和综合竞争实力。这在客观上要求秦皇岛必须将构建具有规模实力、结构高度、引领能力、生态环保的新型工业体系作为更高的发展目标。发展以装备制造为主的支柱产业，以战略性新兴产业为主的潜在支柱产业，实现迅速规模化扩张和产业链拓展延伸，将增强未来一个时期秦皇岛工业经济持续增长的动能，破解工业经济增长乏力的现实问题，并将基本实现秦皇岛中、近期产业结构升级所面临的任务，为在全省经济发展的前移进位提供有力支撑。

# 三、工业发展思路

## （一）产业定位

根据秦皇岛的地理区位、资源禀赋、发展条件、承担功能，适应加快推进新型工业化和优化产业布局的要求，秦皇岛未来 10~15 年工业发展的总体定位是：以达到"国内知名、地区前列"为方向，立足冀东，面向华北，辐射全国，着力建设"三大基地"，即全国具有影响力的临港大型装备制造业基地；环京津地区后发崛起的战略性新兴产业基地；环渤海湾地区重要的先进科技创新成果产业化基地。

### 1. 临港大型装备制造业基地

依托产业基础，突出局部强势，以重大技术装备和重要基础装备为方向，实现产业规模的再度扩张和技术水平的整体提升，着力培育一批重点产品、重点企业和重点集群，扩大重型、专用装备制造产品在国际、国内的市场占有率和品牌影响力，巩固提高作为全市经济核心支柱产业的地位，建成国内领先、达到国际先进水平的大型装备制造业基地。

### 2. 战略性新兴产业基地

充分借势京津，加大引进力度，培育壮大高端装备制造、新一代信息技术、节能环保、新能源及新材料、生物医药等新兴产业，力争实现后发崛起，打造全市工业新的支柱产业，建成环京津地区重要的战略性新兴产业基地。

### 3. 先进科技创新成果产业化基地

发挥综合要素集成的优势，依托产业园区，采用合理的运作机制，营造具有区域领先水平的良好平台和创新环境，最大限度地吸引国内外科技创新成果到秦皇岛高效实现产业化，建成环渤海湾地区重要的先进科技创新成果转化基地。

## （二）总体思路

### 1. 指导思想

从现在起的未来 5～10 年，秦皇岛发展工业，要立足产业基础和发挥整体优势，根据城市发展方向和功能定位，以科学发展观为指导，以"整体提升、转型超越"为中心，全面借势京津，积极承接产业转移和技术扩散，全力实施优势产业再造和新兴产业培育工程，加快推进传统产业新型化和新兴产业规模化，优先做大做强装备制造业，跨越发展高端装备制造、电子信息、节能环保等战略性新兴产业，优化提升食品、钢铁、玻璃等优势传统制造业，重点突破，差异竞争，创新引领，集群扩张，加快实现工业振兴，推动工业经济由从属地位向首位产业的整体提升，由传统制造向现代制造的转型超越，推动和支撑秦皇岛早日建成河北省经济强市。

### 2. 发展路径

一是重点突破。秦皇岛发展工业面临着传统产业优势提升与培育新兴产业两大任务。重点产业，特别是装备制造业领域广、门类多、产品差异大；战略性新兴产业进入门槛高、培育期长、发展环境选择性强。因此，工业振兴不能全面推进、均衡用力，而要择优选择，重点突破。要选择基础条件较好、市场需求明确、带动作用强的重点领域作为突破口，突出抓好龙头骨干、优势项目、重点园区三个方面，以点带面，通过重点领域率先发展带动整体提升。力争在扩张规模、引进重大项目、确立局部强势、重点园区集聚等方面实现突破，形成带动全市工业加快发展的强大能量。

二是差异竞争。我国制造业已经迈过简单的规模扩张阶段，正在进入比拼创新、质量、服务等核心竞争力的新时期。简单的重复建设，即使是在高端领域，也已经缺少发展空间。面对国内多数工业行业整体产能过剩的格局，秦皇岛发展工业要针对细分市场，走差异竞争、错位发展之路。力争"能人所不能"，在产品质量、制造成本、设计或工艺上形成核心优势，造成"供不应求"的局面，获取高于行业平均水平的高利润率，实现特色化、精细化、链群化发展，形成以"专、优、精、特"为特色的"秦皇岛制造"品牌，增强竞争优势。

三是创新引领。根据秦皇岛的科研资源、人才条件、资金实力等条件，发展工业特别是战略性新兴产业，不应过分强调自主创新，要重点增强集成创新、引进消化吸收再创新能力，引导企业实现自主创新能力的厚积薄发。选择以末端创新、应用创新、集成创新为主，努力引进京津等地的先进科技成果，以转化基地为主导定位，做到新产品、新技术、新工艺在秦皇岛迅速实现产业化和规模化。通过协同创新，采用合理的运作机制，多渠道"引技引智"和进行产学研合作，最大限度地实现科技资源与本地产业资源的有效对接。以加强科技成果产业化为主要途径，力争在战略性新兴产业、先进制造领域的中高端抢占一席之地。

四是协同共进。龙头企业、大型项目对于工业迅速发展具有整体性的带动作用。但是，众多中小企业宽领域、多产品、差异化、配套型发展形成的"群狼效应"，不仅对于龙头企业具有支撑作用，自身也是工业发展的重要力量。因此，秦皇岛引进工业项目，要以技术水平、产出效益、节能环保为标准，不以投资规模论优劣、作取舍；"两条腿走路"，大中小企业并重，企业类型"铺天盖地"与"顶天立地"共存，大型企业的龙头带动与众多优势中小企业的"群狼效应"融合互动，形成一体化、专业化、分工协作的发展格局。

五是链群结合。改变现有产业多以原材料初级加工、配套产品为主的状况，提高产品加工深度、配套能力，附加值和竞争力。注重深度延伸产业链，以加工制造为基础，产业链向前端原料基地、零部件及配件、后端配套维修延伸；价值链向前端的研发、设计、后端的营销、品牌等关键环节拓展。通过园区集聚，形成产业关联度高、一体化融合、配套能力强的产业链和产业集群，提升主要行业的竞争力。

# 四、优先做大做强装备制造业

## （一）发展环境

### 1. 保持较快增长

中近期，我国仍然处于工业化、城镇化加快推进阶段。高技术产业发展和传统产业改造，都对装备制造业形成强大需求，装备制造业的产业地位将进一步提高。预计"十二五"期间，我国机械工业主营业务收入年均增长速度将保持在15%以上，其中高端装备增长速度有望达到25%以上，远高于整体经济增长速度。但是，受到国内外经济增长速度降低的影响，装备制造业增长由持续多年的快速增长转向中速增长，面临更为激烈的市场竞争。

### 2. 行业发展差异化

受发展阶段、市场前景、技术水平等因素影响，国内装备制造业不同领域呈现差异化发展态势（见图1及表2），港口机械、造船、冶金设备、普通机床等行业进入成熟阶段，产能过剩，利润空间较小；工程机械、农业机械、煤炭机械、轨道交通等行业处于成长期，市场空间较大，利润水平较高，具备向外拓展的能力；海洋工程、智能装备、高端数控机床等行业处在产业发展的导入期，未来的进口替代空间较大。兼并重组加快推进，行业集中度提高是未来发展方向。利用低成本、质量可靠、系列化服务的优势，拓展国际市场，成为国内具有实力企业发展的重要途径。

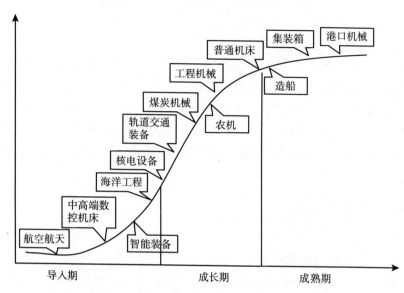

**图1　我国装备制造业内部结构演进过程**

表2　　　　　　　当期到2016年我国装备制造行业成长性有关指标

| 行业 | 毛利率（%） | 进入壁垒 | 国产化率（%） | 所处阶段 | 市场规模（亿元） |
|---|---|---|---|---|---|
| 造船 | 20 | 较高 | 50 | 成熟期 | 4000 |
| 经济型机床 | 15~16 | 低 | 90 | 成熟期 | 1300 |
| 冶金设备 | 15~20 | 较高 | 90 | 成熟期 | 1000 |
| 工程机械 | 15~20 | 中等 | 60 | 成长期 | 7000 |
| 煤炭机械 | 20~30 | 较高 | 80 | 成长期 | 2000 |
| 核电设备 | 25~30 | 高 | 70 | 成长期 | 1000 |
| 轨道交通装备 | 15~20 | 高 | 85 | 成长期 | 1000 |
| 农业机械 | 15~20 | 较高 | 80 | 成长期 | 5800 |
| 中高端数控机床 | 30~35 | 高 | 40 | 导入期 | 300~400 |
| 智能控制系统和仪器仪表 | 20~30 | 高 | 30 | 导入期 | 10000 |
| 工业机器人与自动化装备 | 25~30 | 高 | 30 | 导入期 | 1000 |

资料来源：根据有关研究整理。

### 3. 国家产业政策导向

"十二五"期间，国家重点扶持装备制造业发展，鼓励发展高端装备制造业。高端装备制造业进入国家战略性新兴产业领域。国家工信部颁布《高端装备制造业"十二五"发展规划》，在金融财税政策、技术改造、技术创新、优化组织结构、品牌建设、市场培育等方面采取政策措施。国家制定专项规划，推进农用机械、煤炭机械、环保设备、基础件等重点行业和领域发展。

### （二）发展条件

### 1. 产业基础较为雄厚

2012 年，装备制造业规模以上企业 120 家，完成增加值 115.61 亿元，总量位居全市工业第一位。涉及领域众多，主导产品有桥梁钢梁、铁路道岔、船舶修造、烟草机械、大型冶金设备、汽车轮毂、大型工程机械等。龙头企业带动作用明显，在国际、国内同行业具有较高知名度。品牌作用日渐突出，全市拥有"CRSBG"（中铁山桥）、海湾（海湾集团）、"CONTEC"（康泰医学）3 个中国驰名商标，形成一批市场占有率较高的名牌产品和优势产品。

### 2. 具有多重优势

临近北方深水大港，便于大型装备制造产品的装卸、运输。本地及周边地区有优质、大型钢材生产商，提供上游配套原料。分布相对集中，秦皇岛经济技术开发区装备制造业企业总数和经济总量分别占全市的 3/5 和 4/5。初步形成一批特色鲜明、具有竞争优势的产业集群，包括重大装备制造集群（哈电重装、天威秦变、山船重工、秦冶重工为主体，五矿天威、首钢下料中心和动力设备物流等为配套）、汽车零部件产业集群（中信戴卡、旭硝子、邦迪管路、戴卡兴龙、戴卡美铝、科泰工业等）、光机电产业一体集群（博硕光电、前景光电、齐燕数控机床等）。

### 3. 后续拓展能力较强

新的项目正在谋划建设。包括：中信戴卡公司汽车底盘和动力总成零部件项目、秦冶重工国际工程承包及烟气脱硫、褐煤提质设备项目、天业通联重工公司高速铁路桥梁建造装备及重型特种车辆制造项目、山船重工的自升式钻井平台项目等。初步估算，近期将带来 300 亿元以上销售收入，使装备制造业增加值翻番。

### 4. 面临主要问题

作为秦皇岛工业主导产业的装备制造业，总体规模仍然偏小。2012年，全市装备制造业总量仅占全省的 5.9%；增加值仅相当于唐山市的28.2%[1]，与省内外先进地区差距较大。多数企业停留于加工、组装阶段，相当部分的关键原材料、元器件、重要原材料要从外地购买，本地配套能力较弱，产业链仍有待延伸拓展。技术创新能力较弱，部分企业虽然拥有国际、国内领先的技术，但主要还是卖设备、卖产品，仍未进入卖设计、卖技术、卖服务的阶段。秦皇岛装备制造业主要领域如造船、冶金装备、铁路桥梁设备等增速明显放慢；转而将主要依靠国际市场或争夺其他企业的市场份额，具有较大的不确定性。拓展新的领域，大力发展具有扩张势能、整体提升作用、核心技术的高端产品、终端产品、关键部件，是秦皇岛装备制造业面临的重要课题。

## （三）总体思路

以国内外市场需求和国家产业政策为指引，以做强做优为主线，以核心骨干企业为主体，以大型化、系列化、精密化、国际化、服务化为方向，以拓展和优化产品结构为主线，努力增强系统集成、成套生产、协作配套、技术研发能力，相对集中布局，形成以专业配套为支撑的产业集群，构建以高端智能装备制造为先导、以船舶修造、重型装备、专用机械、通用设备制造、专用设备制造为主体的总体格局，巩固提升全市工业最重要的核心支柱产业的地位，建成具有国内领先水平的技术自主化、设

---

① 资料来源：《河北省统计年鉴（2013 年）》。

备成套化、制造集约化、服务网络化的大型装备制造业基地。

## （四）发展重点

### 1. 汽车及零部件

依托龙头企业，支持企业增强汽车零部件研发能力，扩大铝合金轮毂规模，提高档次，巩固国内领先地位；生产汽车车门总成、冲压件和汽车线束等产品，延伸发展新的汽车零部件，形成更大配套能力和产业集群；支持企业与国内外大公司合作，开发新能源汽车，发展汽车整车生产，建设汽车生产基地。见图2。

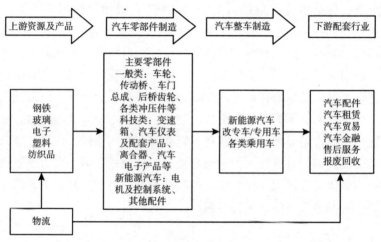

**图2　汽车产业链延伸图**

### 2. 船舶修造

依托山船重工，重点发展船舶修造和配套，建设年制造能力达到400万吨的山海关大型修造船基地。根据市场动向，扩大改装船型范围，重点进行自卸船、水泥船、起重船、牲畜船等特种船的改装，以及更改船体线型及集装箱船改装；开拓修船业务新领域，向船舶改装、接长（宽）、更机等领域拓展，建成国内最大的修船基地。全面采用总装化、模块化、专业化的现代制造模式，积极开发和承接生产高效、绿色环保、操作可靠的船舶，包括大型散货船，以及油轮、集装箱和多用途等船舶。建设船舶配套产业园，大力发展船舶分段和船舶配套产品，包括船舶机电仪表、船用通风机、船用齿轮箱、传动及连接器、联轴器、离合器、空气压缩机等船用辅机装置，构建产业链和产业集群。见图3。

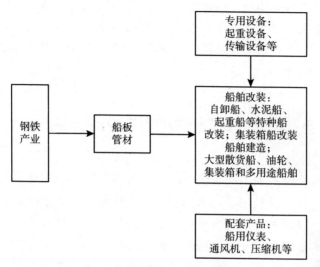

**图3 船舶修造产业链延伸图**

### 3. 电力装备

围绕核心骨干企业和专业协作配套企业，建立产业链和产业技术联盟，建设电站装备制造基地。重点发展大型燃气轮机、百万千瓦级核电主设备、超高压大容量变压器、新型节能变压器、变压器用矽钢片和风力发电设备以及大型石化容器等。依托港口，建设大型发电设备、输变电设备秦皇岛出海口基地。

### 4. 高速铁路设备

继续扩大高速铁路设备制造规模。推进中铁山桥集团产业园项目，开发生产250公里/小时以上客运专线道岔及350公里/小时以上高速铁路道岔，支持自动化特大型钢桥研发及制造。扩大钢梁结构产量，同时发展大型起重设备，包括架桥机、港口机械等。

**5. 冶金专用设备**

加快开发和规模化生产干熄焦设备等新产品。加快特大高炉炉顶成套设备研发和产业化步伐，推进冶金专用设备集群建设。重点开发国际市场和国内设备更新市场，联合大型企业进行总承包，扩大冶金、环保专用设备生产规模，提供成套设备设计、制造、安装、维修一条龙服务，提高服务性收入的比重。

# 五、跨越发展战略性新兴产业和新兴海洋产业

战略性新兴产业不同于传统产业，其体现国家的战略意图，代表科技发展的方向，反映市场需求的趋势，符合新型工业化的要求。加快培育壮大战略性新兴产业，对于一个地区的经济发展具有结构再造、整体提升的巨大作用。同样，发展战略性新兴产业，是秦皇岛实现工业经济后发超越的重大机遇，优化产业结构的突破方向，建设省内经济强市的战略重点。

## （一）发展环境

我国战略性新兴产业正在进入加快发展阶段，由展开整体布局向形成竞争格局的阶段迈进；新兴产业的市场空间加快拓展，先进入者获得引领地位；发达地区和发达城市具有优势，正在通过各自方式形成产业特色；国家继续优化和实施产业政策，为战略性新兴产业发展创造更好的环境。

**1. 未来市场前景广阔**

随着我国科技创新、节能减排和产业高端化工作的不断深入，我国战略性新兴产业的市场需求正逐步扩大，2015 年中国物联网产业规模将达到 7500 亿元；在新能源汽车领域，2011 年中国新能源汽车整车销售量为 8159 辆，预计"十二五"期间将保持 10% 的年均增速；在节能环保产业领域，2015 年中国节能环保产业总产值达到 4.5 万亿元，年

均增速达 15% 以上；在生物医药领域，2015 年中国生物医药市场规模有望达 1000 亿美元。2015 年，高端装备制造业销售收入由 2010 年的约 1.6 万亿元增加到超过 6 万亿元，在装备制造业中的占比由 8% 左右提高到 15%。[①]

### 2. 部分领域形成突破

重点产业加速成长壮大，节能环保、新能源等产业规模优势突出。2012 年，节能环保产业实现工业总产值达到 1914 亿元，环保装备的产品种类达到 10000 种以上；当年新增风电、光伏总装机容量位居全球第一位；新材料产业总产值超过 8000 亿元，其中有机硅单体、有机氟材料产量世界第一位，玻璃纤维、玻璃钢等材料产量居世界前列。产业创新步伐加快，部分领域取得重大突破。如高端装备领域，成功研制出国内首台多功能水下智能检查机器人；"地下矿无人驾驶电机车运输技术"投入产业化运行。新材料领域，开发出光效达 276 流明/瓦的白光功率型 LED。

### 3. 不同产业发展差异显著

由于内外部发展环境、商业模式创新等因素的影响，有的战略性新兴产业蓬勃发展，而某些产业发展则面临巨大的挑战。例如，在网络视频、IPTV、数字家庭应用等新业态的推动下，智能电视机销售量、智能手机保持两位数增长。但在新能源领域，光伏产业由于长期以来的产能大量扩张和国际贸易保护主义的打压，产业链上下游关联企业均受到严重冲击，全国整个光伏产业发展越发艰难。

### 4. 产业集聚效应日趋强化

目前，高端装备制造业已初步形成环渤海地区和长三角地区两个核心；新材料产业正在逐步形成"东部沿海集聚，中西部特色发展"的空间布局；新能源产业方面，环渤海区域聚集了全国 30% 左右的风电装备制造企业，长三角地区集中了全国 60% 的光伏企业，西南地区成

---

① 国家发展和改革委员会产业经济与技术经济研究所：《中国产业发展报告（2012 ~ 2013）》，经济管理出版社 2013 年版。

为全国重要的硅材料基地和核电装备制造基地，西北地区集聚了全国90%以上的风电项目和太阳能光伏发电项目。在新兴产业的集聚区域内，产业园区和基地成为战略性新兴产业发展的重要载体。例如，昆山高新区新兴产业产值占园区规模以上工业总产值比重达55%。[1] 我国战略性新兴产业空间发展格局已经初步形成并趋向强化，后发地区很难形成大的格局改变。

### 5. 地区发展各具特色

国内各地特别是发达地区采取多种策略，积极进入优势领域。例如，北京提出实施12个重点工程，推进3G及新一代移动通信产业演进、纯电动汽车示范应用、新能源推广应用等。江苏省以引进大企业、大项目为龙头，打造完整的新能源产业链。广州积极创造条件吸引海外高端人才创新、创业，促进全球高端生物人才在广州的集聚。深圳构建以高、新、软、优为特征的现代产业体系，连续7年、每年安排15亿元，支持生物、新能源、互联网三大新兴产业的发展。

### 6. 加大政策引导支持

国家发改委公布《战略性新兴产业重点产品和服务指导目录》，将战略性新兴产业的具体内涵细化。《国务院关于推进物联网有序健康发展的指导意见》《加快推进传感器及智能化仪器仪表产业发展行动计划》《半导体照明节能产业规划》等一批指导行业发展的专门性政策文件陆续出台。中央财政设立战略性新兴产业发展专项资金，采用需求激励、商业模式创新等综合扶持方式，增强资金支持力度。通过实施科技重大专项，突破一批关键瓶颈技术；组织实施智能制造装备、新型显示、云计算等重大产业专项和深圳国家基因库、卫星及应用等重大项目，增强产业自主发展能力，加快突破产业发展关键技术环节。

---

[1] 国家发展和改革委员会产业经济与技术经济研究所：《中国产业发展报告（2012～2013）》，经济管理出版社2013年版。

## （二）发展条件

### 1. 产业现状

秦皇岛市战略性新兴产业以高技术产业为主，在高端装备制造、电子信息、新能源、节能环保、生物医药等领域具有一定基础。2012 年，全市规模以上高新技术产业完成增加值 76.8 亿元，占全市规模以上工业增加值的 21.8%。[①]

（1）高端装备制造。作为全市战略性新兴产业的主要产业之一，主要产品包括海洋工程装备、电力装备、大型工程机械等。其中，工程机械、电力装备优势突出，在行业处于领先地位。

（2）电子信息产业。秦皇岛是河北省四大信息产业基地之一，数据产业基地被认定为"河北省高新技术区域特色产业基地"。2012 年，全市在统电子信息产业企业 47 家，实现主营业务收入 31.6 亿元；其中，软件业企业 28 家，实现主营业务收入 23.8 亿元。[②] 优势产业包括安防电子和电子元件。秦皇岛"数谷"加快建设，已有 IBM、惠普、中科院计算所、中国联通等数十家国际国内知名数据企业入驻，相关产业在地理信息空间数据、第三方电子商务平台、企业资源管理信息、供电企业计算机集成信息、感影像产品、社会保险网络信息等领域有一定发展。康泰医学的电子医疗设备具有较高科技含量。

（3）新能源产业。主要集中在新能源设备领域。其中，太阳能光伏封装设备形成特色产业集群，国内市场占有率达到 70% 以上，建成国内最大的太阳能电池装备生产基地。风电、核电装备大型项目逐步达产。

（4）节能环保产业。以环保机械设备和节能装备为主。环保机械设备以双轮环保、思泰意达等为代表，其中，思泰意达微米级干雾抑尘装置等项目具有较高科技含量。节能装备以奥瑞特、前景光电公司等为代表，其中前景光电公司的电梯电能回馈装置投产后规模化优势突出。

（5）生物医药产业。规模以上企业 3 家，2012 年主营业务收入 9 亿元，初具规模。主要产品为中成药，其中，山海关药业的"祖师麻片"

---

① ② 秦皇岛市统计局：《秦皇岛统计年鉴（2013）》，中国统计出版社 2013 年版。

被列为国家中药保护品种；"皇威"牌中成药被评为中国名优品牌。①

### 2. 主要问题

全市战略性新兴产业处于初级阶段，存在以下深层次的矛盾和问题：

（1）产业及企业规模较小。除电子信息外，其他产业门类处于起步培育阶段。具有竞争力的产业、企业或集团不多，产业链不完备，尚未形成特色产业集聚、规模化发展的良好态势。战略性新兴产业呈现"有龙头无产业、有产业无龙头"并存的现象。

（2）缺少自主创新能力。除少数企业具有一定研发能力外，产业发展整体的自主创新能力较弱，特别是缺少具有创新活力的中小型企业。高层次人才引不来、引来后留不住的现象较严重。

（3）产业布局相对分散。各县区和各类工业园区的主导产业革命不够突出，专业性、集约性不强，产业关联度、聚集度不高。龙头带动项目依然较少，尚未形成配套齐全、功能完备、分工合作的产业链，缺少综合竞争优势。

（4）产品结构不尽合理。高端产品较少，例如，电子信息产业中，电子元器件所占比重大，服务外包企业较少；高端装备制造业整机和成套产品较少；新材料产业多为高耗能、高排放产品。

### （三）总体思路

### 1. 功能定位

秦皇岛发展战略性新兴产业的总体定位，是建成环京津地区重要的战略性新兴产业基地。根据这一定位，要发挥和体现以下功能：

一是重点领域高端产业与产业高端协同发展的产业新高地：聚集整合优势资源，创造有利条件，把握产业发展趋势，面向高端的产业与产业的高端两个方向，形成部分领域的高端化优势，引领带动行业或区域经济发展，力争达到全国前列。

二是新兴技术产业化和市场推广应用的重要示范区：通过模式路径

---

① 秦皇岛市统计局：《秦皇岛统计年鉴（2013）》，中国统计出版社2013年版。

探索和政策引导，引进技术和各类要素资源，在新兴技术产业化进程以及市场推广应用两个方面先行先试，发挥战略性新兴产业发展的示范和引领作用。

三是河北省沿海地区对接国内外新兴产业要素资源和市场的重要窗口：利用沿海开放城市的区位条件，创造良好环境，充分发挥对相关各类要素资源汇集的作用，紧跟国内外新兴产业的发展态势，提供优质资源综合集成、先进技术实现产业化的良好平台。

### 2. 指导思想

把握机遇，顺应潮流，从行业发展潜力、带动效应、技术进步和创新能力、可持续发展等方面出发，立足区域的资源禀赋和产业基础，把培育壮大战略性新兴产业作为振兴工业和推进产业结构升级的突破口和着力点，"吸纳承接、融合提升、精选路径、重点突破"，以高端装备制造产业为基础，以下一代信息技术产业为重点，以节能环保产业和生物医药产业等为潜在支柱，以新材料、新能源为特色，通过创造良好发展环境、组织实施应用示范等方式，跨越式发展战略性新兴产业，形成具有鲜明特色、引领作用突出、主体支撑有力的战略性新兴产业体系，为中近期全市工业的迅速崛起提供强大的推进动力。

### 3. 发展导向与实施路径

战略性新兴产业领域众多、产业链长、处于成长阶段、技术与市场存在不确定性。各个领域相应地存在着不同的发展路径，具体包括市场拉动型、创新集群型、高技术创业型、融合型等发展路径。根据秦皇岛战略性新兴产业的不同领域，确定发展导向，精选符合产业特性和成长规律的发展路径。

（1）优先发展新一代信息技术产业。以全市战略性新兴产业的支柱产业为定位方向，重点培育，优先发展。把握信息技术加速创新的趋势，加快发展专用设备制造、数据产业、物联网、云计算、软件及服务外包等领域，扩大产业规模，提升产业层次，培育成为带动全市经济增长的新动力。主要采用市场拉动型、高技术创业型两类路径，相互结合，协同推进。

（2）提升发展高端装备制造产业。依托现有海工装备制造等产业基础，引进发展机器人制造等热点产品，加快扩大产业规模，提升高端装备产业的发展层次和产品范围；增强产业配套能力，促进装备制造业向研发服务等高端环节延伸，提升高端装备的系统集成能力，培育成为战略性新兴产业的基础性产业；以创新集群型路径为主，配套采用融合型发展路径。

## 专栏1　新兴产业发展主要路径

1. 市场拉动型。一是通过示范应用工程带动新产品市场的开拓，典型的如新能源示范工程；二是通过高端产品市场提高产业成长的起点，占据产业链的高附加值环节，如高端节能环保产品推广使用；三是通过商业模式创新等途径，促进新兴产业规模的快速成长，典型的如新一代信息技术产业。政策着力点是促进新兴市场需求规模和质量的有效提升。

2. 创新集群型。主要适用于产业链长、配套要求高、企业倾向集聚的领域。典型的如高端装备制造业等。政策着力点是，加强基地建设，促进产业集群创新能力的持续提升，加大产业集群公共平台对企业的服务范围。

3. 高技术创业型。主要指依赖于高端要素投入驱动产业快速成长的领域，典型的如生物产业。政策的着力点在于营造有利于高技术创业的经济、社会环境，实现高端要素向战略性新兴产业创业企业的集聚。

4. 融合型。在产业关联度高、技术和产品适用范围广、上下游产业链长的战略性新兴产业领域，通过军民融合、工业与信息化融合、工业与服务业融合、中央企业和地方企业融合等方式，释放战略性新兴产业对传统产业的提升带动效应。政策的着力点在于破解限制产业融合发展的制度性障碍。

（3）集成发展节能环保产业。大力加强高效节能、先进环保和资源循环利用关键技术及装备的研发和产业化，多领域、多产品、系列化发展。大力培育集工程设计与建造、设备制造、技术服务和运行管理为一体的系统集成商。根据节能环保产业市场周边市场广阔、具有一定产业基础、与装备制造业结合紧密等特点和有利条件，作为全市战略性新兴产业发展的重点领域和突破方向，培育成为战略性新兴产业中的支柱产业。采用市场拉动型、融合型发展路径。

（4）突破发展生物（医药）产业。把握全球生物技术发展进入大规模产业化的机会窗口，着力提升生物医药先进科技成果的产业化能力，重点聚焦生物医药、生物农业、生物制造等领域，力争实现生物（医药）产业在规模、品种、层次等方面的突破性发展，培育成为新的优势产业。主要采用高技术创业型发展路径，以创新集群型发展路径为辅助。

（5）规模发展新能源产业。巩固新能源装备的领先优势，拓展新能源材料生产领域，扩大规模，拓展领域；延伸加工，形成系列，培育成为具有较大规模的产业门类，采用市场拉动型发展路径。

（6）特色发展新材料产业。立足现有基础，以下游应用需求为导向，向材料品种系列化、多样化、深加工的方向迈进，培育成为特色产业。采用市场拉动型、融合型发展路径。

## （四）重点领域

### 1. 新一代信息技术产业

密切关注新一代信息技术产业的发展方向，巩固壮大现有产业，重点扩大电子专用设备制造业规模，增强产业带动作用；培育发展数据产业、物联网、云计算等新的优势产业，打造北方"数谷"，建设具有特色的新一代信息技术产业基地，培育壮大成为全市战略性新兴产业的核心支撑产业。

（1）电子专用设备制造。以康泰医学、海湾公司、博硕光电、富士康等企业为重点，大力发展数字医疗仪器制造、电子元件、消防电子、楼宇自控设备、太阳能光伏封装设备、非晶硅薄膜太阳能电池封装设备等，提高规模竞争力。紧密跟踪物联网、数据产业迅速发展对相关应用设备产生的巨大需求，引进发展专用设备制造项目，培育新的增长点。

（2）数据产业。加快推进云计算、移动互联网和物联网等新一代信息技术的广泛应用，以商业智能、公共服务、政府决策为重点领域，借助数据中心、存储中心建设，大力培育海量数据存储（备份）、数据运算、数据挖掘和数据分析等新兴数据业务，全力打造中国"数谷"，建设秦皇岛数据产业基地。引进更多具有优势和链群结合的企业，重点做大做强数据服务业、数据内容业、数据软硬件研发及制造业和相关教育培训业四大主导业务，将数据产业培育成为秦皇岛战略性新兴产业的核心产业，建成我国北方地区提供数据经济支撑、数据项目孵化、数据人才培养等基础工程与产业环境的数据产业之都。

（3）云计算产业。数据处理是云计算产业的重要一环。以此为基础和突破口，按照"需求导向、重点突破"的思路，统筹利用全市及省内、京津信息资源，打造"软件与信息服务外包公共支撑平台"，即云计算平台；研发面向政府管理、商务、金融、科教、旅游、公共管理、环保、公共安全等领域应用的云计算解决方案。进一步优化全市信息资源，以电子政务云产业发展带动其他行业的云产业发展。以云计算数据中心为依托，建设服务全省及周边地区的公共计算网络平台。围绕云计算产业链的关键环节，大力吸引云平台、云软件、云服务、云终端等产业链环节的企业。鼓励和支持企业开展基于云计算的信息服务，推广云计算和云存储的应用，逐步形成云计算产业。

（4）物联网产业。积极鼓励和扶持生产、流通、物流、公共服务等行业开发和应用物联网系统，发展关键传感器件、监控设备、射频卡等物联网感知层设备及应用层服务，力争在传感器制造、海量数据处理以及综合集成、应用等领域有所突破，带动物联网产业链相关企业落户秦皇岛。重点支持适用于物联网的海量信息存储和处理，以及数据挖掘、图像视频智能分析等技术的研究，支持数据库、系统软件、中间件等技术的开发。重点扶持和推广物联网技术在港口物流、智能家庭、环保监控、园区平台等领域的推广应用，实现智能化管理。与云计算产业发展相结合，建设集智能体验、电子商务协同平台等于一体的物联网产业化应用基地，促进物联网、云计算的示范应用。见图4。

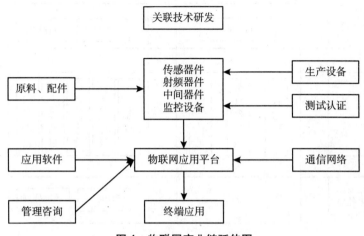

**图4　物联网产业链延伸图**

（5）软件服务与外包产业。大力发展行业应用软件、嵌入式软件、工具软件、信息安全软件与服务等。实施"对接京津策略"，依托大都市的信息、市场资源，积极承接信息技术外包（ITO）的转移，围绕信息技术（ITO）和业务流程外包服务（BPO）两种主要形式，发展面向京津、重点领域的软件服务和外包产业。信息技术外包（ITO）重点面向信息安全、数字内容、物流、航运交通、金融、旅游、IT培训与咨询等领域。业务流程外包（BPO）重点面向数据输入和处理、呼叫中心、金融与财务技术支持、人力资源管理、后台数据支持、技术研发与工程设计、采购、营销、客户关系等外包业务。见图5。

## 2. 高端装备制造产业

根据国家确定的高端装备制造产业分类（见专栏3），适合秦皇岛发展的领域，主要是海洋工程和智能装备制造。其中，智能装备制造应成为发展的重点。把握国内市场迅速扩张和国家产业政策支持的机遇，依托现有产业基础，培育新的产业门类，扩大规模，突出特色，提升系统集成能力，形成一批"专、精、特、新"企业群体；针对国内外具有影响力的企业重点招商引资，力争实现高端装备制造领域的新突破，引领装备制造业提升发展，成为战略性新兴产业发展的重要基础。

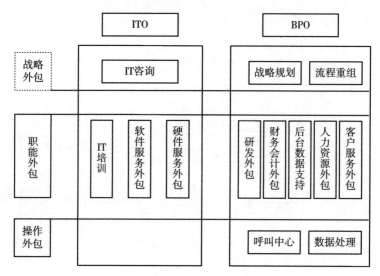

**图5 信息服务外包产业链延伸图**

---

**专栏2 智能装备制造领域发展重点**

重点包括四大类产品：智能仪器仪表与控制系统、关键基础零部件及通用部件、高档数控机床与基础制造装备、智能专用装备等。其中，智能专用装备主要包括大型智能工程机械、高效农业机械、智能印刷机械、自动化纺织机械、环保及资源综合利用机械、石油石化机械、煤炭综采机械、冶金机械等各类专用制造装备，实现各种制造过程自动化、智能化、精益化、绿色化，带动装备制造业整体技术水平的提升。"十二五"期间，智能装备要突破新型传感器与仪器仪表、工业机器人等核心关键技术，推进制造、生产过程的智能化和绿色化，支撑国防、交通、能源、环保与资源综合利用等国民经济重点领域的发展和升级。

---

（1）重型工程装备。拓展国内外新的市场，重点发展桥梁施工、特

大吨位起重设备；发挥核心技术优势，扩大盾构机、TBM 掘进机、硬岩掘进机等大型隧道施工装备生产规模。

（2）核电装备。加快百万千瓦级核电核岛主设备自主化完善项目建设进程，推进第四代核电技术高温气冷堆的研发，提高自主创新能力，建设大型发电设备出海口基地。围绕核电设备配套需求，积极引入配套企业，发展核电站需要的电线电缆、管道阀门、仪器仪表、工控机械、成套电气、机电设备、控制系统、复合材料、辐射防护、环境监测等核电站辅助设备。

（3）机器人。受到行业需求和国家政策的推动将加速推进我国机器人产业发展，机器人产业成为快速成长的新兴产业。秦皇岛发展的重点包括：一是从新兴领域入手，如在电子、信息、生化制药、清洁等领域的应用机器人。二是传统领域，包括物流、石化等领域的码垛搬运机器人、汽车领域使用的"机械手"、数控机床系统上下料机器人、危险品生产（如爆炸品制造）、危险领域（建筑、采矿、抢险）应用机器人。三是服务机器人领域，包括医疗、家庭服务、教育娱乐等行业应用机器人。

### 3. 节能环保产业

节能环保产业具有政策导向性强、产品覆盖面广、产业关联度高、资金技术密集、社会责任重大的特点，市场前景广阔，潜力巨大；北京、天津地区中、近期垃圾处理、空气治理任务繁重，市场规模巨大，但无害化垃圾处理等能力明显不足；京津及周边地区尚未有国家级环保科技园区和成规模的环保设备制造基地。

综合以上因素，秦皇岛以做大规模为目标，通过政策引导和工程示范，依托现有龙头企业，围绕提高工业清洁生产和节能减排技术装备水平，重点发展除尘、脱硫脱硝及余热余压利用设备、清洁生产和垃圾处理、污水处理及污水处理剂等环保设备、环保材料；大力发展列入国家节能环保项目的高科技 LED 系列产品、可降解环保产品。

（1）固体废弃物处置设备。发展生活垃圾、医疗垃圾、工业废渣和危废以及剩余污泥处理处置技术与装备，重点发展垃圾卫生填埋技术和成套设备；生活垃圾、医疗垃圾焚烧技术和成套设备；垃圾生态循环利用资源化发电系统及成套设备、日处理 30～500 吨城市生活垃圾资源化成套设备。

（2）大气污染防治设备。重点发展冶金等行业专用脱硫设备；自动化除尘设备；燃煤电厂烟气脱硫脱硝设备；垃圾生态循环利用资源化发电系统及成套设备；特殊环境使用的电除尘器、组合式除尘器，适当发展用于各种炉窑的中小型电除尘器；三元催化转化器、有毒有害气体处理设备等。

（3）水污染防治设备。重点发展日处理能力 10 万吨以上的城市污水处理成套设备、居民小区污水处理技术和设备、中水处理及回收利用成套设备。根据我国加快城镇化建设的要求，发展日处理能力 5 万吨以下中小型城市污水处理成套设备。发展海水淡化设备、水处理单元设备、多功能组合式水处理设备。

（4）节能环保服务业。推进富士康秦皇岛环保产业园建设，吸引国内外大型环保企业、研发中心落户。培育具有大型工程总承包或项目总承包企业集团。加快节能环保公共服务平台建设，大力发展技术咨询和信息服务、成果转化、产品技术交易和人才培训等相关产业。

### 4. 生物医药产业

依托海洋生物资源和现有制药企业，加快生物技术开发运用，重点发展生物医药创新药物，推进中药现代化，培育海洋药品和保健食品，建设诺贝尔（中国）生物医药产学研基地等高水平产业集聚园区，打造"华北药谷"，推进医药工业跨上新台阶。

（1）生物医药。积极与国内外生物医药核心企业合作，规避行业进入壁垒强、市场容量小的品种，重点发展产品回报率高、需求空间大的新产品，加快引进基因工程、新型疫苗、诊断试剂类产品，力争在某个细分品种或产品上形成竞争优势和特色。其中包括：生物基因治疗药物；生物诊断试剂（重点生产病毒性肝炎、肿瘤、重大流行疾病、优生优育以及环境与食品检测用的新型诊断试剂盒、医学诊断、筛查用生物芯片）；疫苗系列产品（重点生产流感疫苗、狂犬疫苗、预防性乙肝疫苗、艾滋病疫苗等）。见图6。

（2）中成药及其他药物。以具有市场竞争力的国家级新药为主攻方向，重点发展现代中药产业链。以诺贝尔（中国）生物医药产学研基地为依托，生产化学合成原料药。依托紫竹药业，生产新型计划生育药物等。

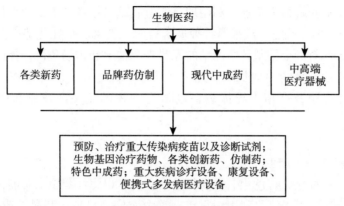

**图 6  生物医药产业链延伸图**

（3）医疗器械。巩固壮大数字医疗仪器制造，发展动态心电监护系统、医用生化分析仪等数字化、个体化先进医疗设备。拓宽领域，开发生产适合国内外市场需要的其他产品，包括：新型诊断治疗设备、家庭用医疗及保健器械、外科手术器械、内窥镜、理疗康复仪器、临床医学检验辅助设备、消毒灭菌设备等产品。

### 5. 新能源产业

以发展新能源装备为重点和特色，以哈电重装核岛主设备、天威变压器、艾尔姆风电设备、中航惠腾风电设备等项目为依托，重点发展核电、风电、太阳能发电装备及相关配套产品，打造渤海沿岸最大、产品最齐全的新能源装备及零部件制造基地。围绕风能、核能、太阳能、生物质能源等开发需要，发展大功率陆地和海洋风电等装备，研发制造百万千瓦级核电装备、大规模储能技术装备、风电并网技术装备及主轴轴承等关键部件；巩固扩大太阳能光伏专用设备；围绕国家太阳能屋顶计划和金太阳示范工程，发展太阳能装备（光伏、光热）、太阳能光伏电池、组件及生产装备，打造渤海沿岸最大、产品最齐全的新能源装备及零部件制造基地。

### 6. 新材料产业

围绕装备制造、钢铁、玻璃建材发展需求，依托重点企业，发展高性能纤维、高性能膜材料、特种玻璃、半导体照明材料等新型功能材料。以玻璃深加工新材料为重点，利用现有产业基础，精细加工，改性提升，发展 TFT－LCD、航空、汽车等特种玻璃、超白玻璃。依托优势企业，发展非晶合金材料。根据制备丙烯腈的原料来源情况和市场条件，择机发展碳纤维产业，培育新的增长点。建设半导体外延生长、芯片制作、器件封装、器件应用及高精半导体装备制造为一体的相关产业链和研发生产基地。

### 7. 新兴海洋产业

突出高端化、特色化、规模化发展方向，以海洋药物及功能食品、海洋工程装备、海水淡化利用为重点，着力实施项目带动和科技成果转化，扶持培育海洋新兴产业发展。

（1）海洋工程装备制造。以现有海洋重型装备制造项目为依托，重点发展具有高附加值、高市场占有率的海洋勘探、海底工程、石化、海洋环保、海水综合利用开发等海洋工程设备，重点生产大型浮式生产储油船、自升式钻井平台和半潜式钻井平台等。引进发展深水铺管船等产品，以及海洋工程船舶配套、平台支撑系统配套、水下作业系统配套产品；水下运载、深水作业设备等，支持海洋钻井机械、配套用泵、仪器仪表、海底管线等配套产品的生产，形成较为完善的海洋装备制造产业链。见图7。

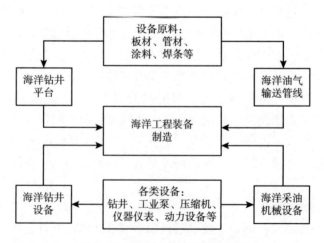

图7　海洋工程装备产业链延伸图

（2）海洋药物。以海洋生物为药源的海洋新药产业化为重点，紧密跟踪国内外海洋寡糖、生物毒素、小分子药物、海洋中药等海洋新药开发成果，积极产业化以高纯度海洋胶原蛋白、海藻多糖、贝壳糖、荧光蛋白等为原材料的新型医用生物材料和新型疾病诊断试剂。海洋生物制品：重点围绕海洋功能材料、海洋微生物制剂、海洋渔用疫苗等，通过海洋生物制品产业化关键技术的集成，实现海洋功能材料、海洋微生物制剂、海洋渔用疫苗、新型海洋生物源化妆品的产业化。利用现代酶制剂技术，依托海洋生物酶制剂产业关键技术，积极进入海洋生物酶制剂产品领域。

（3）海洋功能食品。优先发展优势资源、天然资源及药食同源的保健食品，加快发展功能饮品、膳食补充剂，重点开发海洋胶原多糖、多肽蛋白质、海洋生物源降压肽、海洋生物源抗氧化肽、特殊氨基酸、海洋脂类及其衍生物、壳聚糖及海洋生物糖类衍生物等为主要成分的海洋健康食品和功能食品。重点选取一批有效成分含量高、易获取和人工繁育的海洋生物，进行生物活性物质的筛选和提取分离，制成海洋功能食品。通过药源生物种质发掘创制、规模化制种和培育，开展海洋药源、药食同源生物的规模化生产。

（4）海水淡化工程。大力实施海水综合利用示范工程，加强海水淡化技术产业化应用，建设大型海水淡化、海水直接利用及海水综合利用项目。鼓励引导临海火电及重化等工业项目中推广海水循环冷却技术。发展海水淡化设备、水处理单元设备、多功能组合式水处理设备，以及防腐材料、过滤器、反渗透膜组件、高压泵及相应的关键技术设备。

# 六、着力优化提升传统优势产业

## （一）培育壮大食品加工业

### 1. 发展环境

（1）具有较大发展空间。食品工业是我国国民经济中具有重要地位的支柱产业。"十二五"期间，受到以下因素支撑，我国食品工业将继续保持较快增长。一是加快推进工业化进程和提高城镇化水平，将为食品工业发展提供广阔的市场空间和内在动力；人民群众更加关注营养健康状况和注重生活品质提升，将拓宽食品工业发展的新领域。二是农业产业结构调整和产业化进程加快，为食品工业提供更加符合要求的优质加工原料。三是国家实行扩大内需政策，为我国食品工业在更大范围内配置资源提供了有利条件，提供了市场空间。

（2）面临新的制约因素。一是发展资源和成本压力。我国农产品加工原料受到土地和淡水资源制约，加之缺少加工企业与原料供应群体的有效合作机制，影响原料供给；环保要求提高，污染治理任务繁重，食品行业发展成本增加。二是国际贸易条件相对不利。国内食品市场面临目前增强的国际化竞争，发达国家优质产品对国内食品行业带来严峻挑战；贸易保护主义抬头，加之国际食品安全水平大幅度提升，技术壁垒门槛提高，我国食品工业出口阻力增大。三是国内市场竞争压力。国内食品工业资金、技术和规模进入门槛仍然较低，生产能力普遍过剩，市场竞争日益激烈。企业利润率降低，自我发展能力受到限制。

（3）国家产业政策导向。"十二五"期间，国家继续高度重视发展食品工业，在资金、科技、产业化、食品安全等方面加大了政策支持力度。国家将继续推动食品工业结构调整，促进产业升级。积极培育大型食品加工企业，推动行业发展上水平上规模，形成规模效益。鼓励支持具有经济规模、市场前景看好、发展潜力大的食品加工企业，通过联合、兼并和重组等形式，培育一批竞争能力强的大中型企业，提高产业的集中度和竞争力。加快乳制品加工、肉制品加工、水产品加工、粮油食品加工、果蔬食品加工五大重点食品领域修订现行产业政策和行业准入条件，明确要求各类食品加工企业具备相对稳定的原料基地，企业产品严格执行相关标准，有完善的质量安全控制体系。

## 2. 发展条件

（1）形成较好的产业基础。2012 年，秦皇岛规模以上食品工业完成增加值 39 亿元，占全市规模以上工业增加值的 11.05%，是位于第三的主导产业。食品工业形成以粮油加工为主体、以葡萄酒酿造为特色的产业格局。一批农产品加工龙头企业迅速崛起，企业具有规模优势和品牌效应，其中，金海粮油、金海食品年主营收入分别超过 80 亿元和 50 亿元。

拥有多个优质名牌，其中，粮油食品加工有中国驰名商标1件、省著名商标46件。区域聚集开始显现，粮油加工向秦皇岛开发区东区集中，葡萄酒酿造以昌黎县为重点。[①]

（2）具有整体优势。一是资源较为充足。依托东北、华北两大农业发达区域，原料供应充足。二是利用大型海港和陆地交通，交通便利，可以充分利用国内外市场的原料，促进资源优势向产业优势转化。三是靠近京、津两大都市及环渤海湾发达地区，贴近规模化的消费市场，有利于产业高端化、细分化发展。

（3）新项目加快建设。正大肉食品系列加工项目等一批新项目正在建设，为食品工业发展增强后劲。

（4）面临主要问题。产品结构低端化较为明显，除葡萄酒、玉米加工之外，其他产品如植物油、面粉、肉类、饮料等产品精深加工度不高，大部分属于初级加工产品多，单一产品多，系列产品少，产业链条短，增值能力较差。产业整体素质不高，多数企业管理和技术水平较低；企业技术装备相对落后，缺乏技术储备和支撑。企业面临激烈市场竞争，整体盈利能力不强。加工企业、产品基地和生产农户之间还没有形成合理的产业链和利益分配机制。

### 3. 发展思路

充分发挥深水大港、临近原料基地和消费市场的综合优势，依托大型龙头企业，以原料基地化、产业规模化、加工精细化、特色品牌化为方向，以粮油加工、肉制品加工、酒及饮料加工为重点，以薯类和果蔬菜加工为辅助，做大精加工，做强深加工，做优产业链；从产业链的整体构建和高端环节入手，建设原料基地和营销网络；调整优化产品结构，加快开发新品和精品；加快全面采用各类先进技术，促进资源深度转化和综合利用，提高加工深度和附加价值；按国际质量标准和要求规范食品工业，注重食品安全，进一步提高对全市经济的支撑和带动作用。2017年，豆制品精深加工比重达40%以上，玉米精深加工比重达50%以上，销售收入达到500亿元，建成北方地区具有特色的食品工业基地。

---

① 秦皇岛市统计局：《秦皇岛统计年鉴（2013）》，中国统计出版社2013年版。

**4. 发展重点**

重点发展粮油加工、肉类加工、酒及饮料制造、薯类及果蔬加工。

（1）大豆制品加工。重点推进与益海嘉里集团的合作，以西港搬迁为有利契机，支持金海粮油、金海食品聚集发展，建设具有一定规模的大豆精深加工综合项目。提高大豆食用油规模和产品档次，开发生产高档色拉油、专用油、保健油、礼品油，扩大精炼油和专用油的比重。提高大豆精深加工度和副产品综合加工利用水平，开发生产大豆蛋白、大豆核酸、大豆低聚糖、大豆皂甙、大豆磷脂和大豆异黄酮、大豆生化饲料等系列精深加工产品；利用油饼粕提取天然植物酸、多酚和多糖等精细加工产品，促进资源精深加工和综合利用，形成产业链延伸和规模集群效应。力争到2017年，全市大豆制品加工业主营业务收入达到150亿元。

（2）粮食加工。依托骊骓淀粉、鹏远淀粉、中粮鹏泰等企业，在巩固玉米淀粉、小麦面粉等加工业的基础上，提高玉米、小麦的加工转化率和利用率，围绕开发新品种，积极向深加工方向发展。玉米深加工产品链包括：开发玉米淀粉、玉米蛋白粉、变性淀粉、化工醇、有机酸等。面粉产品链包括：生产多种面粉、营养强化面粉、预配粉，扩大方便食品、速冻食品、即食食品、营养食品的规模。积极开展副产品综合利用，搞好深加工和循化化利用。

（3）肉类加工。优先做大畜禽类制品加工。针对细分化需求，开发精深加工产品，大力发展冷却肉、分割肉和熟肉制品，扩大低温肉制品、功能性肉制品规模，向多品种、系列化、精包装、易储存、易食用方向发展。强化产品质量安全，采用胴体在线自动分级系统、计算机图像识别、微生物预报等先进技术，提高肉制品精深加工技术水平依托大型屠宰厂，加大内脏、脂及皮毛、骨、血等资源的综合利用，深加工生物制品。利用水产品资源优势，扩大水产品加工能力，重点发展分割和切片产品，开发鱼糜、腌制品、制品、风味品、速冷品和保健品，研究开发鱼鳞、内脏、甲壳素等弃物，强化综合利用。蛋类制品在推行传统工艺的基础上，积极开发蛋清、蛋黄分离提取清粉、黄粉，生产各类具有蛋类营养的食品。

（4）葡萄酒及饮料制造。依托中粮华夏、茅台干红、华润雪花等企业，围绕提高质量、增加品种、创建品牌，发展高端化、多元化、个性化的葡萄酒、啤酒。

加快昌黎干红葡萄酒产业集聚区建设，积极发展高中档、个性化葡萄酒；采用"公司＋农户模式"建设优质原料基地，扩大优质原料供应，积极申报"卢龙酿酒葡萄地理标志产品"，打造卢龙酿酒葡萄产地品牌；严格规范葡萄酒行业准入标准，深入开展诚信体系建设，支持酒庄酒和家庭酒堡发展，重塑秦皇岛葡萄酒区域品牌形象；深加工葡萄籽、皮，提取生产保健品、化妆品；引导葡萄酒酿造企业（主要是酒庄）发展葡萄酒加工、红酒文化旅游，促进产业链融合。

啤酒以风味多元化、多品种为方向，根据细分市场开发适合不同层次消费和不同口味的啤酒系列化产品，如高档啤酒、淡啤酒、纯生啤酒等；普通型、精装型、娱乐场所专用型等不同档次产品。

利用本地及周边的优质蔬菜、水果资源，大力发展茶饮料、果蔬汁及果蔬汁饮料、植物蛋白饮料等，着力发展运动型、功能型、保健型饮料等新饮品。

（5）薯类制品加工。甘薯加工重点依托昌黎粉丝加工集群、卢龙甘薯加工集群，在现有淀粉、粉条、粉皮、薯脯等产品的基础上，开发生产膨化食品、净化淀粉、变性淀粉等。马铃薯加工重点发展速冻薯条、炸片、炸条、虾片、三维粮等产品，开发绿色食品、有机食品、方便食品，做大县域特色食品产业。

---

## 专栏3　食品加工产业链

大豆深加工产业链。在加工食用油的基础上，开发生产低温豆粕、大豆蛋白、生物包衣蛋白、膳食纤维、纤维素等优势产品，深度开发蛋白肽、磷脂、大豆低聚糖、多肽类化妆品、保健食品、功能性食品和防腐剂等产品，形成主要产业链包括："大豆—低温豆粕—大豆蛋白—蛋白肽"；"大豆—油脚—磷脂、维生素 E"；"大豆—豆渣""豆皮—膳食纤维、纤维素""大豆—生化饲料"等。

粮食深加工产业链。玉米深加工产品链：玉米淀粉→玉米蛋白粉→变性淀粉→化工醇→有机酸等。面粉产品链：多种面粉（营养强化面粉、预配粉）→方便食品、速冻食品、即食食品、营养食品。

肉类加工产业链。畜禽类养殖基地→肉制品深加工（冷却肉、分割肉和熟肉制品）→综合利用提取生物制品（内脏、脂及皮毛、骨、血等资源综合利用）。

葡萄酒产业链。葡萄种植业→葡萄酿造加工（葡萄酒、果汁、各种葡萄制品）→葡萄籽、皮深加工提取（保健品、化妆品）→文化旅游业（酒庄、酒堡、葡萄酒主题公园）。

## （二）稳定优化钢铁工业

### 1. 发展环境

（1）国内钢铁工业发展趋势。目前，我国钢铁工业整体处于调整转型升级阶段。2012 年，我国粗钢产量达到 7.5 亿吨左右，粗钢表观消费量在 7 亿吨左右，按近《钢铁工业"十二五"发展规划》预测的粗钢需求量峰值区的高限（7.7 亿~8.2 亿吨），粗钢消费量增长趋向平稳。[1] 我国工业化、城镇化进程继续推进，汽车工业、装备制造业、战略性新兴产业持续发展，预计带动国内钢铁工业到 2015 年将保持小幅增长。在下游需求未见好转和产能过剩矛盾初步化解前，钢铁行业艰难发展和企业微利乃至亏损的状况难以有效改善。

面对我国钢铁行业重复建设严重、产能过剩、资源环保压力的状况，行业主要发展方向是：加快优化产品结构，重点发展高速铁路用钢、高牌号无取向硅钢、高磁感取向硅钢、高强度机械用钢等关键钢材品种；加大淘汰落后产能力度，促进钢铁工业兼并重组，加快提高产业集中度；产业

---

[1] 国家发展和改革委员会产业经济与技术经济研究所：《中国产业发展报告（2012 ~ 2013）》，经济管理出版社 2013 年版。

布局向沿海地区集中，钢铁工业由内陆型和资源型布局向沿海地区和资源市场消费地转变；提高技术装备和节能减排整体水平，实现由高能耗、高污染向低排放、低污染、低消耗的"绿色钢铁"转型发展。

（2）国家钢铁工业主要政策。一是坚决严格控制新增产能，不再核准、备案任何扩大产能的钢铁项目。对钢铁工业实施"区域限批"政策和上大压小、等量淘汰政策，新建、扩建产能的钢铁项目必须以淘汰落后为前提。二是加大淘汰落后产能力度。全面淘汰400立方米及以下高炉涉及落后炼铁能力7200万吨，淘汰20～30吨转炉、电炉，涉及炼钢能力2500万吨。三是提高技术装备标准，鼓励发展新型工艺技术。四是促进产品结构调整。重点支持发展百万千瓦火电及核电用特厚板和高压锅炉管、25万千伏安以上变压器用高磁感低铁损取向硅钢、高档工模具钢等关键品种。加快推广强度400兆帕及以上钢筋。五是合理进行产业布局。以区域划分，东北、华北、华东地区进行减量调整，增强创新；中南、西南等量淘汰，改造升级；西部地区适度增量，跨越发展。主要利用进口资源的重大项目优先在沿海沿边地区布局。六是加强节能减排。提高钢铁企业在环境保护、能耗、水耗、生产规模等方面的标准，包括：吨钢综合能耗低于620千克标准煤，吨钢耗用新水量低于5吨，吨钢烟粉尘排放量低于1.0千克，吨钢二氧化硫排放量低于1.8千克。[①]

### 2. 发展条件

（1）产业基础。一是达到较大规模。2012年，秦皇岛24家规模以上金属冶炼及压延企业工业增加值86.91亿元，是2005年的4.6倍；占工业增加值的比重由2005年的15.29%上升到24.63%，钢铁工业是近几年秦皇岛工业增长的重要推动力。二是产品结构优化取得一定成效。生产铁生产与粗钢产能比例逐渐合理，钢压力延伸与钢冶炼之比有所上升。产品品种逐步由生铁、粗钢向型钢、中板、特厚板、冷轧薄板、焊接钢管、无缝钢管等产品转变。龙头企业首秦钢铁公司中厚板生产能力达到年产180万吨，区域具有较强竞争优势。[②]

---

① 国家发展改革委员会产业经济与技术经济研究所：《中国产业发展报告（2012～2013）》，经济管理出版社2013年版。
② 资料来源：《秦皇岛市统计年鉴（2013年）》。

（2）有利条件。一是原料优势。本地铁矿资源丰富，可以提供相对充足的铁精粉、氧化球团，有效降低成本，减少产业链上游价格变动的不利影响。临近国内煤炭生产基地和大型煤炭专用港口，焦炭、优质喷吹煤供给充足，石灰石资源丰富。二是与本地下游应用企业形成配套，包括生产板材为船舶制造、专用设备制造企业配套等，具有一定产业链优势。

（3）面临问题。整体水平较低，与工业和信息化部发布的《钢铁行业规范条件》相比，在生产规模、产品质量、环境保护、能源消耗和资源综合利用等方面，存在较大差距。产品结构单一，主要是以满足唐山地区生铁和钢坯的需要为主，缺少具有竞争优势的钢材产品。炼铁、炼钢和轧钢产能不匹配，全市 7 家主要炼钢企业中有 3 家企业尚未配套轧钢生产线，产品仅为生铁或者普通钢坯；绝大多数企业只能生产普通热轧材和普通线材产品，缺少抵御市场风险能力。装备整体水平低，综合能消耗高，小型燃烧结机、高炉、转炉等设备，余能余热难以回收利用，除尘效果差，环保指标与国家要求标准差距大。

### 3. 发展思路

发挥资源优势，依托龙头企业，以市场需求为导向，适度扩大产能，重点优化产品结构，提升装备技术水平，加强淘汰落后产能和节能减排，发展循环经济，提高行业整体素质和可持续发展能力，为全市工业转型发展提供稳定基础。

### 4. 发展重点

（1）适度扩张规模。根据铁精粉、球团生产能力，以优质建材为主，适度扩大炼钢、轧制生产能力，实现炼铁、炼钢、连铸和轧钢系统生产能力的协调配套。

（2）优化产品结构。巩固发展优势板材品种，提高中厚板专用板和热轧带肋钢筋中 400 兆帕及以上产品的比重，在条件成熟时生产 500 兆帕及以上高强钢筋产品。优化板材产品结构，拓展延伸高端产品线，包括：以特厚板为支撑，以管线钢、海上风电钢、造船与钢工钢、容器钢、高强钢、桥梁钢等为重点，以水电钢、储油钢、核电钢等为补充，形成品种、强度、规格的系列化。

（3）延伸产业链。引导金属压延加工业与装备制造业对接，联合开发钢铁新材料和下游产品。支持发展高速铁路、高强度轿车、造船等用钢，以及工模具钢、高速工具钢、电工钢、高等级管线钢等关键钢材新品种。进入钢结构市场，利用钢材优势，延伸加工深度，拓宽产品领域。见图8。

**图8 钢铁工业产业链延伸图**

（4）提高整体技术水平。支持企业加大技术改造力度，优化生产流程，升级技术装备，提高资源综合利用能力。推广应用新一代可循环钢铁流程技术、新一代控轧控冷技术、钢材强韧化技术等核心、关键技术。推广高炉干式除尘、转炉干式除尘、干熄焦和以煤气为重点的节能减排和资源综合开发利用技术。

（5）推进企业兼并重组。支持以优势企业为龙头，实施跨地区、跨所有制、分阶段的兼并重组，推进市内钢铁企业整合，建设具有市场竞争力的较大的钢铁集团。

## （三）精特发展建材（玻璃）工业

### 1. 发展环境

（1）国内发展趋势。水泥、平板玻璃两大传统产业产能严重过剩，已经陷入增量不增收、增收不增效的困局。从玻璃行业看，一是产能巨大，连续20多年位居世界第一。截止到2013年5月，全国有浮法玻璃生产线295条，总产能达到9.91亿重量箱。在产量规模持续扩大的同时，由于下游建筑市场的萎缩和低水平重复建设，玻璃产品同质化现象严重，全国玻璃产能利用率低于70%，市场竞争激烈，行业利润水平急剧下降。二是新型玻璃产品快速发展。随着电子信息、汽车、新能源、房地产和新材料产业的发展，拉动了节能玻璃、太阳能玻璃、平板显示器玻璃等新型玻璃的快速发展和应用领域的拓展。近几年，Low－E玻璃、太阳能玻璃的产能增长率超过30%，液晶面板的产能增长率超过25%。玻璃产品的消费主要依靠建筑业、汽车行业和出口，分别占玻璃消费总量的75%、10%和5%。预计，随着节能玻璃标准化的出台和城镇化建设的推进，有望带动节能玻璃发展，缓解行业的产能过剩。三是国内玻璃生产布局相对集中。平板玻璃产量河北、广东、江苏、山东、浙江位于前五位，占全国总产量的55%以上；中空玻璃产量前五名的省市是山东、浙江、河南、天津、上海，占全国总产量的53%。四是玻璃工业增值率和使用率较低。平板玻璃加工率达到40%，与世界平均水平55%、发达国家65%~85%的水平存在较大差距。我国玻璃工业增值率为原来的2.5倍，为发达国家水平的1/2。[①]

（2）国家产业政策。水泥、平板玻璃两大行业是国务院明确列入重点调控的产能严重过剩的两大行业。平板玻璃工业，国家产业政策严格核准新增产能项目，除西部地区可建设超白、超薄等优质浮法玻璃生产线外，其他省（区、市）主要以提高工艺技术、产品质量和深加工率为主，对现有企业进行技术改造。特种玻璃生产主要选择在国家新兴战略性产业布局或相关下游产业较发达的省区。在各大中城市和物流条件较好地区，支持建设节能门窗幕墙、功能玻璃、精品装饰及家居玻璃生产基地。

## 2. 发展条件

（1）产业基础。玻璃工业是秦皇岛的传统优势产业，在国内同行业具有较大的影响力。全市玻璃工业历史悠久，是"中国玻璃工业的摇篮"，具有技术研发、原片制造、玻璃深加工和产品销售的完整产业链条。玻璃制造企业众多，产品种类多样，主要包括平板玻璃、钢化玻璃、日用玻璃；以浮法玻璃为主，包括在线镀膜（LOW-E）玻璃、硼硅玻璃和超白玻璃等高附加值产品，加工汽车玻璃、船舶玻璃、装饰玻璃产品。龙头企业耀华玻璃具有规模优势，2012年，实现工业总产值8.5亿元，完成平板玻璃总产量1174万重量箱，销售量1143万重量箱，都约占全国总产量的1.64%；具有技术领先优势，掌握浮法玻璃全套核心技术。全

---

① 国家发展和改革委员会产业经济与技术经济研究所：《中国产业发展报告（2012~2013）》，经济管理出版社2013年版。

市初步形成两大产业集聚区，技术开发区以日本旭硝子、秦皇岛奥格玻璃有限公司为核心，以汽车玻璃生产为主导；北部新区以耀华玻璃工业园为龙头，以高品质玻璃原片制造为主。

随着国内其他地区玻璃工业的发展，以及本地龙头企业耀华玻璃受国有体制改革、企业搬迁等因素影响，出现下滑趋势，玻璃工业地位明显下降。2012 年，玻璃工业完成增加值 9.69 亿元，同比下降 10.21%；主营业务收入 38.36 亿元，同比下降 12.5%；实现税金 0.88 亿元，同比下降 10.3%，亏损 4.62 亿元。2012 年，玻璃工业增加值占工业增加值的比重仅为 2.75%；与 2008 年玻璃行业产值占全部规模以上工业总产值比重的 14.5% 相比，产业地位发生根本性改变。[①]

（2）有利条件。一是产业基础提供支撑。秦皇岛玻璃工业已经形成产业群体，具有技术研发机构、人才团队和产业工人，在国内仍然具有一定整体优势。二是区域市场优势。玻璃产品比较重、易破碎，价格较为便宜，销售运输成本较高（一般占总成本的 10% 左右），具有区域销售的特点。秦皇岛玻璃工业利用多年形成的销售网络，具有一定市场优势。三是国内新领域带来新的需求。例如，璃璃纤维市场需求活跃，风能发电叶片需要使用大量的玻璃纤维；玻纤在交通工具制造中逐步得到广泛应用，如火车、地铁、城市轻轨系统等，将增加玻璃新产品的市场需求。四是玻璃国际市场需求存在拓展空间。浮法玻璃生产因能耗高、对环境污染严重、投资回收期长，发达国家在本土建浮法线较少，逐步向发展中国家转移，国际市场对于出口浮法玻璃产品需求增加。特别是技术含量高、附加值高的玻璃深加工产品出口，存在较大增长空间。

（3）面临主要问题。一是未来增长空间相对有限。国内产能过剩严重，市场竞争激烈。龙头企业耀华集团 2012 年经营出现巨额亏损（2.1亿元），加之受到搬迁、体制机制、燃料成本上升等多种因素影响，整体产能发挥受到制约。二是技术创新能力未能得到充分发挥。全市有两个玻璃行业的国家级研究中心，但是技术产出与技术转化率较低，未能给企业提供应有的技术优势，带来经济效益。三是玻璃深加工率不足。本地玻璃原片的深加工率为 25%，加工增值率仅为 2.5 倍。玻璃产业链条延展不

---

① 秦皇岛市统计局：《秦皇岛统计年鉴（2013）》，中国统计出版社 2013 年版。

足，除去汽车玻璃外，缺少其他配套产品。如全国舰船玻璃80％左右产于秦皇岛，但本地没有舰船的门窗生产企业。风力发电机叶片、特殊管道等对玻璃纤维需求巨大，但本地没有相关产品生产。

### 3. 发展思路

依托龙头企业，立足产业基础，充分发挥龙头企业技术先进、品牌驰名、市场网络等综合优势，以新型化、差异化、精品化、品牌化为方向，有序扩大规模，优化产品结构，增强盈利能力，发展循环经济，重点发展高附加值玻璃产品，延伸发展应用于电子信息、新能源、环保等领域的玻璃深加工产品，做精做特玻璃产业，建成国内具有影响力的大型玻璃深加工基地，打造北方玻璃城。到2017年，力争玻璃深加工率达到65％以上，达到发达国家行业水平。

### 4. 发展重点

（1）巩固现有基础。以现有生产线为基础，重点建设耀华玻璃工业园，开发生产在线颜色镀膜玻璃、在线TFT－LCD玻璃基板、硼硅板玻璃和熔石英玻璃，建成国内最大的建筑节能玻璃、新型能源玻璃和高强防热玻璃生产加工基地。

（2）延伸产业链。拓宽新领域，重点打造"原材料→玻璃原片生产→产业玻璃深加工、特种功能玻璃→电子信息产业、交通运输业、建筑产业、光伏产业（太阳能）"为主的产业链。产品包括：玻璃纤维及玻纤制品；电子信息产业需要的玻璃新材料，如超薄导电原片、玻璃纤维等。见图9。

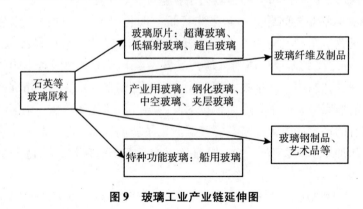

**图9　玻璃工业产业链延伸图**

（3）发展深加工产品。有序扩大汽车玻璃生产规模。发展环保、节能的玻璃的深加工业产品，如节能门窗、玻璃幕墙等。积极开发生产超厚玻璃（8～19毫米优质厚玻璃，售价高出普通浮法玻璃50%左右）、超白玻璃（用于薄膜电池），扩大高硼硅玻璃产品规模（广泛应用于家电、照明、太阳能发电、精密器械、环境工程、半导体技术、医学技术、安全防护等领域，国际、国内市场上有较大容量）。

（4）扩大境外市场。利用港口优势，建立玻璃产品深加工及出口基地，拓展产业发展空间。

（5）采用新型节能熔窑、余热发电、中水回收利用、太阳能利用等新工艺、新技术，发展循环经济，提高经济效益。

# 七、政策措施建议

## （一）加大政策支持引导

### 1. 制定专项规划和发展路线图

形成全市促进加快发展工业特别是战略性新兴产业的工作机制、社会氛围。尽快制定出台工业、战略性新兴产业的相关专项规划，明确战略定位、突破方向、基本思路、重点工作和政策措施。联合国内外各重点领域的技术专家和经济学者，编制产业发展与技术创新路线图，明确技术路径和分阶段重点突破领域，拟定重点支持行业、项目、企业的标准，明确鼓励发展的重点产业、区域及产品，为企业提供方向与技术指引。定期发布《秦皇岛工业发展报告》，对基本情况进行定期总结，对产业政策执行效果进行及时跟踪和科学评估，形成技术和产业发展思路、政策不断调整和优化的机制。

### 2. 设立工业发展专项资金

加大财政扶持，扩大和优化使用工业发展专项资金。专项资金主要投向包括：新上项目的前期论证；对重大项目的融资担保、补贴等；对重点项目或企业进行贷款贴息或补助；以股权形式直接投资；鼓励新产品研发及产业化；支持企业进行并购重组；重点技术推广引用、高级人才引进等。采用设立产业发展专项的方式，对于重点领域进行集中支持。

### 3. 培育本地供需市场

大力支持本地企业加快发展，尽快制订并每两年修订一次鼓励采购本地产品目录，重点支持市内工业特别是战略性新兴产业的企业通过纳入目录提高产品档次，扩大生产能力。对于节能环保等领域，采用政府工程示范的方式，引导发展。对相关示范工程优先采用本地生产设备和产品；对本地医院、大学、科研机构乃至个人购买使用先进制造设备给予补贴，通过示范带动先进制造技术获得更广泛的应用。

## （二）积极拓宽融资渠道

### 1. 积极争取上级资金支持

围绕国家战略性新兴产业专项等政策扶持项目，择优推荐一批发展项目，努力争取国家和省的产业发展、行业发展、科技创新等专项资金。选择对工业带动作用大、体现优势的重大项目、优质项目，争取国家、省政策支持和项目布点。

### 2. 切实解决企业融资问题

采取政府牵线、银行合作、担保机构担保的方式，帮助企业进行融资。集中全市财政资金，吸纳社会资本，扩大和完善贷款担保基金，建立完善中小企业担保机制。对于重点产业链配套引进的中小企业，给予特别关注和支持。

### 3. 拓宽各类融资渠道

实行资金补助、免费辅导等政策优惠，支持符合条件的企业在国内外上市。对于规模较小但具有稳定现金流的企业，支持其通过项目信托计划、资产证券化等多种方式扩大资金来源。支持企业发行中长期企业债券、短期融资融券、中小企业集合票据；支持符合条件的企业集团申报设立财务公司等非银行金融机构。

## （三）大力推进招商引资

### 1. 注重产业链招商

针对产业特点和本地产业状况，突出引进掌握关键技术的先进科技成果、有利于形成产业链和配套延伸的项目、能够使产业规模迅速扩大的核心企业。根据"着力引大、以大引小、成龙配套、梯次推进"的方针，瞄准装备制造中的关键件和基础件，引进与整机关联度大、配套协作要求高的中小型项目；注重引进产业上游的研发环节和下游销售环节（特别是电子信息、食品等行业），推动工业与生产性服务业联动招商。

### 2. 重点引进战略投资者

瞄准国际、国内有知名品牌、有核心技术、有销售网络、有雄厚资金实力的龙头型企业，引进技术、资金、人才。关注省内、国内大城市需要搬迁企业、扩能企业的动向或计划，积极创造条件，主动争取需搬迁工业企业来秦投资发展。加大对国家级、省级工业大院大所引进和技术、人才合作，通过对接部属、省属科研院所，实现部分分支机构前来落户。

### 3. 强力推进项目建设

准确把握国家和省产业政策导向、资金分配信息，科学谋划一批符合国家产业政策、具有市场前景的项目，加强衔接，积极申报，争取纳入国家和省里的产业规划。关注国际领先企业及国内工业发达地区，根据不同区域、不同资本、产业输出特点以及各自的文化背景和行为方式，明确主攻方向，进行定向招商、定点招商，加大宣传推荐力度。市、县财政专项资金对项目申报先期投入费用给予支持。

### 4. 多种方式招商引资

针对专门领域，在现有的招商体系下设立专门的工业招商引资部门，联合业内专家成立招商引资顾问团队，负责国内外相关行业领先企业和项目的跟踪、选择、接洽和招商服务。采取以商招商、以贸招商、以外引外、节会招商、项目招商、组团招商等形式，大力推行网络招商、顾问招商、委托国内外著名专业中介组织招商等方式。突出重点园区招商，各园区根据自身特点，进行系列项目招商、产业链招商、园中园招商等。

### 5. 创造良好发展环境

从"政策招商"向"环境招商"转变，增强服务意识，搞好"一站式"办公、"一条龙"服务，对于装备制造企业和投资者提供优质高效的服务，营造高品位的商务环境，切实降低行政成本，提高服务效率。推行规范化服务，全面落实限时办事制、服务承诺制、政务公开制、检查审批制、收费项目及标准申报公示制等制度，为企业发展创造良好的环境和社会秩序。

## （四）推动产业集聚发展

### 1. 探索产业发展互动合作机制

建立各类开发区、县（区）间产业发展合作机制。根据各园区主导产业发展方向，支持产业发展方向相近或空间位置接近的园区在基础设施、共性技术平台、测试设备和其他大型装备等方面开展共建共享合作。从税收分成等方面探索建立各县（区）联合招商和项目落地机制。全面清理各县（区）现有地方性政策和法规，联合对外招商，共建招商引资平台，引导项目进入开发区（产业园区）集中发展，鼓励各园区按照规划确定的产业方向走专业化发展之路，有序发展。

### 2. 鼓励企业向重点园区和集中区集中

鼓励原有零散企业在一定时限内向工业园区集中搬迁。对于原有项目进行搬迁涉及搬迁费用和原驻地的地方政府的财税收入，通过一定税收减免的方式给予一定补偿，等等。允许市级以上工业集聚区经政府有关部门批准，自建公租房性质的公寓，用于解决引进专业人才和具有一定技能的员工住房问题。对市级以上工业集聚区内新引进的企业，报经地税部门批准，1~3 年内给予房产税和城镇土地使用税的减免优惠。对于已经形成的集群，政府应当集中精力完善配套，加强扶持，增强集聚功能和竞争优势。

### 3. 集约高效利用土地

适当提高产业园工业用地门槛，主要用于占地少、产出率高的项目和企业；对于规模大、效益好、带动作用明显的项目，开通用地审批快捷通道。以产业布局为导向，实行产业集群内、功能区内项目土地供给优先制，对进入相应功能区的项目优先安排，提高产业园区的资金集聚度和产出率。

## （五）提高科技创新能力

### 1. 加强研发主体建设

鼓励支持重点企业建立研究开发机构，对市级以上企业技术中心创新能力建设予以一定经费支持。推动联合研究、委托开发、成果转化、共建研究开发机构和科技型企业实体等多种形式，形成利益共享、风险共担的产学研联合机制。鼓励企业与省及国内外的上下游企业、高等院校、研究院所组成产业技术联盟，共同突破关键技术，促进优势企业核心产品的深度开发和上下游产品的配套开发，提升重点产业链的整体技术水平。

### 2. 建设区域技术创新平台

加快重点园区公共研发平台、重点企业研发机构建设。在重点园区或产业基地引进一批公共服务机构，积极推进技术合作平台、创新创业融资平台、公共服务平台、科技成果转化服务平台四大平台的建设。包括重点行业产品的质量测试、性能检验平台。支持工业设计、技术咨询等服务业的发展，提供产业所需的标准检测、工业设计、创业孵化、设备共享、人才资源、信息咨询等高效的专业化产业服务体系。鼓励企业市场化运作，提供信息服务、项目评估、技术培训、市场营销策划等服务。支持大中型企业与院校、科研院所合作建设国家级、省级工程技术中心、企业技术中心。

### 3. 加强技术服务体系建设

依托现有国家级、省级技术联盟和工程技术中心，加快全市重点行业公共研发平台、重点企业研发机构建设。完善产业公共服务平台，以电子信息、食品加工、医药等领域为重点，依托优势企业，通过政策扶持，积极推进公共设计检测评价平台建设。建设公共信息服务平台，建立围绕用户需求的全方位信息服务系统，为相关企业发展提供指导和服务。

### 4. 提供资金引导和支持

政府工业发展专项资金对具有高技术含量、高市场容量、高附加值的技术开发项目、研发中心和公共研发平台建设，给予一次性补助；对于获得国家专利、国家级重点专项支持的产品，给予一次性资助。创新科技金融服务，鼓励开展知识产权质押贷款业务，加大对有工业具有较强发展潜力的初创型中小企业提供金融支持。

## （六）加强人才队伍建设

### 1. 加大引进人才工作力度

大力培养和引进科技领军人才、高素质管理人才和高技能人才。建立和完善市人才库，针对工业引进专门人才。对在工业发展方面做出贡献的各类人才给予重奖，对在引进人才工作中做出突出贡献的机构或人员给予奖励和补贴。设立人才特别贡献奖，获奖者可优先向国家、省推荐申报有突出贡献人才、劳动模范等荣誉称号和享受政府津贴，破格申报评审专业技术职务，推荐进入市人大或市政协。

### 2. 加快引进高端人才

重点引进科技领军人才和创业团队，以及高素质管理人才、高技能人才和熟练技术工人。积极解决引进人才的住房、社会保障、子女入学、家属就业、职称评聘等问题。对在秦连续工作三年以上的引进人才，年薪在10万元以上的，市财政对工薪个人所得税地方留成部分给予连续五年奖励。政府与需要高端人才的企业、园区合作，共同建设专家公寓，根据在秦工作时间及业绩，"先住后奖"，达到一定条件赠送 1 套百平方米以上住房。引进高端人才而产生的有关住房补贴、安家费、科研启动经费等费用，可列入成本核算。

### 3. 鼓励人才创新创业

对国内外科技人才、本地回乡创业人员，带技术、带资金、带项目、带发明成果从事技术开发和产品开发生产，给予鼓励。合作开发技术（项目）、转化科技成果、投资创办科技、经济实体的，在企业注册、资金支持、房屋租赁、户籍政策等方面提供实际的便利和扶持。引进人才以专利、发明、技术、资金、管理等要素参与投资和分配，分配比例由受益单位与其本人协商确定。机构或个人从事技术转让、技术服务取得的收入，经有关部门认定，免征营业税。

### 4. 加大重点领域人才培养

高度重视企业家队伍的建设，发挥其创业、创新对工业发展的带动作用。定期实施企业家学习培训计划，扩大本地企业家的视野，提高创业的激情的境界。发挥本地大专院校培育工业专门人才的作用，为电子信息、服务外包、装备制造等领域提供各类实用性人才。与外地院校合作，鼓励企业定向培育相关人才，市、县财政给予支持。政府给予适当资助，吸引国际、国内知名高校与企业、科研机构共建工科硕士联合培养点、大学生社会实践基地。针对企业、产业的发展需求，支持进行工业技术工业实训基地和各类技工学校建设，培育各类技术工业，提升专业队伍素质。

### 5. 人才引进与技术知识引进相结合

从"引才"向"引智"转变，从"重引"向"重用"转变，采取聘用、借用、兼职、合作研究、学术交流、技术指导、技术入股、技术咨询等方式，以个别引进、团队引进、项目联动引进等灵活多样的形式，引进一批高层次、复合型高技术专业人才和企业经营管理人才。建立专家智库和咨询制度，定期对相关产业提供咨询意见。对掌握核心技术的人才优先引进，对引进的国内外先进适用技术给予引进费和专利使用费的补贴。

**参考文献：**

［1］周劲：《工业经济运行的主要问题与发展趋势》，载于《宏观经济管理》2013 年第 12 期。

［2］国家发展和改革委员会产业经济与技术经济研究所：《中国产业发展报告（2012~2013）》，经济管理出版社 2013 年版。

［3］国家统计局官网（www.stats.gov.cn）。

［4］王岳平等：《"十二五"时期中国产业结构调整研究》，中国计划出版社 2011 年版。

［5］张建华等：《基于新型工业化道路的工业结构优化升级研究》，中国社会科学出版社 2010 年版。

［6］魏厚凯：《市场竞争、经济绩效与产业集中——对中国制造业集中与市场结构的实证研究》，经济管理出版社 2003 年版。

［7］杰里米·里夫金：《第三次工业革命》，中信出版社 2011 年版。

［8］王昌林：《对第三次工业革命几问题的认识》，载于《调查研究建议》，2013 年 1 月 30 日。

［9］周劲：《我国制造业的组织结构特征与发展趋势》，载于《中国社会科学报》，2010 年 7 月 20 日。

［10］付保宗：《农村劳动力供给变化与工业发展新趋势》，载于《宏观经济管理》2013 年第 3 期。

［11］国家统计局普查中心：《我国制造业布局与西部制造业的比较优势研究》，http://www.stats.gov.cn，2003 年。

［12］廖晓燕：《制造业 FDI 的新动向与我国制造业结构调整》，载于《财经理论与实践》，2006 年 7 月。

［13］王岳平：《中国产业结构调整和转型升级研究》，安徽人民出版社 2013 年版。

［14］魏后凯：《现代区域经济学》，经济管理出版社 2011 年版。

# 专题报告四　秦皇岛市产业集聚区
# 体系研究

　　按照"产业错位、分级互动、分类整合、管理合一"的思路，统一规划，分步组织实施各产业集聚区的整合提升，明确各产业集聚区功能定位，打造四个功能强大、引领作用突出的核心产业发展平台，建设四个支撑力强的特色产业集聚区和四个专业性产业集聚区。增强整体优势，在整合中推动大提升、大跨越，推进十二大产业集聚区在全市经济社会发展中率先崛起，实现对秦皇岛市建设河北沿海第三增长极的战略性支撑作用。

## 一、秦皇岛市产业功能区布局现状

### （一）工业聚集（园）区

　　在推动城市经济发展和城镇化进程的过程中，工业聚集区的作用不容小觑，它是推动经济发展和城镇化进程相互协调的共振点，而聚集区人口和产业聚集等因素可以在一定程度上对城镇化的发展发挥出积极的促进作用。据秦皇岛市发改委提供资料，秦皇岛已建的国家级、省级和市级工业园区共19个（按分布地划分），总规划面积达到456.97平方公里；已规划未建的各类园区共8个（按分布地划分），总规划面积近100平方公里。已建工业园区面积在10平方公里以下的有8个，占42%；面积在50平方公里以下的有18个，占95%；面积最小的工业园区仅为0.2平方公里。

　　相对于发达城市来说，秦皇岛市的现有工业聚集区建设属于起步晚、发展慢、数量多、规模小，分布不均衡，对城镇化的带动能力弱，不能充分的发挥自身的积极促进作用。各区县均有几个自己的工业园区,且工业园区数量仍在不断增加之中,已规划未建的园区还有:海港区的东部循环经济园、昌黎县的空港产业聚集区、北戴河区的信息产业园、北戴河新区的高新技术产业园、青龙县的高速道口经济园区、唐山的曹妃甸临港产业园。见表1。

表1　　　　　　　　秦皇岛市各区县已建工业园区一览

| 所在地 | 园区名称 | 园区级别 | 规划面积(平方公里) | 产业导向 |
|---|---|---|---|---|
| 海港区 | 秦皇岛临港产业聚集区(北部工业区) | 省级 | 17.9 | 玻璃制造深加工产业、光伏设备产业、电子信息产业、机械装备制造产业 |
| 山海关区 | 秦皇岛临港产业聚集区(山海关临港经济开发区) | 省级 | 11.76 | 桥梁及铁路配件制造产业,船舶配套产业,高新技术产业,食品精深加工,核电装备制造,热电联产 |
| 抚宁县 | 抚宁经济开发区 | 省级 | 13.76 | 农副产品加工、高端制造业和装备制造业、高新技术产业、商贸物流和总部经济 |
| | 河北昌黎干红葡萄酒产业聚集区抚宁园 | 省级 | 49 | 酿酒葡萄种植、葡萄酒酿造、葡萄酒品鉴和休闲健身旅游 |
| | 秦皇岛临港产业聚集区杜庄工业园 | 省级 | 37 | 金属压延、装备制造、仓储物流、玻璃深加工、高新技术与现代服务业 |
| 昌黎县 | 昌黎工业园区 | 省级 | 8.4 | 智能装备、新一代信息技术以及生态经济三大支柱产业 |
| | 河北昌黎干红葡萄酒产业聚集区昌黎产业园 | 省级 | 63 | 高档精品葡萄酒庄群、国际风情红酒街、葡萄酒博物馆、农业观光示范园、生态旅游度假村 |
| | 秦皇岛西部工业聚集区昌黎工业园 | 省级 | 22 | 钢铁深加工、新型建材和装备制造 |

续表

| 所在地 | 园区名称 | 园区级别 | 规划面积（平方公里） | 产业导向 |
|---|---|---|---|---|
| 卢龙县 | 秦皇岛西部工业聚集区卢龙工业园 | 省级 | 7.8 | 装备制造、黑色金属压延、新型建材和现代物流 |
| | 卢龙经济开发区 | 省级 | 13.78 | 县城工业园：机械装备与制造、轻工纺织、食品加工和高科技产业；秦皇岛绿色化工产业园：硅磷精细化工、生物化工、化工新材料为主，发展化工设备、装备制造业及电气机械 |
| | | | | 新型建材工业园：新型建材及配套深加工 |
| | 河北昌黎干红葡萄酒产业聚集区卢龙产业园 | 省级 | 38.33 | 酿酒葡萄种植、葡萄酒酿造、葡萄酒品鉴和休闲健身旅游 |
| 青龙县 | 河北青龙经济开发区 | 省级 | 9.98 | 金属压延、装备制造、高新技术和现代物流 |
| | 青龙县城工业园区 | | 2.06 | 高新技术产业、现代物流业 |
| | 山神庙循环经济示范园 | | 30 | 装备制造业、精品钢、金属压延等产业 |
| 秦皇岛经济技术开发区 | 秦皇岛经济技术开发区青龙园区 | | 0.2 | 高新技术，制药、精密仪器制造、电子仪表、软件开发、新能源和对外贸易 |
| | 西区 | 国家级 | 108 | 粮油食品加工、汽车零部件、重大装备制造、冶金及金属压延等特色产业；新能源新材料、电子信息产业、生物制药、高技术加工业等高新技术产业；研发孵化产业、文化创意产业；金融保险业、商务服务业、中介服务业、科技信息服务业等生产性服务业；现代商贸业、休闲游憩产业、教育文化事业、体育医疗事业等生活性服务业 |
| | 东区 | | 20 | |
| 北戴河区 | 北戴河经济开发区 | 省级 | 4 | 总部经济和文化创意产业、电子信息、新材料、生物工程、先进制造技术等高新技术产业 |

资料来源：根据市县汇报资料整理。

总体来讲，秦皇岛市工业集聚区的分布分为以下四类：一是分布于中心城市和县城边缘的经济技术开发区（如秦皇岛市经济技术开发区）；二是紧邻港口的临港工业区（如秦皇岛临港产业聚集区）；三是沿主要公路和铁路布局的块状经济集聚区（如秦皇岛西部工业聚集区）；四是依托资源（农业、矿产）发展的工业区块（如昌黎葡萄酒产业聚集区），总体呈现如下特征。

### 1. 重心在市域东南、西南方

由于历史及地理的原因，秦皇岛各组团一直独立发展，尤其是北部山体和滨海地区互动薄弱，很长时间城市发展要素的分配与协调均集中于南部滨海地区甚至是东南部的主城区。近年来，工业用地的扩张主要以各类工业集聚区的建设为载体。市域范围的东南方为中心城市海港区、山海关区和北戴河区所在地，城市发展较为成熟，也是秦皇岛港口所在地，交通优势明显；与其毗邻的抚宁县也选择在其行政区划交界处进行工业园区的建设。所以这一地区分布着 9 个工业聚集区，占秦皇岛全市园区数量的一半。市域范围的西南方为昌黎县和卢龙县所在地，这一地区与唐山接壤，处于秦皇岛市门户位置，而且 102 国道、205 国道、京沈高速和铁路等主要交通线路穿境而过，境内的北戴河机场也即将建成使用，该地区交通优势和发展潜力都较为明显，这一方位分布着 7 个园区，占全市园区数量的37%。

### 2. 沿主要交通走向分布显著

秦皇岛市工业用地沿道路扩展特征十分明显，工业用地主要集中在城市主要交通线（京沈高速、205 国道、102 国道和 364 省道）上。在主要交通线相交所形成的网络越好的区域，工业用地的集聚扩展就越明显。工业原料和工业产品运输对交通的依赖性很大，在市域交通体系并不发达的情况下，工业用地布局在主要交通线上是最优选择。秦皇岛市交通用地近年增加较快，一方面，来自区域规划的影响，区域性交通干线（如京沈高速、承秦高速）使得秦皇岛工业发展搭上了"便车"。另一方面，工业企业选址的利益导向，再加上市域基础设施系统的不完善，是导致秦皇岛市工业用地沿主要交通走向布局产生的必然性。

### 3. 工业用地扩张相对集中

临港产业聚集区、秦皇岛市经济技术开发区由于临近市中心和港口，交通便捷、基础设施完备，更容易吸引企业进入发展，使得这一区域的工业随着城市功能的扩展，用地规模扩展很大；而秦西工业区和各区县开发区则是随着自身原有企业规模的壮大，工业用地逐步增加的一个过程。各类工业园区的建立，使得秦皇岛市工业用地的扩张相对集中；而市经济技术开发区、临港产业聚集区和秦西工业区等工业园区发展潜力较大的区域集中了大部分企业，也消耗了最多的土地资源量，工业用地集中的趋势最为明显，并形成了一定的产业集群。地理位置相对较偏且地形复杂的青龙县，工业也进行了相对集中布局。整个秦皇岛工业用地分布达到了一种"小集中，大分散"的状态。

### 4. 各区县均有工业集聚园区分布

由于秦皇岛是带状组团式城市，各个区县都有工业区，且有的区县中心也有零星的工业布点，现状工业用地分布较为分散，布局不紧凑，难以发挥工业集聚的优势效应。尤其是在市域北部山区园区的规模整体偏小，分散性大。从行政区划来看，秦皇岛市工业园区分布较为平均。不论是中心城市的海港、北戴河、山海关三区，还是抚宁、卢龙、昌黎和青龙四县，都有一定数量的工业园区，但是这些园区由于资源禀赋的差异，发展培育程度差别较大。

### 5. 工业空间侵蚀生态空间

从全市产业空间分布特征看，产业分布对生态保护构成一定不利因素，未来对生态用地具有侵蚀性趋势。以钢铁冶金、建材、金属压延等主导产业的卢龙工业园、山神庙工业园、青龙县城工业园等均分布在秦皇岛西部和北部生态环境比较敏感的地带，对生态环境造成一定的影响。

### （二）旅游集聚区

秦皇岛是我国北方著名的海滨旅游城市、全国首批 14 个沿海开放城市之一、首批"中国优秀旅游城市"，素以北方天然不冻港秦皇岛港、历史名城山海关和避暑胜地北戴河而闻名中外，旅游资源丰富，旅游交通便利，是国家重点发展的旅游目的地。秦皇岛目前已经呈现出旅游产业集聚状态。总体特征为：数量较多，类型较丰，品质较优，分布广泛且相对集中，各类都有特色，各区都有亮点。全市旅游景区有40多个，在方圆50公里、车程1个小时的范围内集聚了长城文化、海滨休闲度假、历史寻踪、观鸟旅游、名人别墅、山地观光、海洋科普、国家地质公园、体育旅游、工业旅游等多种精品旅游线路；集中了具有浓郁地方文化特色的山海关长城节、孟姜女庙会、望海大会、昌黎干红葡萄酒节等旅游节庆活动；展示了山、海、关、城、庙、湖、泉、湿地、沙滩等类型的自然旅游资源与人文旅游资源。

从秦皇岛景区（点）旅游资源区域分布来看，呈现出"大分散、小集聚"的形态，从沿海向内陆呈递减分布状态，即秦皇岛所辖三区山海关、北戴河、海港区及昌黎县旅游资源沿渤海集中分布，各景点联系密切，经常以关海精品线路组合推广，其他三县由南至北呈分散分布，景点不易组合，不能体现出分工合作，联系性较差。总体来看，秦皇岛市区及昌黎县旅游发展比较突出，西北部山区旅游发展相对滞后，旅游发展极不平衡。"十二五"期间，秦皇岛市改变传统旅游发展模式，把旅游特色产业功能区作为旅游发展的有效载体，综合旅游、文化、生态、资源组合优势，积极推行体制机制的创新，打破地域、区域界限，推进资源一体化进程，通过差异竞争和错位发展，以大整合、大配套、大服务催化大产业，构建十个集中度大、关联性强、集约化水平高的旅游特色产业功能区。见表2。

**表2** **秦皇岛市旅游产业功能区一览**

| 所在地 | 名称 | 旅游资源 | 发展目标 |
|---|---|---|---|
| 北戴河新区 | 北戴河新区休闲旅游产业聚集区 | 大海、沙滩（沙丘）、林带、鸟类 | 以低碳生态为基础，以现代服务业（高尚休闲旅游、科技生态研发、文化主题创意、商务会展经济、总部基地经济）为支撑，中国北方乃至世界一流的休闲度假目的地 |

续表

| 所在地 | 名称 | 旅游资源 | 发展目标 |
|--------|------|----------|----------|
| 昌黎、卢龙、抚宁县 | 秦皇岛葡萄酒文化休闲聚集区 | 碣石山、葡萄沟、鲍子沟、柳河山谷、华夏、朗格斯酒庄 | 集葡萄酒主题旅游、品鉴培训、会议休闲、田园度假、生态居住为一体的中国最有特色的国际化葡萄酒产业集聚区、葡萄酒文化体验休闲区和充满活力的"国际葡萄酒城" |
| 北戴河区 | 北戴河休闲度假产业聚集区 | 高尔夫球场、五星级酒店、创新剧场群、葡萄酒庄园、俄罗斯游客中心、健康养生中心、滨海浴场 | 驰名中外的康体、休疗、养生基地和休闲旅游产业发展示范城区 |
| 山海关 | 山海关旅游文化产业聚集区 | 古城、滨海、山地 | 古城军事文化休闲旅游度假体验产业园、海洋娱乐文化休闲度假产业园、山地生态文化休闲度假产业园 |
| 抚宁、青龙、卢龙县 | 秦皇岛长城山地旅游产业聚集区 | 长城、山地、生态、乡野、民俗、温泉、红色旅游 | 以长城文化和红色文化为主题的跨区域休闲文化旅游产业聚集区和山区综合保护开发示范区 |
| 海港区 | 西港国际海洋休闲产业聚集区 | 老港区优质文化旅游资源 | 集特色休闲、商务会展、旅游度假、高端居住等功能的国际一流滨海新城、滨海休闲旅游度假基地 |
| 海港区 | 海港区圆明山旅游产业聚集区 | 山、水、林、洞、寺庙 | 山水共融、生态共享、和谐共生的山野型市郊休闲森林公园和新兴全季候养生休闲基地 |
| 海港区 | 海港区东山—道南文化旅游产业聚集区 | 秦始皇求仙入海处、开滦路历史街区、秦皇岛玻璃博物馆 | 东山片:具有秦汉文化、养生文化内涵和滨海休闲功能的现代城市主题园区;道南片:集历史文化展示、旅游观光、商贸、居住、休闲为一体的综合性街区 |
| 市经济技术开发区 | 市开发区商务休闲产业聚集区 | 滨海、长城、体育设施资源 | 集住宿、餐饮、会议、商务、娱乐等功能的旅游休闲综合体,产业和工业旅游,运动休闲、商务会展、旅游用品、工业旅游和高档养生商住强区 |
| 卢龙县 | 卢龙龙河湾休闲旅游文化产业聚集区 | 生态旅游资源和卢龙红酒文化资源 | 环渤海首席红酒休闲度假区,中国红酒商务高地和具备独特禀赋的现代型休闲度假胜地 |

资料来源:《秦皇岛市旅游业发展"十二五"规划纲要》。

## （三）商业区

近年来，秦皇岛商业经济发展较快，在流通规模、设施建设、经营管理和经济效益等方面取得了显著的进步与提高，已成为秦皇岛经济中具有生机和活力的增长点，对整个国民经济和社会发展起到了举足轻重的推动作用。目前，秦皇岛市商业分布从老城区向新城区扩展，从城市中心区向边缘区和农村城镇扩展，已延伸至各县区。秦皇岛市商业区域分为市级商业网点体系、区域商业网点体系、乡镇社区商业中心和农村商业网点体系四个层次。

现有市级商业中心初步形成，位于海港区以太阳城商业街、金三角为中心的附近区域，目前已成为市内使用者、周边县区及外地来秦人员购物消费的集中区域，仍可采取适度向外扩散。但其商铺数量多且分布集中、业态雷同、业态种类少、商品档次较为单一。随着城市发展和城市功能的完善，已基本形成山海关、北戴河、昌黎、抚宁、卢龙、青龙六个区域商业中心和县城商业中心。社区和农村商业网点数量相对较少，规模也小，辐射范围较小，但它所发挥的功能是不能替代的。秦皇岛作为沿海城市，随着改革开放的发展，其商业特色不断增强，遍布全城的商业购物中心、特色商业街、连锁超市、专卖店、便利店、各类专业批发市场和一大批大中型饭店、酒楼、餐饮店等企业，构成多层次结构的商品流通网络。目前秦皇岛市商业区发展还处于纯市场调节状态，还没有有效克服市场调节的滞后性带来的负面影响，从总量、业态结构和经营结构的控制到区位布点，都缺乏规划与指导，局部总量过剩，存在有场无市现象。

## （四）物流园区

秦皇岛市根据商业网点建设和各区县商业业态发展状况以及各业态结构规模，依托有实力的大型商家建立联合配送体系，适时布局和发展专业商品仓储、物流产业园区和配送中心。通过建立专业物流企业、物流行业协会等方法，协同发展商业物流体系，以提高物流基础设施、信息技术现代化水平，建立覆盖全市的物流体系。

秦皇岛市各区县物流业发展目标规划情况见表3。秦皇岛市物流业发展目标规划是新建物流园区12个，物流基地13个，配送中心23个。秦皇岛市物流业建设分三个层次，即三种物流定位。其一，完善物流基地的综合能力，保持应有的规模，使其功能全面，提高存储能力，强化调节功能。其二，要使物流中心在所选择的领域具有较强的综合性和该领域的专业性，具有一定的存储能力和调节功能。其三，物流配送中心主要是直接面向本地区零售商的物流配送，突出以配送功能为主，存储功能为辅，实现快捷、保障的功能。

**表3**　　　　　　　　　　　**秦皇岛市物流业发展目标规划**

| 区域名称 | 物流园区 | 物流基地 | 配送中心 |
|---|---|---|---|
| 海港区物流业 | 东部物流园区 | — | |
| | 东港物流园区 | — | |
| | 北部物流园区 | | |
| 北戴河区物流业 | 北部物流园区 | — | 北戴河火车站商业区配送中心 |
| 山海关区物流业 | 北环路物流配送园区 | 临港工业物流基地 | 石河口配送中心 |
| | — | | 经济技术开发区东区 |
| 北戴河新区物流业 | 昌黎工业物流园区 | 团林工业物流基地 | — |
| 昌黎县物流业 | 昌黎县物流园区 | 昌黎农副产品物流基地 | 家惠商贸配送中心2个 |
| | — | 昌黎小商品物流基地 | |
| | — | 皮毛商品物流基地 | 艾欣商贸配送中心2个 |
| | — | 建材商品物流基地 | |
| | 空港物流园区 | 葛条港汽车交易基地 | 大型农资批发配送中心2个 |
| | — | 家居产业物流基地 | |
| | — | 成品油物流基地 | |
| | — | 新集农副产品物流基地 | |
| 抚宁县物流业 | 县城北部物流园区 | 杜庄镇石门寨镇建材基地 | 汽车物流中心 |
| | 千奥物流园区 | 深河乡榆关镇物流基地 | 果蔬物流中心 |
| | — | | 农资及日用品配送中心6个 |
| 青龙县物流业 | | 前庄村周围物流基地 | 青龙镇、祖山镇、木头凳镇、双山子镇、马圈子镇、肖营子镇6个配送中心 |
| 卢龙县物流业 | 卢龙县仓储物流园区 | — | — |
| | 红酒贸易中心园区 | — | — |
| 合计 | 12 | 13 | 23 |

资料来源：秦皇岛市商业网点发展规划（2011～2020年）。

## （五）港区

秦皇岛港位于渤海辽东湾西侧、河北省东北部的滨海城市秦皇岛，是我国沿海主要港口之一，是我国最大的煤炭下水港，在我国能源运输中发挥着巨大的作用。2011 年秦皇岛港完成吞吐量 2.88 亿吨，其中煤炭下水量 2.54 亿吨，集装箱吞吐量 43 万 TEU，基本形成以能源物资运输为主，其他货类运输为补充，以东、西港区为主体，新开河、秦山化工、山海关等其他港点为补充的总体发展格局。[①]

### 1. 西港区

西港区位于汤河至新开河之间，北邻市区，目前是以散杂货、集装箱以及煤炭、矿石等散货运输为主的综合性港区。港区占用自然岸线约4.55 公里，形成码头岸线 4.75 公里，港区陆域面积 5.48 平方公里。现有生产性泊位 22 个，综合通过能力 3045 万吨。其中煤炭泊位 3 个，通过能力 1365 万吨；集装箱泊位 3 个，通过能力 75 万 TEU；散化肥、散粮和散水泥专业化泊位各 1 个，通过能力分别为 100 万吨、170 万吨和 200 万吨，通用杂货泊位 14 个，通过能力 690 万吨。[②]

### 2. 东港区

东港区位于新开河以东，东临热电厂储灰厂，依托大秦、京秦铁路干线及大庆至秦皇岛输油管线形成以煤炭、原油、矿石等大宗物资运输为主的专业化港区。港区占用自然岸线约 5.56 公里，形成码头岸线 8.1 公里，已建生产性泊位 34，综合通过能力 20264 万吨，港区陆域面积 7.61 平方公里。其中煤炭专业化泊位 20 个，通过能力 17900 万吨；原油泊位 3 个，通过能力 1500 万吨；矿石泊位 1 个，通过能力 400 万吨。[③]

### 3. 新开河港区

新开河港区位于东、西港区之间，新开河口内。目前以建材等地方物资运输为主，已形成码头岸线 651 米，陆域面积 13 万平方米。现有 5000

---

[①②③] 交通运输部规划院：《秦皇岛港总体规划》，2013 年。

吨级以下泊位 5 个，年通过能力 280 万吨。[①]

### 4. 山海关港区

山海关港区位于河北、辽宁交界，北邻秦皇岛经济技术开发区东区，目前主要以企业专用码头为主，现有 5000 吨级以下泊位 11 个，通过能力 950 万吨。[②]

## 二、产业集聚区发展条件分析

### （一）有一定规模、基础设施条件较好的综合性产业集聚区

该类产业集聚区是目前全市工业发展的主要平台，是发展高新技术产业和先进制造业的主要空间载体，主要情况见表 4。

**表4**　　　　有一定规模、基础设施条件较好的综合性产业集聚区

| 园区名称 | 位置 | 用地潜力 | 交通条件 | 环境要求 | 重点产业 |
|---|---|---|---|---|---|
| 秦皇岛经济技术开发区西区 | 海港区 | 新增可建设用地潜力已不大 | 铁路、京沈高速 | 无特殊要求 | 汽车零配件、光机电一体化、电子信息和生物医药 |
| 秦皇岛经济技术开发区东区 | 山海关区 | 还有一定的剩余可建设用地 | 铁路、京沈高速 | 无特殊要求 | 临港重大装备制造、粮油食品加工和金属压延 |
| 秦皇岛临港产业聚集区北部工业区 | 海港区 | 成片剩余可建设用地 | 铁路、京沈高速 | 无特殊要求 | 玻璃制造深加工产业、光伏设备产业、机械装备制造产业 |
| 秦皇岛临港产业聚集区山海关经济开发区 | 山海关区 | 成片剩余可建设用地 | 铁路、京沈高速 | 无特殊要求 | 桥梁及铁路配件制造产业，船舶配套产业，粮油食品加工，核电装备制造，热电联产 |

对该类产业集聚区，未来应优先完善配套设施，提高企业"入园门槛"，限制低技术型企业进入，吸引产业链中带动性强的关键企业入驻；

---

①②　交通运输部规划院：《秦皇岛港总体规划》，2013 年。

逐渐形成以重点园区为"龙头"、周边园区为配套的产业集聚区。

（二）规模不大但具有一定特色、发展前景较好、能够作为培育对象的产业集聚区

该类产业集聚区具体可分为两类：一类是以既有的或已规划的、有一定产业优势的综合性工业区；另一类是以技术或项目为核心建立的特色工业区。见表5。

表5 　　　规模不大但具有一定特色、发展前景较好的产业集聚区

| 园区名称 | 位置 | 用地潜力 | 交通条件 | 环境要求 | 重点产业 |
|---|---|---|---|---|---|
| 秦皇岛临港产业聚集区杜庄工业区 | 抚宁县 | 成片剩余可建设用地 | 铁路、京沈高速、省道 | 无特殊要求 | 金属压延、装备制造、仓储物流、玻璃深加工 |
| 秦皇岛西部工业聚集区卢龙园 | 卢龙县 | 成片剩余可建设用地 | 铁路、省道、北戴河机场 | 无特殊要求 | 装备制造、黑色金属压延、新型建材、粮油食品加工 |
| 秦皇岛西部工业聚集区昌黎园 | 昌黎县 | 成片剩余可建设用地 | 铁路、省道、北戴河机场 | 无特殊要求 | 钢铁深加工、新型建材和装备制造，现代物流 |
| 昌黎葡萄酒产业聚集区昌黎园 | 昌黎县 | 成片剩余可建设用地 | 铁路、沿海高速、省道、北戴河机场 | 无污染 | 研发中心、干红酒学校专业人才培训基地、国家级产品质量检测中心及工业旅游、葡萄酒庄园旅游 |
| 昌黎葡萄酒产业聚集区卢龙园 | 卢龙县 | 成片剩余可建设用地 | 铁路、省道、北戴河机场 | 无污染 | 葡萄酒酿造业，配套发展酒瓶、橡木桶、瓶塞生产及包装、彩印、酿葡萄栽培 |
| 昌黎葡萄酒产业聚集区抚宁园 | 抚宁县 | 成片剩余可建设用地 | 铁路、京沈高速、省道、北戴河机场 | 无污染 | 葡萄酒酿造业，配套发展酒瓶、橡木桶、瓶塞生产及包装、彩印、酿葡萄栽培 |

对该类产业集聚区，未来要改善投资环境，优先安排大型工业项目进驻；完善上、下游产业链，吸引与园区主导产业相关联的企业进驻，努力

建成特色产业集聚区。

（三）有保留的必要，但存在一定问题，需要对某些方面做适当整改的产业集聚区

该类产业集聚区存在的问题主要是产业档次太低或位于生态敏感区等，主要分两种情况：一种是那些有一定规模和基础，但是发展缓慢或功能定位混乱的园区；二是位于生态敏感区内的园区，要控制其规模，将园区发展定位为无污染的生态工业园区。见表6。

表6　　　有保留的必要，需要对某些方面做适当整改的产业集聚区

| 园区名称 | 位置 | 用地潜力 | 交通条件 | 环境要求 | 产业引导 |
|---|---|---|---|---|---|
| 昌黎工业园区 | 昌黎 | 成片剩余可建设用地 | 铁路、省道、北戴河机场 | 无污染 | 智能装备、电子信息 |
| 抚宁经济开发区 | 抚宁 | 成片剩余可建设用地 | 铁路、京沈高速、省道 | 无特殊要求 | 粮油食品加工、机械装备制造 |
| 卢龙经济开发区 | 卢龙 | 成片剩余可建设用地 | 京沈高速、省道 | 无特殊要求 | 机械装备与制造、轻工纺织、食品加工、绿色化工 |
| 北戴河经济开发区 | 北戴河 | 成片剩余可建设用地 | 沿海高速、铁路、北戴河机场 | 无污染 | 电子信息、新材料、生物工程、先进制造技术 |
| 青龙经济开发区 | 青龙 | 成片剩余可建设用地 | 省道 | 无特殊要求 | 金属压延、装备制造 |
| 青龙县城工业园区 | 青龙 | 成片剩余可建设用地 | 承秦高速、省道 | 无特殊要求 | 金属压延、粮油食品加工 |
| 山神庙循环经济示范园 | 青龙 | 成片剩余可建设用地 | 省道 | 无特殊要求 | 装备制造、金属压延 |

对该类产业集聚区，未来要采取进一步的生态环境保护措施，强化园区综合管理，加强园区基础设施建设，促进产业更新和技术升级，引导园区发展与邻近重点园区的产业发展相配套。

# 三、产业集聚区整合设想

## （一）策略方向

### 1. 放大政策效应，打造核心载体

充分发挥国家级经开区的品牌优势，放大政策效应，打破行政界限，按照"一区多园"模式，适度拓展发展空间，破除园区产业同构带来的恶性竞争和重复建设，实现开发区的"户口"、政策、产业、土地等资源和生产要素的有机融合，促进经开区优化发展，充分发挥经开区作为工业经济发展主战场引领区域发展的作用。

---

**专栏1　国家级开发区的空间"软"扩张**

"一区多园"就是开发区由一个主园区加上几个分园区共同构成，主园区通常为国家批准的政策空间范围，分园区则大多经由地方政府认可而实行与主园区同样的政策，称为空间"软"扩张。几乎所有的国家级开发区都存在"一区多园"的现象。"一区多园"通常有两种形式，一种是由于原来批准的范围已满，或是由于城市发展被包围在城市内部，失去进一步发展的空间，故跳出原有范围设立子园区。如天津经开区在原国家批准的33平方公里东区范围外，自1996年起先后建立位于武清区的逸仙科学工业园、西青区的微电子工业园、汉沽区的化学工业园3个区外小区和西区，分园区规划面积达到87平方公里。另一种，也是更为常见的形式，是将原先已有的低等级开发区被"收编"而成为下挂的"子园"。如大连高新区，在其主区之外，先后在甘井子区、旅顺口区、金州区、普兰店、瓦房店、庄河等区县建立了10个高新技术产业分园。

---

## 2. 着眼长远发展，谋划新的战略平台

围绕建设环渤海地区新兴高新技术产业基地的目标，充分发挥秦皇岛市比邻京津、环境优良、高新技术产业发展潜力大的优势，夯实北戴河新区产业功能，整合北戴河新区、昌黎县的空间资源，争取创建国家级高新区，成为秦皇岛市高新技术产业发展的主要载体。围绕区域性中心城市建设目标和加快现代服务业发展的客观需求，依托搬迁后的西港区和新的行政中心区建设产业特色鲜明、功能强大的现代服务业集聚区，扩增高端城市中心功能，成为体现现代化滨海城市的标志性区域。

## 3. 尊重发展实际，注重适度均衡

尊重各县区建设园区、加快发展的迫切要求，调动积极性，实现园区数量、规模与当地资源条件相协调，使园区成为各县区发展特色经济的重要载体。突出重点，集中力量，原则上一个行政区集中建设一个工业集聚区。尊重园区建设实际，对同一县区难以合并撤并的园区，按照"一区多园"模式，实行统一规划与管理。

## 4. 加强分类指导，推进错位发展

立足园区数量多、类型复杂、条件各异的特点，因地制宜、统筹园区总体布局，分类指导、明确各园区发展定位，注重园区之间的产业关联、相互促进、错位发展，形成特色鲜明、布局合理、协调有序的发展格局。

## 5. 创新体制机制，推进共建共享

按照飞地经济模式，鼓励县区之间开展园区共建，整合园区用地和产业布局，合理确定招商引资数量、产值、税收等统计指标和经济收益的分享办法，实现园区品牌、项目和信息等资源共享。

## （二）具体设想

着眼城市发展的长远目标，以打造优势突出、功能强大的重大产业平台为重点，以园区整合为突破口，明确功能定位，促进规范发展，形成整体优势，推动形成以国家经开区、省级高新区、规划建设的现代服务业集

聚区、高端旅游产业集聚区等为龙头的高端引领、分工有序、配合有力的
"4 + 4 + 4"十二大产业集聚区体系,为秦皇岛大发展、快发展、科学发
展奠定基础。见图1。

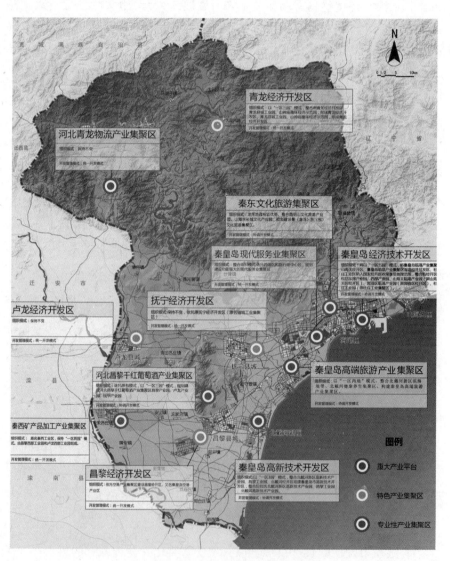

**图1 秦皇岛市产业集聚区整合示意图**

**1. 延伸政策优势，将秦皇岛临港产业集聚区（山海关经开区、海港经开区）、杜庄工业区纳入国家经开区政策享受地理范围**

对不同行政区划、地理相邻、产业相似相依的秦皇岛经济技术开发区、秦皇岛临港产业集聚区（山海关经开区、海港经济开发区）、杜庄工业区实行统一规划、分区建设。加快形成"一区多园"模式，将国家级经济技术开发区的政策延伸到秦皇岛临港产业集聚区（山海关经开区、海港经济开发区）、杜庄工业区。对山海关经开区与秦皇岛经开区东区，进行连片开发，推进基础设施共建共享，集中力量做大做强临港重大装备制造业。推进海港经济开发区和杜庄工业区连片开发、基础设施共建共享，在加快玻璃建材、金属压延等产业转型升级的同时，加快现代物流、装备制造等大运输量的临港产业发展。秦皇岛经济技术开发区西区，重点发展汽车零配件、光机电一体化、电子信息、高端装备制造等产业。

**2. 整合北戴河新区高新技术产业园、昌黎工业园、北戴河经开区规划建设秦皇岛高新区，打造京秦高新技术产业合作发展示范区**

将高新技术产业发展作为秦皇岛市实施产业立市战略的重大举措，把秦皇岛高新区建设作为培育打造北戴河新区的突破口。适应京津与北戴河新区同城趋势，打造京津地区的科技创新与成果转化的承接基地。按照"一区多园"模式，加强北戴河新区高新技术产业园、昌黎工业园、北戴河经开区的统一规划，协作发展，合力打造秦皇岛高新区，成为京秦高新技术产业合作发展示范区。

**3. 依托西港区和新行政中心区规划建设功能强大的现代服务业集聚区，打造京津冀滨海高端商务区**

增强城市中心功能，依托搬迁后的西港区和新行政中心区，积极承接首都金融机构、企业总部、咨询机构等功能转移，高标准规划建设，立足本地优质的自然生态资源，以"滨海、活力"为目标，控制开发密度，合理配置基础设施。在西港区配置音乐厅、歌剧院、市民广场、海洋生物科技博物馆等公共设施，大力发展高端商务、高星级酒店、高端餐饮、品牌购物、邮轮游艇、大型演艺，形成中央活力区；在新行政中心区大力发展总部经济、金融商务等生产性服务业，不断提升中心城市能级，辐射带动周边地区发展，打造总部经济区，共同形成功能强大、辐射力强的现代服务业集聚区、省内一流的高端服务中心和京津冀滨海高端商务区。

### 4. 发挥"大北戴河"比较优势，规划建设承接京津旅游文化、医疗健康等功能疏解的高端旅游产业集聚区

将秦皇岛高端旅游产业集聚区的规划建设作为推进秦皇岛市对接京津、融入首都经济圈的重大战略举措，依托北戴河区和北戴河新区，充分发挥"大北戴河区"的区位交通、生态资源和产业基础优势，大力承接京津地区特别是北京的旅游、健康养老、医疗、文化、教育、体育等产业转移，建设成为首都医疗文化旅游教育体育资源转移基地、国家健康养老产业发展示范基地。

### 5. 按照"一县一区、一区多园、一园一主业"模式，集中打造四大特色产业集聚区

遵循产业聚集规律，突出园区的产业聚集功能，围绕抚宁、卢龙、昌黎、青龙等县的工业板块，大力实施"一县（区）一区、一区多园、一园一主业"布局调整，推动园区企业集聚发展、关联发展、成链发展、集约发展、合作发展，打造主导产业明确、协作配套合理、特色鲜明的产业集聚区。突出重点，为集中力量建设好园区，在规划期内对发展基础相对较差、发展潜力不大的青龙山神庙循环经济园等不作为本规划的重点。

### 6. 突出特色，整合打造四大专业性产业集聚区

利用好省级产业集聚区的品牌优势和政策优势，紧紧围绕秦皇岛市葡萄酒、物流、文化创意、文化旅游、矿产品加工等特色产业，严格按照功能定位和产业发展方向选择产业门类，依托河北昌黎干红葡萄酒产业集聚区、秦东文化旅游产业集聚区、秦西矿产品加工产业集聚区、河北青龙物流产业集聚区，打造特色鲜明、支撑有力的专业性产业集聚区。

## 7. 帮扶非沿海县，依托经开区和高新区建设飞地"区中园"

加大区域发展统筹力度，对青龙、卢龙等两个非沿海县，借力优势区位和品牌政策优势，沿用青龙县依托秦皇岛经开区以飞地经济建设秦皇岛经济技术开发区青龙产业园的模式进行帮扶。适度扩大秦皇岛经济技术开发区青龙产业园的园区面积；依托北戴河新区，在规划建设的高新区建设秦皇岛高新技术产业开发区卢龙产业园。飞地"区中园"要遵从秦皇岛经开区、高新区的统一规划建设与管理，产业类型与准入要符合经开区、高新区的要求。探索"园区共建、利益共享"机制，处理好母园和飞地"区中园"的关系。

秦皇岛市产业集聚区整合组织模式如表 7 所示，体系规划如图 2 所示。

表7　　　　　　　　　　　　秦皇岛市产业集聚区整合组织模式

| 类别 | 产业集聚区 | 整合组织模式 | 开发管理模式 |
|---|---|---|---|
| 重大产业发展平台 | 秦皇岛市经济技术开发区 | 将以"一区五园"模式，将秦皇岛临港产业集聚区山海关经开区、秦皇岛临港产业集聚区海港经济开发区、杜庄工业区纳入国家经开区政策享受地理范围，整合后经开区包括东部产业园、西部产业园、山海关临港产业园（原山海关经开区）、海港区临港产业园（原海港区经开区）、杜庄工业园（原杜庄工业集聚区） | 协调开发模式 |
| | 秦皇岛市高新技术产业开发区 | 以"一区三园"模式，整合北戴河新区高新技术产业园、昌黎工业园、北戴河经开区组建秦皇岛市高新技术产业开发区，整合后包括北戴河新区高新技术产业园、昌黎工业园、北戴河高新技术产业园 | 协调开发模式 |
| | 秦皇岛市现代服务业集聚区 | 依托西港区和新行政中心区，规划建设功能强大的现代服务业集聚区 | 统一开发模式 |
| | 秦皇岛高端旅游产业集聚区 | 以"一区两地"模式，整合北戴河新区滨海地带、北戴河健康养生集聚区，构建秦皇岛高端旅游产业集聚区 | 协调开发模式 |

续表

| 类别 | 产业集聚区 | 整合组织模式 | 开发管理模式 |
|---|---|---|---|
| 特色产业集聚区 | 抚宁经济开发区 | 保持不变，依托原抚宁经济开发区（原名骊城工业集聚区） | 统一开发模式 |
| | 卢龙经济开发区 | 保持不变 | 统一开发模式 |
| | 昌黎经济开发区 | 依托空港产业集聚区构建新的昌黎经济开发区 | 统一开发模式 |
| | 青龙经济开发区 | 以"一区两园"模式，整合原青龙经济开发区、青龙县城工业园，形成青龙经济开发区 | 统一开发模式 |
| 专业性产业集聚区 | 河北昌黎干红葡萄酒产业集聚区 | 依托原有模式，以"一区三园"模式，规划建设河北昌黎干红葡萄酒产业集聚区昌黎产业园、卢龙产业园、抚宁产业园 | 协调开发模式 |
| | 秦东文化旅游产业集聚区 | 发挥地理相邻优势，统筹资源，以"一区两园"模式，整合圆明山文化旅游集聚区、山海关长城文化产业园区，形成秦（皇岛）东（部）文化旅游产业集聚区 | 协调开发模式 |
| | 秦西矿产品加工产业集聚区 | 依托秦西工业区，保持"一区两园"模式，以秦西工业区卢龙工业园、秦西工业区昌黎工业园规划建设秦西矿产品加工产业集聚区 | 协调开发模式 |
| | 河北青龙物流产业集聚区 | 保持不变 | 统一开发模式 |

# 四、优先打造四个重大产业发展平台

按照"秦皇岛经济技术开发区、秦皇岛现代服务业集聚区做'强'，秦皇岛高新技术产业开发区、秦皇岛高端旅游产业集聚区做'新'"的要求，大力提升国家级经开区，高标准规划建设高新区、现代服务业集聚区、高端旅游产业集聚区，提升招商引资质量，完善基础设施配套，加强环境保护和资源集约利用，创新管理体制与机制，培育若干具有较高知名度和影响力的省内一流重大产业发展平台。

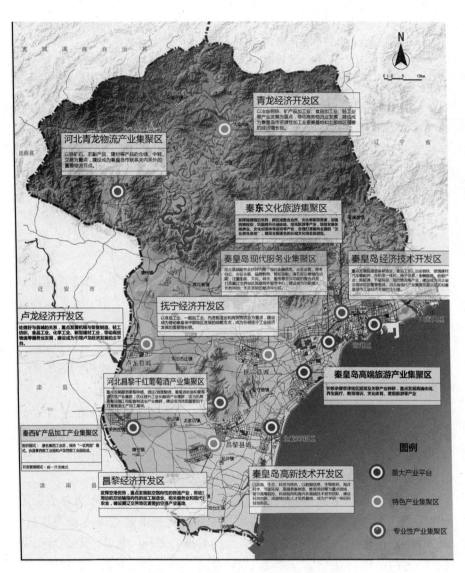

**图2 秦皇岛市产业集聚区体系规划图**

## （一）秦皇岛经济技术开发区

### 1. 区域范围与功能定位

立足秦皇岛市经济技术开发区现有范围，将政策延伸到山海关临港产业园（原山海关经济开发区）、海港区临港产业园（原海港区经济开发区）、杜庄工业区，形成"独立建制、统分结合"的"一区多园"格局。重点发展临港装备制造业、食品工业、冶金钢铁、玻璃建材、汽车零配件、光机电一体化、电子信息、生物医药、数据产业、新能源、节能环保、现代物流等产业，建设成为河北省沿海地区的重要载体、河北省现代产业集聚发展示范区和秦皇岛市工业经济发展的主引擎。

### 2. 功能分区

新秦皇岛市经济技术开发区由"一区五园"组成，"一区"即秦皇岛市经济技术开发区，"五园"即西部产业园、东部产业园、海港区临港产业园［含北部工业区、石河西岸（海）港山（海关）合作区］、山海关临港产业园、杜庄工业园。见图3。

（1）东部产业园。要依托龙头项目继续做强做大临港装备制造业，形成集聚规模，提升产品档次，打造区域特色鲜明、竞争优势明显的先进装备制造产业群。

（2）西部产业园。要以科技创新为动力，提升改造汽车零配件、光机电一体化、电子信息和生物医药等特色优势产业；精心规划，高起点打造集行政管理、生活服务、配套商务和数据产业、新能源、节能环保、高端装备制造等战略性新兴产业为一体的开发区新区。

（3）海港区临港产业园。根据发展需要，统筹考虑，将规划范围延伸到山海关石河西岸。在用先进适用技术和高新技术改造提升玻璃建材、钢铁等产业的同时，加大战略合作，大力发展临港现代物流、临港装备制造、临港精细化工等产业，建设成为秦皇岛市临港产业发展的主载体。着眼长远，对原北部工业区加快转型升级的步伐，原则上不新建一般性工业项目，对玻璃工业等资源加工型项目逐步外迁。加快山海关区与海港区城市融合发展，依托山海关石河西岸，规划由山海关区和海港区合作共建石

**图3　秦皇岛经济技术开发区"一区五园"空间结构示意图**

河西岸（海）港山（海关）合作区，在保护好生态环境的基础上，发挥港口、环境优势，依托港口延伸发展港口金融、港航服务、电子交易、企业运营、第三方物流及高端居住等产业，建设成为秦皇岛市的临港产业商务运营中心（OHQ）。

（4）山海关临港产业园。要加强与东部产业园的统一规划建设，重点发展桥梁制造、铁路配件制造、船舶配套等装备制造业，打造环渤海地区重要的桥梁及铁路配件制造基地和船舶配套产业生产基地。

（5）杜庄工业园。要加快与海港区临港产业园的规划对接、基础设施衔接，大力推进冶金钢铁、玻璃建材产业的转型升级，加快发展装备制造、现代物流产业，形成与海港区临港产业园互动发展、一体发展的产业园。

### 3. 近期建设重点

理顺管理体制，加强"一区五园"的统一规划，搭建统一招商平台。加快推进跨园基础设施规划建设，重点推进东部产业园、海港区临港产业园、山海关临港产业园、杜庄工业园之间的规划对接、基础设施衔接。尽快完善各园道路、给排水、电力、燃气等基础设施建设。

## （二）秦皇岛高新技术开发区

### 1. 区域范围与功能定位

夯实北戴河新区产业功能，按照"独立建制、统分结合"模式，依托北戴河新区的高新技术产业园、昌黎县工业园、北戴河经济开发区构建秦皇岛市高新技术产业开发区，远期争取创建国家级高新区。充分发挥依山面海的自然环境优势，以滨海、生态、科技为特色，以数据信息、生物医药、海洋科学、节能环保、高端装备制造、研发教育等为重点领域，大力承接京津地区的战略性新兴产业和新兴海洋产业转移，吸引高等院校、科研院所和海内外高端技术研发团队，建设科技创新、成果转化和人才培养基地，成为产学研一体的科技创新区和京秦高新技术产业合作发展示范区。

### 2. 功能分区

秦皇岛市高新技术产业开发区由"一区三园"组成，"一区"即秦皇岛市高新技术产业开发区，"三园"指毗邻的北戴河新区高新技术产业园、昌黎县工业园、北戴河经济开发园。见图4。

**图4　秦皇岛高新区"一区三园"空间结构示意图**

（1）北戴河新区高新技术产业园。要加快与京津同城发展，大力吸引京津地区的科研机构和高新技术企业，以技术研发、科技服务、人才培养、科技转化为重点，打造科技创新基地、高新技术产业示范基地和高端人才培养基地，建设成为推进河北省产业转型升级的强大引擎。

（2）昌黎工业园。创新开发模式，以高新技术产业为重点，打造成昌黎重要经济增长极。

（3）北戴河经济开发园。以电子信息、新材料、生物工程等高新技术产业为重点，推进产城一体，建设滨海型生态工业新城。

### 3. 近期建设重点

争取国家支持，争取国家级高新技术产业开发区。按照"一区多园"模式，建立统分结合的管理体制。争取支持，建立企业孵化中心和科技创新大厦。加强与京津地区的科研单位与高科技企业对接，吸引来投资兴业。高标准规划，拉开框架，高标准高质量推进基础设施和绿化系统建设。

## （三）秦皇岛现代服务业集聚区

### 1. 区域范围与功能定位

增强城市中心功能，提升中心城市能级，依托搬迁后的西港区和新行政中心周边地区，规划建设功能强大的秦皇岛市现代服务业集聚区，规划面积大约 20 平方公里。争取政策支持，加大高端服务业扶持力度，重点承接首都金融机构、企业总部、咨询机构等功能转移，强化金融信息、企业运营、商务办公、会议会展、品牌购物、邮轮游艇、演艺娱乐等城市功能，注重生态、文化、居住、服务等多元功能的复合开发，打造冀辽交界地区高端商务服务中心和京津冀滨海高端商务区，建设成为功能强大、优势突出、生态宜居的都市中心区。

### 2. 功能分区

秦皇岛市现代服务业集聚区按照"一区两地"构成，实施统一规划、统一管理。见图 5。

（1）西港区。近期以西港区 5.48 平方公里区域为主，远期向西扩散至汤河东岸，向北扩散至河北大街。围绕高端商务、高星级酒店、高端餐饮、品牌购物、邮轮游艇、大型演艺构架产业体系，丰富海港区休闲旅游功能，打造中央活力区。规划建设秦皇岛大剧院，发掘"求仙入海"文

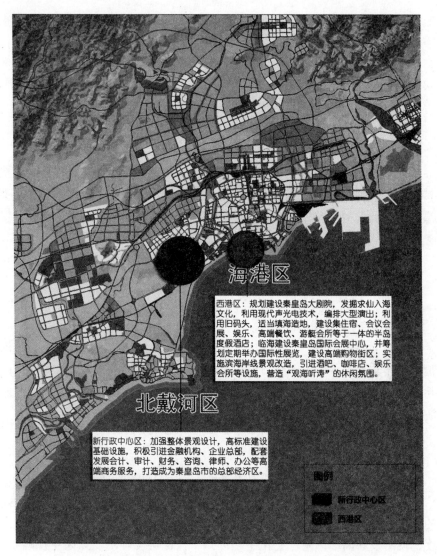

**图5　秦皇岛现代服务业集聚区"一区两地"空间结构示意图**

化，利用现代声光电技术，编排大型演出；利用旧码头，适当填海造地，
建设集住宿、会议会展、娱乐、高端餐饮、游艇会所等于一体的半岛度假
酒店；临海建设秦皇岛国际会展中心，并筹划定期举办国际性展览，如秦
皇岛葡萄酒博览会、国际游艇展等；引进国际奢侈品专营店，建设高端购

物街区；实施滨海岸线景观改造，引进酒吧、咖啡店、娱乐会所等设施，营造"观海听涛"的休闲氛围。

（2）新行政中心区。加强整体景观设计，高标准建设基础设施，积极引进金融机构、企业总部，配套发展会计、审计、财务、咨询、律师、办公等高端商务服务，打造成为秦皇岛市的总部经济区。

### 3. 近期建设重点

争取将秦皇岛市现代服务业集聚区纳入国家现代服务业集聚区政策支持范围。加快西港搬迁步伐，推进现代服务业集聚区的统一规划，建立秦皇岛市现代服务业集聚区管理委员会。筹谋布局，加强基础设施和公共服务设施的规划建设。

## （四）秦皇岛高端旅游产业集聚区

### 1. 区域范围与功能定位

秦皇岛高端旅游产业集聚区，规划依托北戴河新区滨海地带、北戴河健康养生集聚区，重点承接首都旅游文化、医疗养老、教育体育等领域的功能疏解，大力发展高端休闲、养生医疗、教育培训、文化体育、度假旅游等高端旅游及关联产业。

### 2. 功能分区

按照"一区两地"模式规划建设秦皇岛高端旅游产业集聚区。见图6。

（1）北戴河新区滨海地带。按照"立足高端、面向世界、中国特色"的要求，充分发挥滨海优势，坚持开发与保护并举，控制开发规模和强度，突出发展高端休闲、文化主题创意、商务会奖经济、离区免税购物、旅居度假、分时度假、特色餐饮、游艇、体育运动等产业，打造高端休闲、养生康体和度假旅游品牌，努力建设世界一流的旅游休闲度假目的地、国家级旅游度假区和生态文明示范区。重点规划两个组团，一是赤洋口及七里海片区，规划建设用地30平方公里，建设北京旅游休闲、医疗健康、文化体育等功能转移集中承载；二是北戴河新区中心城区，规划建设用地35.7平方公里，为功能疏解及产业转移提供生活配套服务。

**图6　秦皇岛高端旅游产业集聚区"一区两地"空间结构示意图**

（2）北戴河健康养生集聚区。依托戴河区规划建设健康养生集聚区，积极承接北京的医疗养老、教育培训等功能，以健康疗养、职业培训、文化创意、旅游地产、会议培训为主导产业，对区域旅游、文化、生态、体育、农业等资源进行全面整合，大力推进高尔夫球场、五星级酒店、葡萄酒庄园、俄罗斯游客中心、健康养生中心、家庭旅馆、道路景观、滨海浴场设施的提升改造，开发"运动之春、浪漫之夏、时尚之秋、休闲之冬"系列性产品，支撑北戴河世界一流康疗、养生、休闲目的地建设。

### 3. 近期建设重点

对北戴河新区滨海地带，近期重点是分功能区规划落地项目，高标准建设基础设施；在加快既有项目落地建设的基础上，积极推进度假酒店（含温泉度假酒店）、会议酒店、商务酒店、经济型酒店、会展中心、游艇俱乐部/基地、主题公园建设，支持北戴河新区申报获批葡萄岛离区免税政策。

对北戴河健康养生集聚区，一是以5A级景区标准，推进北戴河区全域景区化建设，申报国家级5A景区；二是谋划建设中国旅游博物馆、完善提升北戴河博物馆、轮滑博物馆等文化设施，努力丰富旅游文化演艺活动和群众性休闲文化生活；三是建设集盐疗、泥疗、水疗、香疗、食疗，以及数字体检、健康生养数据管理和远程疗养与一体的北戴河健康疗养中心，谋划建设户外休闲营地、体育健身中心、国际老年公寓、青年旅舍等养生休闲项目；四是依托集发农业观光园、乔庄度假庄园，延伸开发健康食疗、中草药疗养等特色乡村养生项目；五是规划建设高、中、低结合的海鲜餐饮集聚区，开发名人别墅作为花园式主题酒店。

## 五、提升建设四大特色产业集聚区

依托当地特色资源，服务县域经济发展，着力培育劳动密集型的资源开发和加工产业，构筑全市工业经济发展链条上的重要节点。

（一）抚宁经济开发区

### 1. 区域范围与功能定位

抚宁经济开发区区域范围不变，纳入省级开发区管理序列。开发区要以食品工业、一般加工业、先进制造业和商贸物流业为重点，建设成为带动秦皇岛中部地区发展的战略支点，成为引领抚宁工业经济发展的重要增长极。

### 2. 近期建设重点

进一步优化投资环境，加大招商引资力度。加快已引进项目的建设力度，争取尽快竣工投产。进一步完善园区基础设施，加强与城市建设的统筹规划，促进产城相融发展。

## （二）卢龙经济开发区

### 1. 区域范围与功能定位

卢龙经济开发区区域范围不变，纳入省级开发区管理序列。要处理好与县城的关系，重点发展机械与装备制造、轻工纺织、食品工业、化学工业、新型建材工业，带动商贸物流等服务业发展，建设成为现代工业示范园秦皇岛市西部地区的重要增长极，成为引领卢龙经济发展的主平台。

### 2. 近期建设重点

处理好县城与工业园发展的关系，统筹安排好生产、生活空间。加大支持力度，进一步完善园区基础设施。创新招商引资模式，进一步加强招商引资力度。

## （三）昌黎经济开发区

### 1. 区域范围与功能定位

依托昌黎空港产业集聚区组建昌黎经济开发区，享受省级产业集聚区政策。发挥空港优势，重点发展航空指向性的物流产业，带动周边航空运输指向性的加工制造业、相关服务业和现代农业，建设冀辽交界地区重要的空港产业基地。

### 2. 近期建设重点

加强与市区、北戴河新区、昌黎县城的基础设施衔接，建设机场与中心城区、火车站、港口等全市重要节点的快速路。高标准谋划建设空港产业园，加大对空港产业园基础设施建设的支持力度。优化投资环境，创新开发模式，加大招商引资力度。

### （四）青龙经济开发区

#### 1. 区域范围与功能定位

将原青龙经济开发区、县城工业园按"一区两园"模式纳入青龙经济开发区规划管理，享受省级产业经济集聚区政策，青龙原则上不再新增工业园区。要以冶金钢铁、矿产品加工业、食品加工业、轻工业等产业发展为重点，带动商务物流业发展，建设成为秦皇岛市资源性加工业重要基地和北部地区重要的经济增长极。

#### 2. 功能分区

青龙经济开发区按照"一区两园"由原青龙经济开发区、县城工业园构成。见图7。

（1）原青龙经济开发区。充分发挥资源、电力优势，依托现有产业基础，加强产业升级，大力发展冶金钢铁、机械加工等产业。

（2）县城工业园。充分依托县城，发挥基础设施较为完备的优势，大力开展招商引资，重点发展林产品加工业、食品加工、机械制造及其他轻工业。

#### 3. 近期建设重点

按照"一区两园"模式重新理顺管理体制，加强统一规划，明确各园的产业定位和产业发展重点，禁止高排放的产业进入。加强空间开发管制，完善园区环保基础设施，把工业发展对生态环境的影响降到最低。加大招商引资力度，适度承接资源性产业转移。

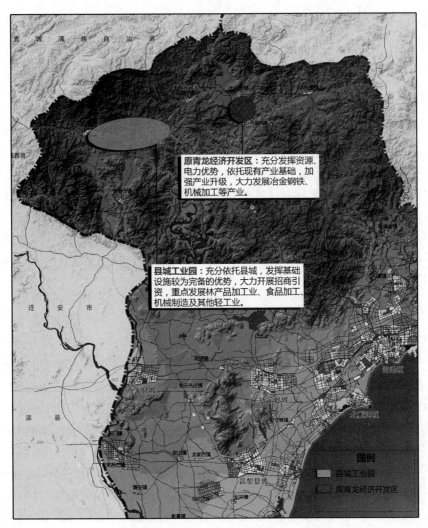

原青龙经济开发区：充分发挥资源、电力优势，依托现有产业基础，加强产业升级，大力发展冶金钢铁、机械加工等产业。

县城工业园：充分依托县城，发挥基础设施较为完备的优势，大力开展招商引资，重点发展林产品加工业、食品加工、机械制造及其他轻工业。

图7　青龙经开区"一区两园"空间结构示意图

# 六、整合打造四大专业性产业集聚区

从秦皇岛市长远发展出发，立足当前，统筹全局，围绕重点拓展的葡萄酒、物流、文化、矿产品等特色优势产业，规划建设四大专业性产业集聚区，成为秦皇岛推进产业立市的重要支撑。

## （一）河北昌黎干红葡萄酒产业集聚区

### 1. 区域范围与功能定位

依托现有基础，保持原有管理模式，河北昌黎干红葡萄酒产业集聚区区域范围包括昌黎葡萄酒产业园、卢龙葡萄酒产业园和抚宁葡萄酒产业园，属于省级产业集聚区。围绕有机酿酒葡萄供应基地、高档/优质葡萄酒生产基地、葡萄酒文化旅游休闲中心和葡萄酒国际集散（贸易）中心四大功能区的建设，重点发展酿酒葡萄种植、酒庄/酒堡酿酒、葡萄酒旅游和葡萄酒贸易产业集群，优化提升工业化酿酒产业集群，适当拓展葡萄深加工和配套制造业产业集群，建设成为我国重要的干红葡萄酒生产加工基地。

### 2. 功能分区

按照"一区三园"模式规划建设。见图8。

（1）昌黎葡萄酒产业园。以精品酒庄及葡萄酒文化项目为抓手，建设好碣阳酒乡、凤凰酒谷、园区西部种植基地等重点功能区块，加强葡萄酒产业的地域资源整合，实现园区内葡萄酒产业带来的生产、生活的有机融合，构建以生态为基石，以居态为根本，以业态为承载的多业态融合的产业发展模式。

（2）卢龙葡萄酒产业园。以柳河山谷产区、一渠百库产区、北方龙城葡萄酒贸易中心为重点功能板块，延伸拓展规划建设长城南麓产区，培育香格里拉、红堡、安德里雅、柳河山庄、蓝山庄园、安德鲁等品牌，推进酿酒葡萄种植步入集约化、标准化、区域化发展，建设成为我国葡萄酒产业示范基地。

（3）抚宁葡萄酒产业园。按照"基地为本、聚焦高端、塑造品牌、酒旅结合"的思路，以宝祖利山谷、天马山产业区建设为重点，大力发展酿酒葡萄种植、葡萄酒酿造、葡萄酒品鉴和休闲健身旅游为一体的生态型、循环型特色产业园区。

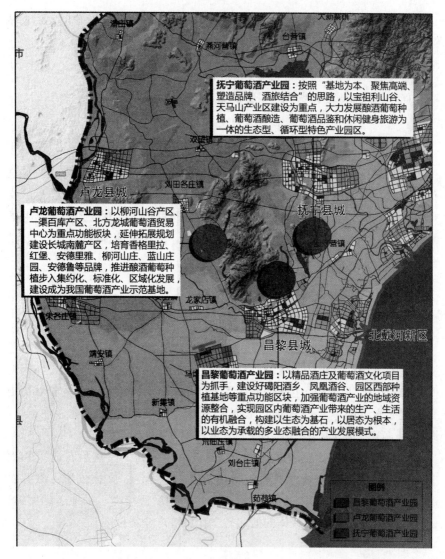

**抚宁葡萄酒产业园**：按照"基地为本、聚焦高端、塑造品牌、酒旅结合"的思路，以宝祖利山谷、天马山产业区建设为重点，大力发展酿酒葡萄种植、葡萄酒酿造、葡萄酒品鉴和休闲健身旅游为一体的生态型、循环型特色产业园区。

**卢龙葡萄酒产业园**：以柳河山谷产区、一渠百库产区、北方龙城葡萄酒贸易中心为重点功能板块，延伸拓展规划建设长城南麓产区，培育香格里拉、红堡、安德雅、柳河山庄、蓝山庄园、安德鲁等品牌，推进酿酒葡萄种植步入集约化、标准化、区域化发展，建设成为我国葡萄酒产业示范基地。

**昌黎葡萄酒产业园**：以精品酒庄及葡萄酒文化项目为抓手，建设好碣阳酒乡、凤凰酒谷、园区西部种植基地等重点功能区块，加强葡萄酒产业的地域资源整合，实现园区内葡萄酒产业带来的生产、生活的有机融合，构建以生态为基石，以居态为根本，以业态为承载的多业态融合的产业发展模式。

图8 河北昌黎干红葡萄酒产业集聚区"一区三园"空间结构图

### 3. 近期建设重点

制定葡萄酒产业规范发展的文件，加强对葡萄酒产业的标准化、品牌化建设，规范种植、酿造、包装、营销等各个环节。加强合作，统一对秦皇岛葡萄酒产品进行宣传营销，唱响秦皇岛葡萄酒区域品牌。加大对葡萄酒产业园的支持力度，对优质产业区进行奖励，鼓励酒旅结合，建设复合型庄园。

## （二）秦东文化旅游产业聚集区

### 1. 区域范围与功能定位

秦东文化旅游产业集聚区，规划范围包括地理相近的原山海关长城文化产业园、圆明山文化旅游产业园。要发挥地理相近优势，整合自然、文化等旅游资源，加强统筹规划，在巩固提升长城体验、观光旅游等产业的基础上，大力培育发展休闲养生、文化创意、体育运动等产业，合力打造全国著名的长城文化综合旅游区。

### 2. 功能分区

规划以"一区两园"模式进行建设。见图9。

（1）山海关长城文化产业园。以山海关古城为中心，深入挖掘特色文化艺术，培育形成长城体验、文化创意、历史展演、生态观光、休闲度假、参禅悟道、康体养生等产业体系，加快实现文化旅游产业由长城历史文化观光旅游的单一模式向以长城历史文化为特色，以"吃、住、行、游、购、娱"多元休闲型文化旅游发展转型。

（2）圆明山文化旅游产业园。以建设京津冀的"秦皇后花园"和面向全国的"文化养生地"为发展目标，以养生养老、文化创意、旅游农业、体育休闲等产业为重点，建设成为集休闲度假疗养、山地运动康体、田园文化体验等功能于一体的河北省文化旅游产业集聚区。

### 3. 近期建设重点

加快五佛山森林公园、总兵府综合文化旅游景区、"闲庭"山海关·中国书法艺术会馆等一批文化品位高、投资规模大、带动力强的文化旅游项目竣工运营。加强项目包装策划推广，大力推进招商引资。加强基础设施建设，做好生态环境保护工作，提高国际运营水平，大力优化发展环境。

圆明山文化旅游产业园：以养生养老、文化创意、旅游农业、体育休闲为重点，建设成为集体休闲度假疗养、山地运动康体、田园文化体验等功能于一体的文化旅游产业集聚区。

山海关长城文化产业园：以山海关长城为中心，深入挖掘特色文化艺术，培育形成长城体验、文化创意、历史展演、生态观光、休闲度假、参禅悟道、康体养生等产业体系。

图9 秦东文化旅游产业集聚区"一区两园"空间结构图

## （三）秦西矿产品加工产业集聚区

### 1. 区域范围与功能定位

秦西矿产品加工产业集聚区，原名秦西工业区，区域范围包括原秦西工业区昌黎工业园、秦西工业区卢龙工业园。要充分发挥交通优势，依托现有产业基础，促进秦皇岛市的石灰石、铁矿等有序转化为经济优势，重点发展新型建材、机械加工、现代物流等产业。

### 2. 功能分区

保持原有"一区两园"模式，形成由昌黎西部工业园、卢龙西部工业园组成的秦西矿产品加工集聚区。见图10。

图10  秦西矿产品加工产业集聚区"一区两园"空间结构图

（1）昌黎西部工业园。充分利用周边矿产资源丰富的优势，积极承接产业转移，大力发展冶金钢铁业和新型建材产业。

（2）卢龙西部工业园。坚持依托优势、错位发展的原则，重点发展冶金钢铁、新型建材、现代物流产业，建设成为循环经济发展示范园。

### 3. 近期建设重点

加强昌黎西部工业园、卢龙西部工业园的统筹规划，加快现有交通等基础设施的对接，推进污水、垃圾处理等设施的共建共享。进一步加强园区基础设施和公共设施建设，强化污染源头处理。推进园区绿地系统建设，大力发展循环经济，优化园区发展环境，大力提升园区形象。

## （四）河北青龙物流产业集聚区

### 1. 区域范围与功能定位

保持原有规划范围不变，属于省级物流园区。进一步加大基础设施的建设力度，以铁矿石、农副产品、建材等产品的仓储、中转、交易为重点，建设成为秦皇岛市联系关内关外的重要物流节点。

### 2. 近期建设重点

进一步完善园区基础设施，加强园区对外交通道路的建设。支持现有入驻企业做大做强，拓展相关物流业务。优化投资环境，加大招商引资力度。

### 参考文献：

［1］秦皇岛市人民政府：《秦皇岛市工业和信息化发展"十二五"规划》，2011年。

［2］秦皇岛市工业和信息化局：《工业转型升级调研文集》，2013年。

［3］秦皇岛市人民政府：《秦皇岛市工业转型升级行动方案（2013～2017年)》，2013年。

［4］秦皇岛市人民政府：《秦皇岛市城市总体规划（2008～2020)》，2008年。

［5］交通运输部规划院：《秦皇岛港总体规划》，2013年。

# 专题报告五　秦皇岛市服务业发展与空间布局研究

　　秦皇岛因公元前215年中国的第一个皇帝秦始皇东巡至此，并派人入海求仙而得名，位于中国河北省东北部，是首批全国沿海开放城市，中国最大的度假疗养基地，中国北方著名港口城市。近年来，在河北省委省政府正确领导下，秦皇岛市大力实施"工业立市、旅游兴市、文化强市"战略，经济社会发展进入快车道，服务业占GDP比重达到47.7%。当前，国内外环境发生广泛深刻变化，秦皇岛也处在经济调整转型的关键时期，服务业大而不强，散而不聚、增长后劲弱化。立足全市进行服务业发展与布局规划，是促进协调发展，优化资源配置，推动秦皇岛市服务业优势更优、强势更强的重要工作抓手，是建设宜居宜业宜游滨海度假胜地的重要思想引领。

## 一、秦皇岛市服务业发展布局的现状与问题

### （一）服务业发展基本面

#### 1. 秦皇岛市大力发展服务业具备天然的良好条件

　　（1）承担大使命：是推动经济社会又好又快发展的必然要求。一方面，做大做强服务业符合世界经济发展的基本规律。换言之，服务业将在推动经济社会发展当中发挥越来越重要的作用。2012年，秦皇岛市人均GDP突破6000美元，表明产业发展处于工业化中级阶段尾声，无论政府

在主导产业立市的过程中将工业发展何种优先发展地位，市场环境和需求的倒逼，使得服务业之于全市经济发展和人民生活水平提高的重要性必然有增无减。另一方面，秦皇岛是京津地区的后花园，是中央领导人的消暑胜地，也是国内外游客喜爱的滨海度假胜地，发展低消耗低排放的第三产业，是全市各界的共同责任。

（2）面临大需求：是满足日益增长的内外部需求的务实行动。生产性服务业随着产业规模的壮大和结构的调整呈现稳定的增长态势，生活性服务业则将因为充足的内外部需求步入发展的快车道。内需方面，2012 年秦皇岛市城镇居民人均可支配收入 21919 元，农民人均纯收入 8315 元，分别较全省平均水平高 6.7% 和 2.9%。同期，全市城镇居民人均消费支出 12695 元，农民人均生活消费支出 6110 元，分别较河北省平均水平高 1.3% 和 13.9%。人们收入和消费水平不断提升，为秦皇岛服务业发展提供了日益强劲的内需保障。外需方面，2012 年秦皇岛接待国内外游客超过 2340 万人次，总收入突破 200 亿元大关，同比分别增长 10% 和 17%。到"十二五"末期，秦皇岛全市接待国内外游客有望突破 3100 万人次。[①] 除了游客人数增加外，随着多样化旅游项目的不断打造，游客停留时间和人均花费也将逐渐上升，外需规模势必越来越可观。

（3）具备大优势：是彰显资源到产业全方位优势的战略选择。秦皇岛港是中国最大的能源输出港，在保证我国北煤南运和煤炭外贸出口中具有十分重要的地位。依托该港，秦皇岛现代物流业蓬勃发展。秦皇岛拥有我国北方最长最优质的沙滩，以及老龙头、山海关、祖山等一大批品质极高的旅游景区。依托这些旅游吸引物，秦皇岛住宿、餐饮、购物、疗养、娱乐、运输等服务业领先发展。另外，依托秦皇岛良好的生态和生活环境，房地产、培训、信息服务等服务业同样向好发展。如表 1 所示，作为河北省最小的地级市，秦皇岛经济总量在 11 市中排名第十位，服务业增加值排名第七位，而服务业占本地 GDP 总值的比重则排名第二位，表明秦皇岛发展服务业有资源基础，也有产业比较优势。

## 2. 秦皇岛市大力发展服务业需要必然的全局谋划

（1）产品少致使季节性外需更显"短平快"。秦皇岛有滨海度假型旅

---

① 秦皇岛市统计局：《秦皇岛统计年鉴（2013）》，中国统计出版社 2013 年版。

表1　　　　　　　　　2012 年河北省各市服务业增加值规模及占比

| 地区 | GDP 总值（亿元） | 服务业增加值（亿元） | 服务业增加值占比（%） |
|---|---|---|---|
| 唐山市 | 5861.63 | 1859.02 | 31.72 |
| 石家庄市 | 4500.2 | 1807.3 | 40.16 |
| 邯郸市 | 3023.7 | 1620.8 | 53.60 |
| 沧州市 | 2811.9 | 1014.17 | 36.07 |
| 保定市 | 2720.9 | 846.8 | 31.12 |
| 廊坊市 | 1793.8 | 627 | 34.95 |
| 邢台市 | 1532 | 462.1 | 30.16 |
| 张家口市 | 1233.67 | 498.73 | 40.43 |
| 承德市 | 1180.9 | 370.3 | 31.36 |
| 秦皇岛市 | 1139.17 | 543.9 | 47.75 |
| 衡水市 | 1011.5 | 299.2 | 29.58 |

资料来源：河北省各市 2012 年统计公报。

游目的地之名，确有览胜观光型旅游目的地之实。其原因在于产品谱系单一，除了建围墙收门票，建酒店供游客短期食宿外，鲜有其他类型的产品问世。缺乏大型演艺项目，游客夜间娱乐需求得不到满足；缺乏会议会展设施，大型会奖需求只能望而却步；缺乏必要运作，大型体育赛事和常规性体育训练无法承接。如此种种，使得秦皇岛旅游淡旺季非常明显，且游客停留时间和花费始终难有明显改善。京津等主要客源地居民私家车保有量上升，以及"两高"提速，可方便更多游客来得更快，但是如果缺少多样化的产品，游客走的也将更快，而这正是近年来秦皇岛游客量年均两位数增长，星级饭店数却相对稳定的重要原因（如图 1 所示）。

总体而言，可如图 2 所示，过于注重资源开发使得秦皇岛外向型服务业陷入发展困局，而切实的破解之道应如图 3 所示。

（2）合力小致使服务业企业多呈"小散弱"。秦皇岛因资源优越而发展外向型服务业，也因资源分割严重而使得产业主体多而不强。河北省2012 年经济年鉴数据显示，2011 年，全省前十位亿元以上成交额商品市场中，秦皇岛无一家入榜；营业收入前 50 名的住宿企业中，仅秦皇国际、海景酒店和长城酒店三家入围；营业收入前 50 名的餐饮企业中，仅浪漫湾海度假村、丰圣、海洋天堂度假村和北纬主题酒店位列其中，且排位均不高；而作为典型的旅游目的地，秦皇岛 2011 年公路客运量 2308 万人次，

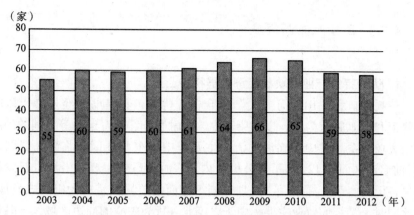

**图1 2003~2012年全市星级饭店发展规模**

资料来源:《秦皇岛统计年鉴(2005~2013)》。

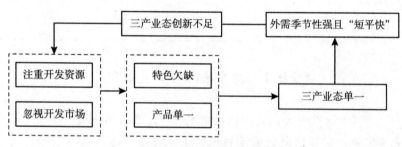

**图2 秦皇岛外向型服务业低水平困局**

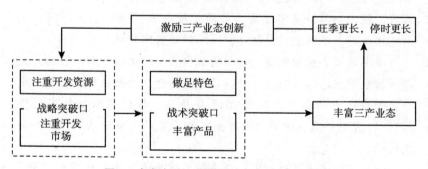

**图3 秦皇岛外向型服务业低水平困局破解**

在河北11个市府城市中排名末尾。以"小散弱"企业为主的市场格局中,既难享受规模经济带来的红利,也难以保障服务水平提升,更无法聚力进行多样化的业态创新。

## （二）服务业布局现状

### 1. 优势特色产业和块状经济集群初步凸显

依托港口和"山·海·关"组合资源优势，秦皇岛已经发展出以临港物流和滨海旅游为主，以健康养生、金融服务、体育运动等为辅的外向型服务业体系。其中，临港物流业主要集中于东西港区和临港物流园区（目前启动区面积 12.78 平方公里）内。旅游业虽然主要呈沿海带状发展格局，但是由于资源禀赋、区划分割等方面的差异，呈三大组团式发展。与此同时，零售商贸业主要集中于以茂业百货为中心的周边区域，金融业则集中于迎宾路两侧，体育业主要集中于河北大街以南，汤河西岸至奥体中心的区域。

---

### 专栏 1　滨海旅游带三大组团

山海关文化旅游组团：依托老龙头、乐岛、第一关、姜女庙等景观优势，发挥陆空交通便利性优势，打造了秦皇岛目前唯一的5A 级景区——山海关景区，该景区 2012 年接待游客共计 223.6 万人次，较同期接待游客数第二位的景区高出 57.9%。该组团以主打文化旅游，多倚赖门票经济，游客停留时间较短。

海港区商务旅游组团：该组团缺少典型的滨海旅游吸引物，主要承担全市旅游集散功能和接待商务旅游者，因而住宿、餐饮、旅行社等企业相对集中，截至 2012 年年底，该组团虽仅拥有全市4.3% 的 A 级景区，但同时拥有全市 39.7% 的星级饭店，70.9% 的旅行社。

泛北戴河滨海度假组团：北戴河品牌知名度高，优质的"3S"（sun、sand 和 sea）吸引着八方游客，野生动物园、鸽子窝、碧螺塔酒吧公园、老虎石浴场、集发观光园，及为数众多的疗养院、度

---

假村令北戴河休闲度假游方兴未艾。目前北戴河度假旅游呈现沿海南拓趋势，包含南戴河在内的北戴河新区有望成为秦皇岛休闲度假旅游的新增长极。但目前为止，秦皇岛市滨海度假旅游仍旧集中于戴河两侧的泛北戴河区域。

### 2. 产业布局基本体现区域的资源特点和地理区位

上述初成体系的产业空间布局源于立足各区域特点的自发式成长，基本体现了所在区域的资源特点和区位特征。如海港区是为秦皇岛的政治和经济中心，主要发展都市旅游。山海关旅游组团文化遗迹丰富，主要发展文化旅游。东西港区凭借海岸曲折、港阔水深、风平浪静，泥沙淤积少的优势发展我国北方天然不冻港，与北部相邻的省级物流园区共同成为秦皇岛现代物流业的集中地。此外，青龙县因拥有大量铁矿石需要外运，青龙物流次中心则以矿石运输和本县区域内农产品及商贸运输为主。

## （三）服务业发展布局存在问题

### 1. 产业分布不均衡

（1）沿海集聚，东强西弱。除了临港物流业外，包括住宿、餐饮、商务、娱乐等在内的服务业多因游客而兴起，围绕游客布局产业，从而形成了滨海服务业带，产业发育发展随与海岸线距离增加而衰减，缺乏纵深感。与此同时，受基础设施、知名度等因素的影响，滨海服务业带本身的发展也不均衡，以海港区及其两翼（山海关和北戴河）的发展更为充分，相比之下西部区域的北戴河新区则仍处于起步阶段。如图4所示，截至2012年底，仅海港区和北戴河区的星级饭店数就占全市星级饭店总数的74.1%。[1]

---

[1]　秦皇岛市服务业的区域发达程度与游客积聚量呈正相关关系，因此星级饭店的非均衡分布同时也是整个服务业非均衡分布的集中表征。

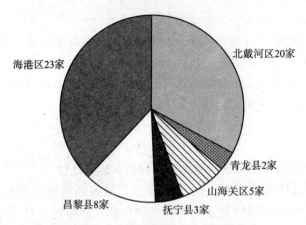

**图4　2012年秦皇岛市星级饭店区域分布**

资料来源：秦皇岛旅游局专题统计报表。

（2）宏观集聚、微观分散。宏观层面，秦皇岛各区域依托自身资源特色初步形成了块状经济格局。而微观层面，各服务经济区块的聚集规模和质量都较为欠缺，特别是分散经营使得产业集聚效果大打折扣，如第一关和祖山等景区都承包给私营企业主，在景区配套设施不尽完备的发展初级阶段，逐利的私营企业在这方面的投入上普遍不积极，做大做强便更加艰难。

### 2. 区域分工不清晰

除了践行产业立市，竞相发展钢铁、高新技术等二产外，秦皇岛各区县在发展服务业上也是争先恐后，卢龙和青龙不断加大物流园区建设力度，昌黎县也欲借新机场规划建设的契机打造空港物流园区，山海关有关方面也有建设石河西岸物流园区的打算。旅游业方面，几乎每个区县，特别是沿海区县都与集吃住行游购娱于一体的相对独立的旅游目的地，争相引进高星级酒店和复合型旅游综合体。同质化竞争不但有碍信息共享，且明显减低资源配置效率。

### 3. 城区辐射力不强

海港区是秦皇岛政治、经济和文化中心，但其服务业，特别是现代服务业发展水平不高，如会议会展设施匮乏，金融业发展体量有限，特色购物街区缺乏，城市综合功能难以充分发挥，对周边城区的带动不足。

# 二、旅游性城市发展服务业的经验借鉴

## （一）天津：紧抓服务业综合改革契机推进国际港口城市和生态宜居城市建设

### 1. 围绕生产性服务业构架服务业体系

（1）重点发展生产性服务业。紧紧围绕先进制造业，坚持培育本土企业和引进外来企业相结合，细化专业分工，提高科技含量和创新能力，大力发展为先进制造业各个环节服务配套的生产性服务业；推进制造业企业内置服务市场化、社会化，促进现代制造业与服务业联动发展。主要发展的产业有：现代金融业；现代物流业；科技服务业；中介服务业。

（2）提升发展生活性服务业。强化以人为本，积极引入现代技术、管理理念和经营模式，丰富服务供给，提高服务质量，培育优势品牌，规范市场秩序，提升生活性服务业的层次和水平，满足人民群众多层次多样化需求。主要发展的产业有：商贸流通业；旅游业；房地产业；医疗、体育和教育培训业；养老、社区和家庭服务业。

（3）大力发展新兴服务业。积极捕捉科技进步和经济发展催生的服务业新需求，紧跟国际国内服务业发展的新潮流，营造宽松自由、充满活力的政策环境，大力拓展新兴服务市场，引进和培育知名品牌，尽快壮大新兴服务业，培育形成服务业新的增长点。主要发展的产业有：创意及文化产业；楼宇和总部经济；会展业。

### 2. 从目标到措施的全链条细化

天津发展服务业非常注重发展目标的细化和量化，并尽可能细化发展措施，做到有的放矢，见表2。

表 2                     天津市服务业发展措施及目标分解

| 发展任务 | 重点产业 | 发展举措 | 发展目标 |
|---|---|---|---|
| 重点发展生产性服务业 | 现代金融业 | • 全力打造小白楼中央金融商务集聚区<br>• 加快建设于家堡金融区<br>• 继续完善和提升友谊路金融服务区、开发区金融区、东疆保税港金融服务区、中新生态城金融服务区和空港金融服务区 | 到 2015 年，金融业增加值达到 1500 亿元，占服务业比重达到 18%。银行业金融机构总资产达到 3.63 万亿元，存款余额达到 3.4 万亿元，贷款余额 2.6 万亿元。保费收入突破 450 亿元 |
| | 现代物流业 | • 沿海岸线打造沿海物流发展带，沿京津走廊打造京津物流发展带<br>• 依托北部新型生态农业及现代商贸建设、西青开发区电子产业带、南港重化工基地建设，以及北辰、静海、武清的重要交通节点 | 到 2015 年，将天津建设成为中国北方国际物流中心城市和国际知名的港口城市，港口吞吐量达到 5.5 亿吨，集装箱吞吐量达到 1600 万标箱，航空货邮吞吐量超过 100 万吨。100 亿元批发市场达到 10 个，年成交额突破 5000 亿元 |
| | 科技服务业 | • 着力发展软件和服务外包业和科技中介服务业<br>• 着力打造津西、滨海新区和北辰－武清三大科技服务业集聚区 | 到 2015 年，科技服务业企业超过 8000 家，其中规模以上企业超过 2000 家；从业人员达到 20 万人 |
| | 中介服务业 | • 打造企业品牌<br>• 完善行业体系<br>• 促进集聚发展 | 到 2015 年，本市中介服务业门类拓展到 60 个以上，从业人员增加到 50 万人以上，会计税务、法律仲裁、咨询评估、广告等重点行业的增加值或营业收入保持年均 20% 以上的增速 |
| 提升发展生活性服务业 | 商贸流通业 | • 打造各具特色的商贸集聚区<br>• 推动城市进一步繁荣繁华<br>• 进一步完善便民生活服务 | 到 2015 年，社会消费品零售总额 6600 亿元，年均增长 18%；商品销售总额 3.5 万亿元，年均增长 20%；商业增加值年均增长 14% 以上 |
| | 旅游业 | • 建设小站练兵、意奥风情、金融名街、老城津韵等 12 个文化旅游板块，形成"近代中国看天津"文化旅游核心品牌<br>• 推动区域旅游一体化<br>• 加快旅游配套设施建设 | 到 2015 年，旅游总收入达 3000 亿元，入境旅游人次达到 370 万，旅游外汇收入 37 亿美元，旅游直接从业人员 30 万 |
| | 房地产业 | • 进一步完善多层次、多形式、广覆盖的住房供应和保障体系<br>• 积极推进商业地产项目建设 | 2011～2015 年累计实现房地产开发投资 7000 亿元，平均增速保持在 18% 左右 |

| 发展任务 | 重点产业 | 发展举措 | 发展目标 |
|---|---|---|---|
| 提升发展生活性服务业 | 医疗、体育和教育培训业 | • 建设武清天狮、静海团泊新城、北辰天士力等健康产业园区<br>• 建立天津体育产业运营集团<br>• 积极引进国际知名的体育赛事，努力打造有影响、有特色的品牌赛事。新建和提升奥体中心、团泊湖等一批体育产业园区和体育服务集聚区<br>• 加快海河教育园建设 | |
| | 养老、社区和家庭服务业 | • 加大养老机构建设投入，新建、扩建、改建一批国办、社会办老年照料服务机构<br>• 引入多元化投资主体，大力发展家政、托幼、医疗、陪护、健身等社区服务业和家庭服务业 | 新建业态齐全的社区商业中心200个，新建和提升标准化菜市场150家，规范完善1000个农村社区商业网点 |
| 大力发展新兴服务业 | 创意及文化产业 | • 大力发展与城市规划建设、先进制造业发展、软件与信息化相关的研发设计行业<br>• 加快建成天津文化中心等市级重点文化设市级重点文化设施，着力发展出版发行、广播影视及音乐制作交易、文化展演等主体行业<br>• 着力发展为企业生产经营活动提供服务的工程咨询及各类专业咨询、商务策划行业<br>• 重点发展游戏开发、动画设计、动漫创作，拓展音像、书籍、玩具、饰品等衍生品市场。重点建设中新生态城国家动漫产业综合示范园、北新文化创意产业园和凌奥创意产业园等特色动漫游戏产业聚集区<br>• 建成天津滨海文化产权交易中心，建成中国北方艺术品交易大厦，打造融艺术品鉴定、评估、交易、鉴赏、拍卖于一体的艺术品产业链 | 到2015年，占全市GDP比重力争达到10%。建设能容纳100～150家企业发展，定位清晰，规划科学，配套完善的创意产业园区50个 |

续表

| 发展任务 | 重点产业 | 发展举措 | 发展目标 |
|---|---|---|---|
| 大力发展新兴服务业 | 楼宇和总部经济 | • 建设一批"5A"智能楼宇<br>• 培育一批金融楼、外贸楼、科研楼、中介服务楼、现代物流楼等，实现高端业态集聚<br>• 积极引进各类企业总部 | 2011~2015年培育年税收超10亿元的商务楼宇5栋、超亿元的商务楼宇50栋，在津各类总部数量达到300家 |
| | 会展业 | • 出台实施"天津市促进会展业发展办法"<br>• 推进梅江会展中心二期等展馆建设<br>• 办好夏季达沃斯论坛、国际矿业大会和津洽会、融洽会等一批国内外有影响力的展会 | 到"十二五"末，全市展馆展览面积达到50万平方米，引进50个国际国内知名展会，培育20个品牌展会 |

## 3. 集中打造与分业布局相结合

（1）重点打造十大现代服务业集聚区。具体见表3所示。

表3　　　　　　天津市计划重点打造的十大现代服务业集聚区

| 序号 | 名称 | 范围 | 涉及区县 | 主要功能 |
|---|---|---|---|---|
| 1 | 中心城区CBD | 金融城、小白楼、南站地区 | 和平、河西、河东 | 金融、商务服务、总部基地 |
| 2 | 滨海新区CBD | 于家堡、响螺湾、开发区金融服务区、解放路地区 | 塘沽 | 金融、商务服务、总部基地、商贸流通 |
| 3 | 文化商贸城 | 西站地区 | 红桥、河北 | 商贸流通、文化旅游、文化及创意 |
| 4 | 中新生态城 | 中新生态城 | 汉沽、塘沽 | 生态环保科技研发转化、高端商务服务 |
| 5 | 航运城 | 天津港、天津港保税区、东疆港保税区 | —— | 国际航运、国际物流、航运服务 |
| 6 | 智慧城 | 海河后五公里 | 河西、河东、津南 | 商务、文化、教育 |

| 序号 | 名称 | 范围 | 涉及区县 | 主要功能 |
|---|---|---|---|---|
| 7 | 科学城 | 第一、第三高教区、华苑高新区、科贸街 | 南开、西青 | 研发转化、软件和服务外包、科技贸易、基础研究等 |
| 8 | 商贸城 | 大毕庄地区 | 东丽 | 大型专业市场等商贸流通、城市配送中心 |
| 9 | 航空城 | 航空城 | 东丽 | 空港物流、临空服务经济 |
| 10 | 会展城 | 海河中游地区 | 津南 | 会展、商务休闲、文化娱乐 |

（2）依据产业发展情况针对性布局。对于适合集聚发展的服务业，天津根据发展基础和未来的考量，进行了科学合理的针对性布局。

◇ 现代金融业：两心、五区、一后台；

◇ 现代物流业："一点"为龙头、"两带"为骨架、"多点"为支撑；

◇ 商贸流通业：双心、两区、多组团；

◇ 旅游业：一带三区九组团；

◇ 创意及文化产业：一带、两区、多组团。

## （二）厦门：建设海峡西岸最具竞争力和带动力的现代服务业聚集区

### 1. 通过三项任务梯度发展三类服务业

（1）加快发展支柱服务业。力争到 2015 年，航运物流、旅游会展、金融与商务、软件和信息四大支柱服务业对全市经济发展支撑作用更加突出，增加值占全市 GDP 比重 33% 以上。

（2）培育壮大新兴服务业。结合国民经济和社会发展趋势，着重发展文化创意、电子商务、物联网等新兴服务业，成为全市经济发展的重要增长点。

（3）提升优势特色服务业。适应市场发展和人们消费结构升级的趋势，加大对生活性服务业的升级改造，大力发展面向消费者的服务业，重点提升商贸、社区服务、住宿餐饮、休闲娱乐、养老服务等一批优势特色服务业，为人们的消费需求提供方便。

## 2. 以精品项目促服务业提升发展

为落实各项发展任务，厦门市规划制定了一系列针对性举措和"十二五"投资计划，具体见表4。

表4                    厦门服务业发展措施及"十二五"投资计划

| 发展任务 | 包含产业 | 发展举措 | "十二五"计划投资 |
|---|---|---|---|
| 加快发展支柱服务业 | 航运物流 | • 大力发展对台航运物流<br>• 加快发展城市城际配送物流<br>• 积极拓展航运物流市场腹地<br>• 完善物流载体平台建设 | 计划投资约126亿元。主要项目有厦深铁路前场物流园、厦门汽车物流中心、航空港工业物流园区等。 |
| | 旅游会展 | • 精心培育"海峡旅游"品牌<br>• 打造"海上花园、温馨厦门"休闲度假旅游品牌<br>• 打造国际知名会展品牌<br>• 大力培育新展会活动<br>• 拓展对台会展合作<br>• 培育壮大会展主体 | 计划投资100.6亿元。主要项目有中奥游艇俱乐部、环东海域度假酒店群、洪山旅游项目、会展中心三期、海峡论坛会址等。 |
| | 金融与商务 | • 高标准建设金融集聚区<br>• 探索金融制度创新<br>• 加强厦台金融合作<br>• 做强地方金融品牌<br>• 积极发展证券、保险、典当、创投等专业市场<br>• 加快商务营运中心集聚区建设步伐<br>• 培育本地企业总部<br>• 大力引进外地商务营运中心企业<br>• 突出发展与总部经济相适应的现代服务业 | 计划投资124亿元。主要项目有国际银行科研中心、民生银行厦门分行、观音山国际商务营运中心、五缘湾商务营运中心、杏林湾商务营运中心等。 |
| | 软件和信息服务业 | • 大力发展集成电路设计和嵌入式软件<br>• 重点发展数字产业<br>• 着力壮大服务外包业<br>• 加快信息技术服务业的发展 | 计划投资159亿元。主要项目有中国移动手机动漫基地、"智慧厦门"产业基地等。 |

续表

| 发展任务 | 包含产业 | 发展举措 | "十二五"计划投资 |
|---|---|---|---|
| 培育壮大新兴服务业 | 文化创意 | • 加快发展影视产业<br>• 支持发展动漫产业 | 计划投资 115.8 亿元。主要项目有华强文化科技产业基地、厦门大剧院、龙山文化创意产业园等。 |
| | 电子商务 | • 打造大企业电子商务服务平台<br>• 树立一批重点示范企业<br>• 培育一批潜力企业<br>• 鼓励扶持中小微型企业 | • 无具体投资计划 |
| | 物联网 | • 建立以芯片设计、制造和封装、传感器制造、电子标签读写机具、软件/中间件、系统集成、基础网络、增值服务、技术应用等为主要内容的产业链<br>• 构筑研发平台,帮助企业加快核心技术研发<br>• 打造厦门物联网智能城市平台<br>• 重视人才培养和引进<br>• 加强海峡两岸协作交流 | 无具体投资计划 |
| 提升优势特色服务业 | 商贸业 | • 完善商业设施布局<br>• 提升商贸业能级和业态水平<br>• 加快商业载体平台建设 | 计划投资 744 亿元。主要项目有中航工业现代服务业项目、世茂海峡大厦、吉家国际小商品交易中心、大嶝对台小额商品交易市场改扩建工程、厦门特易购购物中心、圣果院商业中心等。 |
| | 社区服务业 | • 建立和完善社区服务网络<br>• 积极发展社区就业服务<br>• 发展社区便民商业服务<br>• 大力发展社区卫生服务 | 无具体投资计划 |
| | 住宿餐饮业 | • 优化住宿餐饮业投资结构和市场结构,引进国际、国内著名的中式或西式餐饮企业,丰富厦门餐饮市场,提高厦门餐饮业的规模和档次<br>• 加快"特色商业街、美食一条街"建设,搞好配套设施,完善服务,发挥聚集效应<br>• 制定质量标准,开展"经济型酒店"达标工作,改善中小宾馆、招待所经营状况 | 无具体投资计划 |

续表

| 发展任务 | 包含产业 | 发展举措 | "十二五"计划投资 |
|---|---|---|---|
| 提升优势特色服务业 | 休闲娱乐业 | • 积极发展特色休闲娱乐项目<br>• 充分发掘和有效利用闽南特色文化资源，发展民俗文化、艺术、科技体验、宗教朝觐、茶文化、美食之旅等多元文化休闲娱乐产品<br>• 完善休闲娱乐产业政策、法律法规、技术标准与服务标准，建立健全有序的休闲娱乐运行机制，同时防止过度竞争<br>• 大力发展文艺演出业 | 无具体投资计划 |
| | 养老服务业 | • 建立健全公共服务协调机制和公共服务长效管理机制<br>• 鼓励和支持社会力量参与、兴办养老机构<br>• 加强养老机构服务队伍建设 | 无具体投资计划 |

### 3. 积极打造七大服务业集聚区

（1）旅游集聚区。岛内区域包括：鼓浪屿—仙岳山—万石山风景名胜区、环岛路曾厝垵—五缘湾片区、鹭江道观光区和东渡港区。岛外区域包括：海沧片区、集美片区、同安片区和翔安片区

（2）物流集聚区。岛内区域包括：现代物流园区（包含东渡港区、保税物流园区、保税区、航空港物流园区和保税区二期五大片区）。岛外区域包括：海沧保税港区、前场物流园区、厦门火炬保税物流中心（B型）、刘五店物流园区。

（3）金融集聚区。一是厦门两岸金融中心，包括思明中城片区和湖里五通、高林片区。二是鹭江道—湖滨北路沿线金融集聚区。

（4）商务营运中心集聚区。岛内区域包括：观音山国际商务营运中心、五缘湾商务营运中心、湖里金山财富广场。岛外区域包括：杏林湾商务营运中心、厦门新站营运中心、环东海域营运中心。

（5）商贸集聚区。一是培育壮大一批特色商业街，主要是规划建设"四区一带多街"的发展格局。二是规划建设10个以上大型商贸综合体。三是加快建设岛外四大新城区域商业中心。

（6）软件和信息服务集聚区。主要包括软件园一期、软件园二期和厦门科技创新园。

（7）文化创意集聚区。岛内区域包括：思明片区（着重打造"一岛二园三街"聚集区）、湖里片区（着重打造湖里文化创意产业园）。岛外区域包括：集美片区、海沧片区、同安片区和翔安片区。

## （三）大连：打造服务业集聚区引领经济发展方式转变

### 1. 构建"八位一体"服务业体系
大连市致力构建的"八位一体"服务业体系如图5所示。

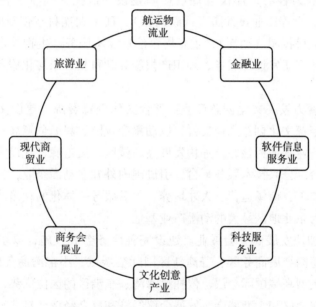

**图5 大连市"八位一体"服务业体系**

### 2. 按照比较优势设定不同发展优先级
（1）大力发展航运物流业。推进国际航运中心建设，重点规划建设保税区二十里堡、四岗区香炉礁、甘井子区空港、旅顺口区羊头洼、金州区铁路编组站、花园口经济区、瓦房店轴承物流、长兴岛物流园、庄河城北物流园区等综合物流园区。

（2）大力发展金融业。推进区域性金融中心建设，在主城区规划建设重点金融功能区，强化人民路金融商务区功能，加快发展东港集聚区和星海湾金融城建设，加快发展高新园区服务外包基地和大东沟金融后台服务基地，依托大连保税港区"境内关外"的政策优势，探索建设离岸金融中心，形成"二二一"金融发展空间布局。

（3）着力发展软件信息服务业。加快建设旅顺南路产业带，发挥高新园区的先导作用，加快建设国际软件与科技服务中心，构筑以软件信息、动漫设计、教育培训为支柱的新功能产业带。

（4）着力发展科技服务业。加快建设大连工业设计园，以旅顺南路软件产业带为核心，加快软件产业园建设，依托大连生态科技创新城（甘井子）、大连工业设计园（高新园区）、辽宁大连科技创新园（旅顺）和大连都市科技园（西岗），重点培育信息技术服务、生物技术服务、数字内容服务、研发设计服务、知识产权服务和科技成果转化服务等高端服务业。

（5）着力发展文化创意产业。整合文化创意资源，建设文化创意产业园区，培育文化创意产业集群，以动漫产业园、星海创意岛、钻石海湾文化创意产业基地为核心，加快发展高新园区动漫走廊，建设完善动漫设计服务平台、公兴技术服务平台，引进国内外知名动漫企业，打造原创制作、外包加工、市场运营、人才培养、售后服务一体化的动漫产业链，逐步发展成为东北地区最大的动漫产业基地。

（6）加快发展商务会展业。建设完善商务会展设施，以东港中央商务区、星海湾会展商务区、普湾新区国际会展城、小窑湾商务区为核心，积极承办大型高端国际会议，依托星海湾、东港区的区位优势，举办各种国内外高端会议和大型展会，发展会议经济和展会经济，打造世界级会展城市。

（7）加快发展现代商贸业。以统筹城乡商贸服务业协调发展为主线，重点规划建设完善大连国际农副产品批发市场、旅顺农副产品国际物流中心、北方粮食交易市场、大连水产品交易市场、华北路五金机电城等十大类20个大型专业商品交易市场。以优化商贸业布局、集聚现代业态和完善配套功能为重点，提升青泥洼桥、长春路、西女路、香炉礁物流园区等商业中心服务功能，加快建设培育中华路、南关岭新火车站、金马路、金州、旅顺、瓦房店、普兰店、庄河等新兴商业区。

（8）加快发展旅游业。按照"一环一岛，四片十区"①的全域化格局，努力把大连市建设成为东北亚著名旅游目的地和中国北方旅游集散地，把大连旅游业培育成为国民经济战略性支柱产业和人民群众更加满意的现代服务业。

### 3. 打造临海"V"字形服务业集聚带

大连服务业近海化发展的趋势非常明显，如图6～图13所示。

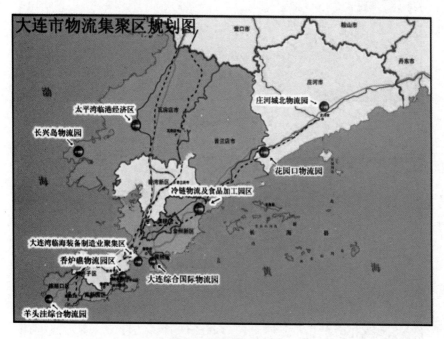

图6　物流集聚区分布

---

① "一环"由国家海岸和温泉走廊组成；"一岛"即长山群岛和近海岛礁；"四片"指南部都市旅游片区、东部黄海旅游片一区、四部渤海旅游片一区、北部生态旅游片区；"十区"包括钻石湾商务旅游区、旅顺口历史文化旅游区、金石滩旅游度假区、金渤海岸旅游度假区、普湾商务旅游区、龙门温泉旅游经济区、安波温泉旅游经济区、步云山深泉旅游经济区、长兴岛旅游经济区和庄河·花园口旅游经济区10个重点旅游聚集区。

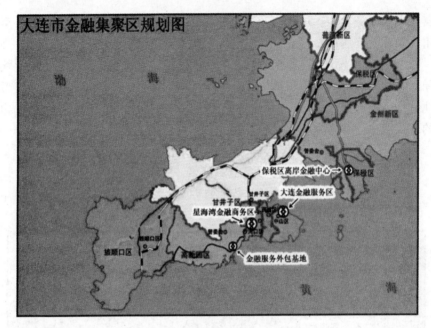

图7　金融集聚区分布

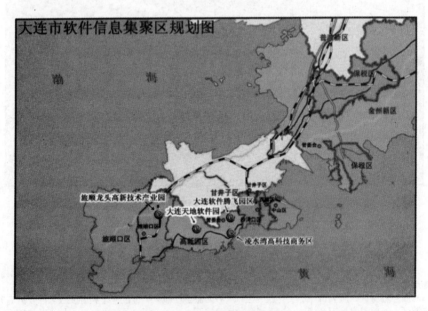

图8　软件信息集聚区分布

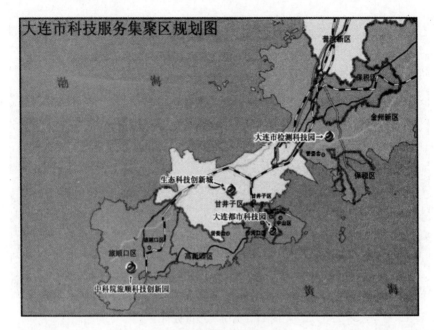

**图9 科技服务集聚区分布**

**图10 商务服务集聚区分布**

图 11　商贸集聚区分布

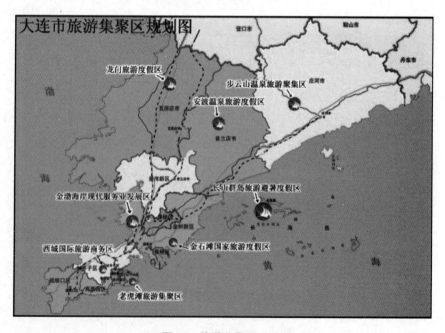

图 12　旅游集聚区分布

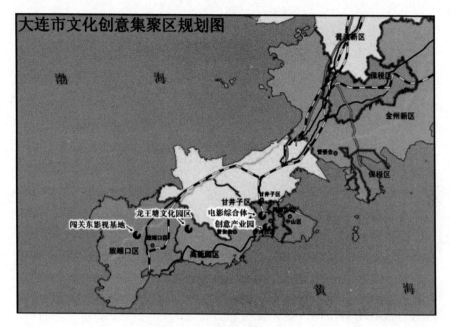

**图13　文化创意集聚区分布**

## （四）宁波：港城一体引领海洋经济强市建设

### 1. 多业态发展

作为浙江省第二大城市，长三角南翼经济中心，宁波发展服务业的基础较好，目前初步形成了图14所示的较为健全的服务业产业体系。

### 2. 大工程支撑

骨干工程Ⅰ——国家服务业综合改革试点工程。一是推进国际贸易展览中心经营模式创新，做好与保税区、梅山保税港区的联动合作，推进"前店后仓"式进口消费品交易市场建设。二是加快打造宁波保税区国际贸易示范区，以进口分拨、出口配送、第三方物流平台和期货交割库为重点，完善交易平台的基础设施条件，实施 PTA/LLDPE 期货交割仓库扩容。三是鼓励民间资本投资发展服务业，适当放宽市场准入条件，积极支持民营企业以独资、合作、联营、参股、特许经营等方式参与服务业投

| 优化发展生产性服务业 | 积极发展生活性服务业 | 加快培育新兴服务业 |
|---|---|---|
| • 国际贸易<br>• 现代物流<br>• 现代金融<br>• 现代商贸<br>• 商务中介<br>• 科技信息<br>• 现代会展<br>• 文化创意 | • 休闲旅游<br>• 社区服务<br>• 房地产业 | • 大宗商品交易<br>• 总部经济<br>• 电子商务<br>• 服务外包 |

**图 14  宁波市服务业产业体系**

资。四是探索企业分离发展服务业，鼓励企业整合和重组服务流程，推动企业上下游服务环节的外包，提高生产性服务业的市场化程度。

骨干工程 II——"三位一体"港航物流服务体系建设工程。一是加快推进大宗商品交易平台建设，发挥海铁联运优势，以液体化工、铁矿石、煤炭、钢材、镍金属、铜等为重点，积极打造大宗商品交易平台。二是优化完善集疏运网络，推进海铁联运，加快宁波铁路集装箱场站和支线建设，努力形成 30 万标箱/年的作业能力。三是强化金融和信息支撑，加快发展航运服务业，以及航运和物流金融服务，加快完善航运物流信息系统。

骨干工程 III——载体平台建设工程。一是打造两大产业集聚区，即杭州湾产业集聚区和梅山国际物流产业集聚区。二是建设 40 个产业基地。三是推进 160 个重点项目。四是建设 40 个城市综合体。

骨干工程 IV——企业主体培育工程。一是培育 200 家总部经济企业。二是发展 100 家贸易物流企业。三是做强 100 家现代物流示范企业。四是支持 50 家电子商务示范企业。五是形成 25 家大宗商品交易平台运营企业。六是做大 25 家中介服务企业。

骨干工程 V——标准化、品牌化建设工程。一是推进标准化建设，扩大服务标准覆盖范围，重点在物流、金融、电信、运输、旅游、体育、商贸、餐饮等行业和新兴行业贯彻国家、行业服务标准，加快制订符合宁波市产业发展需要的地方服务标准。二是推进品牌化建设，建立和完善服务业品牌培育规划，制定服务业名牌培育发展计划。

骨干工程Ⅵ——人才培育工程。一是大力推进高端人才引进计划，利用高洽会、"财富宁波"引进服务业急需的中高级人才，大力实施海外高层次人才"3315"计划、外籍人才引进"3315"计划和全球高端创新创业团队引进"3315"计划。二是积极实施万名现代服务业人才培养工程，重点培养现代物流、会展策划、服务外包、金融服务、国际贸易、涉外会计、涉外法律等人才。

### 3. 全区域联动

宁波市结合各县市（区）经济发展基础和城市功能定位，进一步强化中心城区集聚功能，积极打造增长极，大力构筑辐射网，形成区域分工明确、产业节点分明的服务业体系，实现区域内的差别化竞争和错位发展，努力形成以海曙、江东、鄞州、江北、北仑与镇海六区为核心，以余姚、慈溪、杭州湾新区为协同北翼，以象山、宁海和奉化为协同南翼的"一核集聚、两翼协动"的全域互动发展格局。

## 三、秦皇岛市服务业功能定位与发展方向

### （一）发展评估

### 1. 产业竞争态分析

（1）现代旅游。自1898年清政府将北戴河开辟为"各国人士避暑地"开始，旅游业便成为秦皇岛的优势产业。发展至今，有成就也有不足，如图15所示。

①大区位。秦皇岛地处环渤海旅游圈的核心地带，未来高铁开通推动京津秦同城化发展，"后花园"地位日趋突出。

②大品牌。如图16及图17所示，秦皇岛、北戴河等品牌知名度非常高。

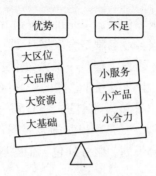

**图15 秦皇岛旅游业发展的优劣势对比**

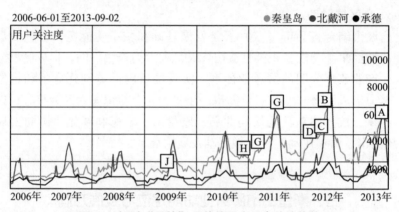

**图16 相对"承德"品牌的百度用户关注优势**

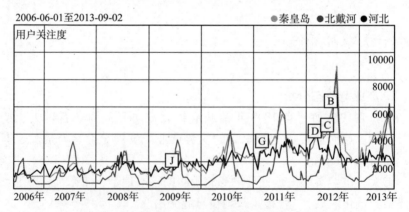

**图17 相对"河北"品牌的百度用户关注优势**

资料来源：百度指数（http：//index. baidu. com/）。

除了国内知名，秦皇岛旅游的国际声誉也非常突出。2012年接待入境旅游者28.64万人次，占河北省同期接待入境游客总数的22.2%。特别是在全国入境旅游陷入低迷的不利情势下[①]，秦皇岛入境旅游依然表现良好，特别是欧美远程市场增长喜人（见表5），表明秦皇岛旅游品牌在国际上享有较高的知名度和美誉度。

表5　　　　　　　　　秦皇岛十大国际客源市场排名

| 位次 | 客源国 | 接待（人次） | 同比增长（%） |
|------|--------|-------------|--------------|
| 1 | 俄罗斯 | 52089 | 4.6 |
| 2 | 韩国 | 37572 | 4.2 |
| 3 | 日本 | 29000 | 5.1 |
| 4 | 德国 | 14697 | 5.1 |
| 5 | 美国 | 14404 | 8.7 |
| 6 | 英国 | 10056 | 7.7 |
| 7 | 法国 | 6795 | 10.8 |
| 8 | 马来西亚 | 6203 | 12.3 |
| 9 | 新加坡 | 5848 | 11.8 |
| 10 | 澳大利亚 | 5698 | 9.4 |

资料来源：秦皇岛市旅游政务网（http://lyzw.qhdta.gov.cn/）。

③大资源。一是旅游资源品质高，除了坐拥中国北方最优质的沙滩碧海，老龙头、天下第一关等旅游吸引物也是家喻户晓，为首批国家级5A景区。二是旅游资源组合好，拥有"山"、"海"、"关"、"河"全类型旅游资源。

④大基础。一是市场基础良好。2012年全年接待国内外游客超过2340万人次，游客居民比达7.3，约为河北省平均水平的2.4倍。二是产业基础稳固。截至2012年底，秦皇岛共有旅游星级饭店58家，其中，五星级饭店3家、四星级饭店13家、三星级饭店33家、二星级饭店9家。全市星级饭店共有客房8276间，床位1.53万张。共有各类旅游景区47家，国家A级以上旅游景区32家（34处），其中：5A级景区1家（3处），4A级景区15家，3A级景区6家，2A级景区10家。

---

① 2012年全国入境游负增长2.23%，2013年上半年跌幅进一步扩大为2.7%。

共有旅行社 182 家。①

⑤小服务。秦皇岛历来重视接待中央官员消暑度假，在对普通游客的服务上则有所忽视。中国旅游研究院公布的 2012 年全国 60 个城市的满意度排名中，秦皇岛仅位列第 38 位，2013 年前两个季度分别排名第 38 位和第 47 位。

⑥小产品。山海关景区、北戴河集发观光园、黄金海岸沙雕大世界、北戴河鸽子窝公园、南戴河国际娱乐中心、山海关乐岛海洋公园、北戴河老虎石公园、北戴河野生动物园、新澳海底世界、昌黎葡萄沟等一大批景区，但旅游产品多样性不足（特别是淡季产品严重缺乏），既有景区二次开发不够，体验性项目欠缺，这正是致使秦皇岛旺季旅游长期局限于七、八个两月（见图 18）的重要原因。

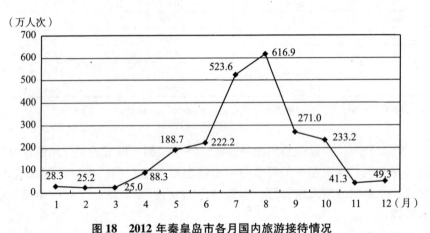

**图 18　2012 年秦皇岛市各月国内旅游接待情况**

资料来源：秦皇岛旅游局专题统计报表。

⑦小合力。一直以来，秦皇岛县县有旅游资源，县县做旅游产业，各自为政、盲目竞争普遍。另外，景区间的错位联动也不多见，特别是祖山、山海关古城等景区在基础设施建设还不完善的情况下完成了转包，整体利益让位于企业利益，短期利益让位于长期利益，难以形成全市一盘棋的共赢格局。

———————————

① 秦皇岛市旅游局提供资料。

（2）物流商贸。依托港口优势，秦皇岛物流商贸业成为其服务业中的支柱性产业，竞争态势见图19。

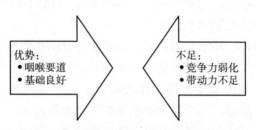

**图19　秦皇岛物流商贸业发展优劣势对比**

①咽喉要道。秦皇岛地处华北平原与东北平原往来的咽喉要道（见图20），是北煤南运重要通道。海运至上海688海里，至香港地区1364海里，与世界上100多个国家和地区的港口保持频繁的贸易往来。

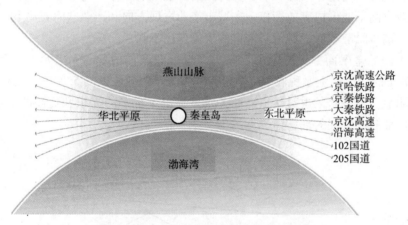

**图20　秦皇岛发展物流商贸业的区位优势**

②基础良好。一是交通条件优越。京沈高速公路、102国道、205国道等高等级公路穿境而过，京山、沈山、京秦、大秦等4条铁路干线与秦皇岛港口相连，多式联运便利。二是运输规模突出。作为我国最大的煤炭下水港，秦皇岛港在我国能源运输中一直发挥着巨大的作用。统计数据显示，2011年我国沿海煤炭一次下水量6.7亿吨，其中北方七港下水量6.1亿吨，占90.3%；北路通道四港下水量5.7亿吨，占北方七港的94.2%，

其中秦皇岛港下水量 2.5 亿吨，占四港的 44.4%。三是物流园区迅速发展。临港物流园区（省级）、青龙物流园区，以及依托新机场规划建设的空港物流园区都有良好的发展前景。其中临港物流园区已入驻企业 40 余家，2012 年实现产值达 40 亿元。

③竞争力弱化。环渤海湾各省、市抓住产业结构调整、转移的关键时期，纷纷以港口为突破口带动临港工业和腹地经济发展，带来周边港口间竞争日趋激烈。大连、天津提出建设航运中心，周边港口争夺矿石、原油，甚至煤炭等运输，不断蚕食秦皇岛的物流市场份额。

④带动力不足。多年来，秦皇岛港自身功能没有明显提升，与城市发展尚未形成良性互动。一方面，秦皇岛港能源运输通道特征明显，吞吐量中占 90% 左右的煤炭等大宗货物穿城而过，港口其他货类发展相对缓慢，综合运输发展滞后、不成规模，港口功能单一，对城市现代物流业、金融、保险等相关行业的促进作用尚未充分发挥。另一方面，地方经济发展未能充分利用港口资源吸引、支持相关产业发展，港口与工业园区、临港产业之间未能形成有效衔接，在城市产业发展方向和产业空间布局上都存在与港口脱节现象，城市对港口的支撑作用不强。

（3）金融商务。2012 年，秦皇岛金融业增加值 55.63 亿元，占全是 GDP 的 4.9%；上缴税收 10.27 亿元，占全市财政收入的 5.27%，支柱地位明显。经济繁荣也对秦皇岛商务发展提出了更多的需求和更高的要求，金融商务业发展的现实情况见图 21。

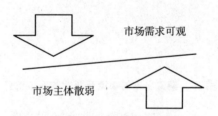
市场需求可观

市场主体散弱

**图 21　秦皇岛金融商务业现实**

①市场需求可观。一方面，现实需求可观。秦皇岛经济社会不断发展，生产生活对金融商务的需求已经具有较大的规模。截至 2012 年年底，秦皇岛金融机构本外币各项存款余额 1926.50 亿元，比年初增加 239.72 亿元，其中储蓄存款余额 1155.95 亿元，比年初增加 158.38 亿元；单位

存款余额 728.41 亿元，比年初增加 65.24 亿元。金融机构本外币各项贷款余额 1245.08 亿元，比年初增加 163.02 亿元，其中短期贷款余额 508.95 亿元，比年初增加 109.84 亿元；中长期贷款余额 713.94 亿元，比年初增加 53.69 亿元。保险业方面，截至 2012 年年末，实现各类保费收入 42.81 亿元，比上年增长 7.3%。其中，财产险保费收入 13.78 亿元，增长 16.8%；人身险保费收入 29.03 亿元，增长 3.3%。

②市场主体散弱。截至 2013 年 6 月底，秦皇岛共有金融网点 824 家，其中银行业金融机构 512 家，保险业金融机构 284 家，证券机构 9 家，小额贷款公司 19 家，金融从业人员达 2.2 万。虽然各类金融网点繁多，但是整体实力不强，且没有形成集聚效应。商务市场的发展情况，与金融业的散弱格局类似。

（4）会议会展。国内外经验表明，滨海度假型城市往往有较为发达的会议会展业。自 1954 年起，中国共产党高级领导人每逢夏季便会到北戴河召开被称为"夏季峰会"的北戴河会议。秦皇岛拥有发展会议会展业的天然优势，而实际情况则如图 22 所示的不尽如人意。

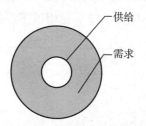

**图 22　秦皇岛会议会展业供需失衡**

①有需求：可以支撑秦皇岛建设区域性会议会展中心。北京每年召开近 30 万个会议，接待会议人数超过 2100 万人次，会议收入超过 125 亿元，接待约 1400 个展览，展览收入达 80 亿元。随着人们对交通、气候等条件的要求越来越高，以及高铁开通后北京至秦皇岛越来越便利，将可能有越来越多的会议希望在秦皇岛举办。天津、唐山等地的情形也是如此。

②缺供给：难以承接京津唐等地会议会展的梯度转移。目前来说，秦皇岛的会议会展主要由其 49 家三星级以上酒店提供，会务公司主要包括海城会议服务有限公司、名城会议服务有限公司、千和会议服务有限公司

等小型企业，会议会展业设施低端，总量不足，特色不明显，服务水平不高，布局不尽合理。

（5）教育培训。秦皇岛教育资源较为丰富，培训机构林立，具有发展教育培训业的比较优势。

①教育培训机构汇集。秦皇岛拥有燕山大学、东北大学分校、河北科技师范学院、河北外国语职业学院等高等院校13所，在校生15.56万人，是河北省高等教育资源人均占有率最高的城市。统计数据显示，2011年秦皇岛拥有专任教师数5125，在河北省11个市中排名第4位。另外，全国人大干部培训中心、全国政协培训中心、国家发改委秦皇岛培训中心、河北省政府北戴河管理处等为数众多的培训中心齐聚北戴河，为秦皇岛做大教育培训产业打下了坚实的基础。

②教育培训外生性强。虽然各类培训中心云集，但是多数情况下有这些中心的上级部门组织培训活动，秦皇岛除了为培训人员提供附加值不高的餐食外，鲜能从中获益。从而导致了外部需求，外部供给，外部收益的发展局面。

（6）健康养生。秦皇岛是中国最大最知名的疗养基地，有做强做大的条件，然而实际情况不佳，一项不足相抵多项优势（如图23所示）。

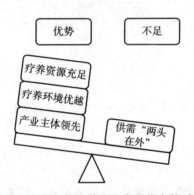

**图23　秦皇岛健康养生业发展优劣势对比**

①疗养环境优越。秦皇岛市的气候类型属于暖温带，地处半湿润区，属于温带季风气候。因受海洋影响较大，气候比较温和，春季少雨干燥，夏季温热无酷暑，秋季凉爽多晴天，冬季漫长无严寒，海水水质优良，森林覆盖率高，沙滩绵长，环境噪声小，是健康养生的胜地。

②产业主体领先。考虑到秦皇岛在环境、区位等方面优势，一直以来各类疗养机构蜂拥而至，仅北戴河区就有各类疗养机构 168 家，其中中直系统 6 家，部委系统 50 家，省、自治区、直辖市系统 46 家、新闻系统 5 家、院校系统 6 家、部队系统 15 家、公司系统 24 家、市级 16 家。

③疗养资源充足。虽然秦皇岛人口和经济总量在河北省均位居末流，但疗养资源却领先发展。2011 年，秦皇岛拥有卫生机构数，卫生机构床位数、卫生技术人员数和执业（助理）医师数分别为 1075 家、33282 张、31049 人和 13061 人，在河北省 11 个市中分别排名第 7 位、第 4 位、第 4 位和第 4 位。

④供需"两头在外"。虽然各方面条件优越，但是多数疗养机构外设，需求由外部引入，本地参与的广度和深度均严重不足。

（7）文化创意。秦皇岛具有较好的文化本底，虽然在政府主导下开展了很多的文化活动，但是产业化发展不足（如图 24 所示）。

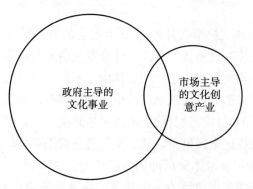

**图 24　秦皇岛文化创意产业发展态势**

①有优势资源，缺优势资本。秦皇岛拥有长城文化、孟姜女文化、战争文化、少数民族文化、孤竹文化、始皇文化、渔文化等多种文化资源，但是文化开发资金不足，尤其市场化的大手笔文化项目仍是空白。例如张家界同为知名旅游目的地，打造的大型文化演出就达六台，秦皇岛与之的差距非常明显。

②有大型载体，缺大型主体。截止到 2012 年年末，秦皇岛拥有各种艺术表演团体 14 个，群众艺术馆、文化馆 8 个，文化站 104 个。另外，北戴河区被评为 2012 年度河北省文化产业十强县，山海关长城文化产业

园被评为 2012 年度河北省十大文化产业集聚区，河北出版传媒集团北戴河文化创意基地被评为 2012 年度河北省十大文化产业项目。虽然文化载体初具规模，但是仍然缺乏大型文化企业主导文化开发和文化经营。

③有市场活动，缺市场活力。近年来，秦皇岛文化部门积极开展"百场戏剧下基层、千场电影进社区、万场电影送农村"活动，开展"政府买单百姓看戏"戏剧公益演出活动。举办了"国际长城节""望海祈福文化节"等节庆活动和"七夕中华爱情节""孤竹文化节""南戴河荷花艺术节""天女木兰节"等特色文化节庆活动。以"欢乐城乡"为主题，组织"城乡文化走亲""彩色周末"等群众品牌文化活动演出5000余场。文化活动成效显著，特别是大型现代评剧《家住长城头》在全国第八届评剧艺术节上获"优秀演出"奖，《海誓·南戴河》获省"五个一工程"奖，《秦皇岛传奇》获第 26 届中国电视金鹰奖优秀动画片奖。这些热闹非凡的文化活动，多由政府主导，仍属文化事业，而难称文化创意产业。

（8）体育运动。秦皇岛是第 29 届奥运会的协办城市，奥体中心熠熠生辉，其他各类体育设施较为齐全，体育业发展大有可为。

①天时。一是拥有奥运遗产。奥体中心不但能举办大型赛事，而且作为奥运品牌的组成部分可生发品牌价值。二是拥有广阔需求。随着生活水平不断提高，人们对体育健身的需求越来越旺盛。三是拥有民众基础。近年来秦皇岛大力推进全民健身活动，全民健身意识和科学健身水平显著增强。目前全市经常参加体育活动的人口已超过 130 万，占全市人口总数40% 以上。四是拥有产业活力。近年来，秦皇岛紧紧围绕"创建体育名城"主线战略，成功举办了包括女拳世锦赛暨伦敦奥运会资格赛、四国青年足球邀请赛等一系列国际国内体育赛事。

②地利。一方面，汤河西岸除了拥有奥体中心，还聚集了少年体校、中国足球学校、秦皇岛航海运动学校、搏击园等专业体育机构，同时还拥有燕山大学、警察学校、东北大学秦皇岛分校等校办体育设施，具有发展体育业的设施基础；另一方面，秦皇岛数十公里的优质沙滩和近海区域非常适合开展沙滩排球、沙滩足球、帆船、帆板、冲浪、水上摩托车、滑水等体育运动，而北部山区则适合开展山地自行车、攀岩、徒步等体育项目，滨海区域适合开展公路自行车、竞走、马拉松等项目。

（9）其他服务业

①信息服务。虽然秦皇岛具有一定的科技基础，全市建有国家级重点实验室1家，省级重点实验室9家，省级工程技术研究中心3家，国家级企业技术中心3家，省级企业技术中心14家，华为也在秦皇岛建立了北方数据中心，但由于京津地区的强势极化效应容易使得秦皇岛信息服务业产生"灯下黑"，做大做强的可能性不高，将软件服务纳入文化创意产业范畴打造更为合理。

②总部经济。交易成本大小是企业总部设置的关键，而企业将总部设在秦皇岛，可能因此而发生更多的包括时间、金钱和精力在内的交易成本，这正是全球企业总部倾向于集中在大城市的原因。因此，秦皇岛发展总部经济的现实性不高。

③房地产。一方面，秦皇岛市人均GDP居于河北省各市中下游，但是房价仅次于唐山和廊坊；另一方面，秦皇岛本地居民人均居住面积超过30平方米，且无住房人群比例较小。因此，秦皇岛房地产业主要依赖外需，特别是旅游度假房产比例较高，房地产业可作为健康养生业的子版块进行布局规划。

④居民服务。秦皇岛市人口规模和人均收入有限，居民服务业做大做强不具备充分条件。

## 2. 产业发展态评价

综合以上分析，充分考量国内外发展经验，可得秦皇岛各服务业综合发展指数如表6所示。

表6　　　　　　　　　秦皇岛服务业发展态评价

| 产业类目 | 发展条件 | 发展基础 | 发展前景 | 综合发展指数 |
|---|---|---|---|---|
| 现代旅游 | ★★★★★ | ★★★★ | ★★★★☆ | ★★★★★ |
| 物流商贸 | ★★★★☆ | ★★★★ | ★★★★☆ | ★★★★☆ |
| 金融商务 | ★★★☆ | ★★★ | ★★★★ | ★★★☆ |
| 会议会展 | ★★★☆ | ★★☆ | ★★★★ | ★★★ |
| 教育培训 | ★★★☆ | ★★★ | ★★★★ | ★★★☆ |
| 健康养生 | ★★★★ | ★★★ | ★★★★☆ | ★★★★ |
| 文化创意 | ★★★ | ★★☆ | ★★★ | ★★★ |

| 产业类目 | 发展条件 | 发展基础 | 发展前景 | 综合发展指数 |
|---|---|---|---|---|
| 体育运动 | ★★★★ | ★★★ | ★★★★☆ | ★★★☆ |
| 信息服务 | ★★ | ★★☆ | ★★ | ★★ |
| 总部经济 | ★★ | ★☆ | ★☆ | ★☆ |
| 房地产（度假地产除外） | ★★☆ | ★★★ | ★★★ | ★★☆ |
| 居民服务 | ★★ | ★☆ | ★★ | ★★ |

注：房地产业中不包括作为子斑块列入健康养生的度假地产。

## （二）发展方向

根据表 6 的评价结果，结合秦皇岛市情，以及产业发展的实际需要，本案确定秦皇岛应梯次发展二四二"橄榄型"服务业产业体系：

（1）大力发展两大主导服务业：现代旅游业、物流商贸业。

为表 6 中综合发展指数四星半以上产业。两大主导服务业具有良好的发展条件、发展基础和发展前景，应进一步彰显优势，凝聚合力，适度超前规划，丰富产品供给，推动资源整合、培育龙头性市场主体，力求做大做强。

（2）积极发展四大潜导服务业：金融商务业、会议会展业、教育培训业、健康养生业。为表 6 中综合发展指数三星半以至四星中的多数产业。因体育运动产业关联性不突出，专业性强，沿海各地竞争激烈，长期前景好但短期前景不突出，因而未被列入潜导服务业范畴。四大潜导服务业应进一步发挥比较优势，做足特色，利用外部资源开发外部市场，力求做深做透。

（3）培育发展两大新兴服务业：文化创意业、体育运动业。为表 6 中综合发展指数二星半以上三星半以下部分产业。两大新兴服务业应借助秦皇岛工商业的发展乘势而上，加大扶持力度，提升市场热度，先做"人气"再求"财气"，力求做精做响。

## （三）功能定位

（1）世界一流滨海度假胜地。秦皇岛具备打造世界一流滨海度假胜地的气候条件、资源禀赋、产业基础和品牌知名度。旅游业作为秦皇岛主导性服务业，世界一流滨海度假胜地是其发展的终极指向。应弱化建景区收门票的传统发展思路，从营造宜居宜游的生活环境入手，推动秦皇岛观光旅游向度假旅游转型升级。

（2）国际重要陆海物流大通道。秦皇岛的铁路物流和航运物流有很好的发展基础，但是物流产业链条短，仓储、配送、包装、流通加工、信息服务等附加值相对更高的物流环节因不具备优势而发展滞后，从而决定了秦皇岛将在较长时期内只能担当转运通道的职能，着眼物流大通道建设，逐渐延长产业链，推动港城一体，增进物流业关联带动效应是务实之举。

（3）环太平洋知名高端疗养中心。世界三大疗养基地分别为环地中海、环加勒比海和太平洋部分岛屿，秦皇岛作为中国最大的疗养基地，有条件也有能力发展成为环太平洋高端疗养中心。借中直、部委等疗养机构扩大向社会开放的契机，加大在健康诊疗、体检、养生餐饮、美容整形、健康数据管理、远程医疗、网上约诊、专业陪护、医疗保险对接等方面的项目建设力度，推进全业态集聚，实现来秦皇岛可实地享受大疗养，不来秦皇岛可通过网络享受小疗养。

（4）区域性现代服务业发展基地。一是环渤海重要的商贸会展基地。秦皇岛商流有限，可凭借出众的休闲环境吸引部分商贸会展外需，建设特色化、准高端化的商贸会展基地。二是中国后台金融服务基地。凭借优良的自然环境和成本相对低廉的商业环境，紧抓京津地区金融后台服务因成本压力而逐步外迁的机遇，秦皇岛可在金融后台基地建设中把握先机。三是京津冀经济圈文化创意产业孵化基地。文化创意型企业在发展的初期对土地出让金、租金、税收等在内的商业成本较为敏感，需要政府给予必要的扶持。秦皇岛有一定的文创人才基础，也有低成本的商业环境，可借助京津秦同城化契机，打造京津冀地区知名文化创意产业孵化基地。四是中国北方体育赛事及训练基地。秦皇岛具有中国北方地区最优良的水上运动比赛和训练条件，具有举办足球赛、公路自行车赛等大型赛事活动的硬件基础和经验，有奥运品牌可深度挖掘，应通过大活动造势，小活动造氛围，加大体育基础设施建设力度，加强与国内外体育机构或队伍合作，将秦皇岛建设成为中国北方夏季体育赛事和训练的首选地。

# 四、秦皇岛市服务业的总体布局规划

## (一) 布局原则

(1) 坚持量质并举,质量优先。积极运用"政府引领、企业参与、市场运作"的方式,争创服务业"大产业、大平台、大项目、大企业"优势。通过搭建一批服务业发展支撑平台,建设一批重大项目,支持一批示范企业,在推动服务业规模做大、速度提高的同时,进一步优化结构、提高效益、提升能级,努力推进服务业二次创业,为"产业立市"战略实施和经济社会快速发展提供强有力的支撑。

(2) 坚持突出特色,错位发展。充分发挥港口、区位和产业优势,大力发展包括现代旅游业和物流商贸业在内的主导服务业,积极发展包括金融商务业、会议会展业、教育培训业和健康养生业在内的潜导服务业,培育发展包括文化创意业和体育运动业在内的新型服务业,梯次推进二四二"橄榄型"服务业产业体系建设,实现服务业错位发展。

(3) 坚持创新驱动,精品引领。积极构建设社会化、网络化、专业化的创新服务体系,整合资源,集聚技术、资本、产业、人才等创新要素,增强服务业创新能力、提高服务业创新效率。通过大型度假综合体、疗养基地、商业综合体、购物街区、会展中心等精品项目建设,提升服务业发展能级。

(4) 坚持集聚集约,开放融合。顺应产业集群转型升级需要,依托集聚规模较大的产业集群,统筹协调城市中心、次中心、农村服务业资源,实现服务业城乡合理布局,注重提高县域服务业的服务水平和质量。牢牢把握京津地区服务业转移的机遇,积极利用两种资源和两个市场,在更大范围、更广领域、更高层次上参与服务业区域合作,实现竞合共赢。

## (二) 总体目标

实施服务业"二次创业"战略,通过增量调整引导存量优化,依托合理化布局推动产业规范发展和提档升级，突出旅游、物流、金融、商务、会议会展等产业的引领和带动作用，分阶段实施，不断做大秦皇岛服务业规模、做优服务业结构、做足服务业特色、做强服务业实力、做新服务业业态。

（1）近期（2013～2015年）：抓规划，理思路。按照服务业布局规划要求，按产业、按区块、按项目进行专项规划，确定发展方向，制定发展方案，统一发展认识，实行进入"二四二"框架体系的服务业项目实施"存量引导，增量调控"。到2015年，全市服务业增加值超过700亿元，占比全市GDP比重达50%，服务业从业人员占全社会从业人员的65%以上，旅游总收入相当于GDP比重超过18%，物流业增加值占GDP比重达12%。

（2）中期（2016～2020年）：抓落地，强基础。贯彻落实服务业布局规划及专项规划，促进项目落地建设，夯实发展基础，服务业梯度集聚发展格局基本形成，主要产业集聚区发展具有相对领先的规模和知名度。到2020年，全市服务业增加值超过1000亿元，占比全市GDP比重达54%，服务业从业人员占全社会从业人员的70%以上，旅游总收入相当于GDP比重超过22%，物流业增加值占GDP比重达14%。

（3）远期（2021～2030年）：抓提升，求跨越。以创品牌、注内涵、延链条、扩合作、促创新为主要工作抓手，以市场化为导向，培育龙头服务业企业，世界一流滨海度假胜地、国际重要陆海物流大通道、环太平洋知名高端疗养中心和区域性现代服务业发展基地基本建成。到2030年，全市服务业增加值超过2250亿元，占比全市GDP比重达60%，服务业从业人员占全社会从业人员的75%以上，旅游总收入相当于GDP比重超过28%，物流业增加值占GDP比重达18%。

## （三）总体布局

根据资源分布特点和产业集聚状况，全市服务业按照"带状发展，组团集聚"的要求进行空间布局，具体而言，就是围绕"一核、两翼、四片区"展开。核、翼、片区中集聚着若干专业化特色服务业集聚区和功能区，是推动秦皇岛市服务业发展的主要载体和骨干支撑。

一核：指海港区，是秦皇岛政治经济中心，集中了包括现代旅游业、物流商贸、金融商贸、会议会展、体育运动、文化创意等在内的全市服务业的主要业态，是全市服务业发展的主体。

（1）发展定位。发展成为秦皇岛市服务业的五大中心：物流商贸中心、旅游集散中心、会议会展中心、金融商务中心、体育运动中心。

（2）产业引导。积极发展现代物流、住宿、餐饮、购物、科教、体育、会展、会务、金融保险、旅行社、娱乐等产业。

（3）核心区块。东港港区、临港物流园区、迎宾路、汤和西岸、高教区。

两翼：一是包括北戴河新区、北戴河、昌黎和抚宁沿海保留地区在内的沿海西翼；二是以山海关为主体的东翼。

（1）发展定位。西翼发展成为秦皇岛市服务业的三大中心：休闲度假中心、健康养生、文化创意中心。东翼发展成为秦皇岛市服务业的一大中心：文化旅游中心。

（2）产业引导。西翼积极发展住宿、餐饮、健康诊疗及护理、文化创意、金融、度假地产等产业。东翼积极发展景区观光、住宿、餐饮、娱乐、临港物流、旅游装备制造等产业。

（3）重点区块。西翼以滨海两公里范围为重点。东翼以老龙头、乐岛、姜女庙、总兵府、五佛山等核心旅游吸引物及周边为主。

四片区：指依据秦皇岛市内陆四县的行政区划，建设昌黎、抚宁、卢龙、青龙四大县域服务业片区。

（1）发展定位。昌黎发展为秦皇岛旅游服务的葡萄酒文化体验中心，空港物流中心；青龙发展为山地旅游中心和现代物流次中心；抚宁、卢龙以县域物流商贸次中心为定位。

（2）产业引导。培育发展物流、住宿、餐饮、零售、乡村旅游等产业。

（3）重点区块。大型葡萄酒庄园、新机场、青龙物流园、祖山风景区，昌黎、青龙、抚宁及卢龙县城中心区。

# 五、主要服务业发展重点与布局规划

## （一）现代旅游业

### 1. 发展重点

（1）观光做精，度假做强。通过丰富产品、优化环境、完善配套等多种途径做大做强老龙头、乐岛、祖山等精品景区。依托滨海旅游资源绝对优势，借助京津秦一体化契机，打造和提升滨海休闲度假产业集群，实现"旺季更旺，淡季不淡"。

（2）山海联动，综合发展。加快石河一河两岸景观建设，打通山海旅游联通主轴，开发山海组合旅游产品。利用北戴河品牌及疗养资源集聚优势、海港区养生文化和著名港口优势、山海关长城海岸优势，加大养生度假、会展节庆、邮轮游艇等旅游产品开发及推广力度，推动我市旅游从大市场向大产业发展。

（3）全域整合，以创促建。理顺景区管理与经营的体制机制，推进全市旅游资源整合。以旅游综合改革示范区建设为契机，以科学做好北戴河新区旅游化发展为突破口，以争创国家旅游休闲度假示范区、中国乡村度假旅游示范区、山地度假旅游示范区、国家海洋文明旅游示范区指引，以祖山、乐岛等景区争创更高 A 级景区为抓手，通过争创品牌推进旅游建设。

### 2. 布局规划

旅游业涉及"吃、住、行、游、购、娱"等各个产业，应按照"两带四团两区"的"242"空间布局错位发展。

（1）两带。

①滨海休闲度假带。充分利用百里优质滨海岸线资源，以休闲度假、健身养生、商务会展旅游为龙头，加快旅游多元化产品、中高端项目、重点片区建设和中高端游客市场开发，建成一批有规模、上档次、高品位的拳头旅游项目。积极培育商务会展、文化娱乐、健身养生、医疗康复、生

态庄园、工业体验等新兴业态。打造北戴河新区休闲旅游产业聚集区、北戴河休疗度假产业聚集区、西港商务会展集聚区、汤和西岸体育运动产业集聚区、临港物流园区、海港区圆明山旅游产业聚集区等一批各具特色的休闲旅游产业聚集区。

②长城文化观光带。以万里长城为品牌特色，以长城文化为核心，以五佛山佛教文化为引擎，充分挖掘沿线山地生态、民俗文化、历史传说、宗教等旅游文化资源，利用现代经营理念加快产业化开发，打通南北走向的海山组合线路，形成大小旅游回环，打造山海关山地旅游产业聚集区、五佛山宗教朝圣旅游集聚区、山海关关城文化旅游集聚区等一批特色化旅游产业聚集区，最终成为长城文化特色的旅游观光基地和休闲基地，形成与滨海沿线相呼应的服务业增长极。

（2）四团。

①海港区：都市旅游领先发展组团。依托西港搬迁原址，规划建设高星级度假酒店、会展中心、邮轮停靠码头、滨海景观带、高端旅游综合体等设施，加快园明山旅游产业聚集区建设。规划建设金融商务、文化创意、体育运动等载体，将海港区打造为我市旅游的集散中心和消费中心。

②北戴河新区：滨海度假旅游领先发展组团。依托大海、沙滩（沙丘）、林带、鸟类等资源优势，以"欢乐海、休闲湾"为核心理念，面向现代旅游发展需求，突出发展高端休闲旅游、文化主题创意、商务会奖经济、离区免税购物、旅居度假、游艇等旅游新业态，努力引进国际国内知名旅游集团，着力启动一批旅游综合体项目，培育一批龙头带动型旅游产品，打造以低碳生态为基础，以现代服务业为支撑，世界一流的休闲度假目的地。

③北戴河区：度假疗养旅游领先发展组团。从谋划高端旅游项目、建设高端旅游设施、开发高端旅游产品、开拓高端旅游客源等多方面入手，促进旅游产业向高端化、国际化、现代化、特色化发展。实施旅游精品战略，积极培育会议会奖、文化娱乐、健身养生、医疗康复、美容整形、文化演艺、生态庄园等新兴业态，着力构建现代旅游产业体系，扎实推进以景城一体为基础的5A级景区整体创建，打造世界一流康体养生城。

④山海关区：长城文化旅游领先发展组团。主打万里长城起点和海上长城的特色品牌，严格控制并合理规划建设老龙头周围人造建筑，加强山

体绿化和沙滩改造；按原貌修复长城关隘及与明长城守军军事训练、日常生活有关的各类建筑和设施；将长城文化体验与山地生态休闲健身运动相结合，利用丰富多彩的长城文化、红色文化、宗教文化、山水生态和乡村民俗旅游资源，层次渐进地开发滑雪、温泉、攀岩等各色参与体验型、健身养生型、体育探险型旅游产品；以石河生态防洪综合整治工程为突破口，加快"一河两岸"景观改造，作为连接老龙头与五佛山南北连接的景观廊道；发挥角山、长寿山、燕塞湖等国家森林公园和地质公园的优势，利用其优美的自然风光和舒适的环境气候条件，开展湖泊休闲度假、山地休闲健身运动、寿文化休闲养生项目和科普教育及观光旅游活动；加快五佛山景区建设，通过举办各种佛事、佛学讲坛、佛教庆典和富于地域特色的佛教文化观光体验活动，打造北方佛教名山。不断挖掘文化内涵和完善服务设施，将山海关打造成为以生态景观、军事文化、建筑文化为主，融山、海、城、佛于一体的风景名胜区。

（3）两区。

①抚宁、昌黎、卢龙：乡村旅游新兴区。依托酒葡萄种植优势，借助"中国酒葡萄之乡""中国干红葡萄酒酒城"和"中国酿酒葡萄基地"等称号，依托华夏长城和朗格斯酒庄两大葡萄酒生产企业品牌，建设集葡萄酒博览宫、酒文化广场、酒吧一条街、酒养生坊等于一体的复合型葡萄酒庄园，提供观光、参观、品尝、住宿、会员服务和文化体验等综合性旅游服务，打造葡萄酒文化旅游产业聚集区。开发一批知识性、趣味性、竞技性、娱乐性、参与性强的特色乡村旅游项目；规划一批乡村旅游度假区、生态旅游示范区；包装策划一批具有影响的乡村旅游文化、美食、采摘等节庆活动，努力打造生态休闲、观光采摘、文化体验、运动健身等多重功能、各具特色的乡村旅游聚集区和山区综合保护开发示范区。

②青龙、抚宁北部：山地生态旅游新兴区。理顺祖山经营体制，依托"北方小黄山"品牌，加快旅游公路建设，以及包括停车场、观景台、滑道、旅店等在内的旅游基础设施建设，突出地质生态、特色植物和佛教文化，通过举办登山运动、木兰花节、礼佛等活动，将祖山打造为秦皇岛北部长城山地旅游新增长极。选择满族民俗保留较为完整的乡村，结合社会主义新农村建设，连村成线，细分功能，各村侧重满族文化不同方面，建设满族风情系列村。

### 3. 骨干项目

为推进秦皇岛市旅游产业功能分区调整和经济效应显著提升，应加大力度规划建设以下重点项目。见表7。

表7                    **秦皇岛旅游业发展骨干工程**

| 编号 | 项目名称 | 建设内容 | 项目选址 |
|---|---|---|---|
| 1 | 石河两岸景观走廊 | 河段分主题建设，还包括游步道、一河两岸生态景观、拦水大坝、游船码头、游客亲水区、轮船酒店等建设，以及石河南岛开发 | 山海 |
| 2 | 祖山景区提升 | 按照5A标准提升建设 | 青龙 |
| 3 | 五佛山景区提升 | 5佛雕像、停车场、游客中心等 | 山海关 |
| 4 | 西港半岛度假村 | 高端酒店、邮轮码头、会议厅、海上游泳池等。 | 海港 |
| 5 | 圣蓝皇家海洋公园 | 1个海洋公园；1个五星级豪华会所；1个游艇俱乐部和别墅群，1个游艇维修维护中心；1个游船码头。 | 北戴河新区大蒲河 |
| 6 | 恒大金碧天下 | 滨海旅游度假区、乐世界海洋公园、五星级酒店、体育休闲公园、国际运动竞技中心 | 北戴河新区大蒲河 |
| 7 | 奥特莱斯名品折扣店 | 奥特莱斯主店500亩；世界名品一条街 | 北戴河新区大蒲河 |
| 8 | 黄金假日滨海度假城 | 红酒广场；五星级酒店；旅游峰会永久论坛会址；高尔夫球场 | 北戴河新区赤洋口 |
| 9 | 北戴河国际旅游度假中心 | 体育休闲公园、酒店、滨河公园、购物广场等。 | 南戴河 |
| 10 | 葡萄岛离区免税购物岛 | 参考海南岛离岛免税模式，建设封闭运营的免税购物综合体。景观桥、定海神针、商业街、美食街、酒吧街、游艇俱乐部、游艇服务基地 | 北戴河新区葡萄岛（人工岛） |
| 11 | 秦皇岛旅游集散中心 | 咨询大厅、一日游运营部、投诉大厅、餐饮部等 | 海港区 |
| 12 | 金梦海湾未来岛 | 亲水游客设施、高端度假综合体等 | 海港区 |
| 13 | 温泉小镇 | 可考虑分时度假模式，适时申请4A级景区 | 抚宁 |

## （二）物流商贸业

### 1. 发展重点

（1）三位一体，多式联运。充分发挥我市区位和综合交通优势，以港口物流为龙头、陆路物流为支撑、空港物流为补充，形成"三位一体"物流体系。重点是加快实施"西港东迁"工程，优化岸线布局，完善港口功能，加强港城互动，畅通蒙东、辽西等内陆腹地的物流通道，拓展海上物流大通道。

（2）着眼内需，延伸链条。逐渐弱化转运港功能，立足本市产业特色，扩大发展装备制造业物流，提升商贸物流、葡萄酒物流和农产品物流，加快发展集装箱和散杂货物流。加强与大型物流企业合作，改善物流发展环境，引导物流产业链向包装、加工、信息服务等领域延伸。

（3）因地聚集，合力突破。依托既有产业优势和布局特点，因地制宜，着力打造秦皇岛临港物流园区、山海关临港物流园区、出口加工区保税物流园区、空港物流园区，以点带面，形成合力，将秦皇岛建设成为国际重要陆海物流大通道。

### 2. 布局规划

结合港口城市特点，根据重大基础设施分布特点和产业聚集状况，全市物流商贸业应按照"一心、三园、多节点"进行空间布局。

（1）一心。

临港物流商贸中心。范围包括秦皇岛临港物流园区和东港区，建设"前港后园"的综合性物流中心。充分发挥海铁联运优势，推进港口、物流园区港联动。提升煤炭物流，依托北煤南运主枢纽港和煤炭运输主通道优势，形成全国最大的煤炭转运和价格形成中心，建设全国煤炭电子交易平台，打造面向京津、衔接东北和华北的综合性港口物流分拨中心。拓展散杂货物流，大力发展集装箱和冶金、汽车、日用消费品杂货物流业务，形成连接东北和京津汽车生产基地、辐射华北和东北市场的汽车中转基地，玻璃建材集散中心和新型石化建材采购中心。培育化工物流，依托化工码头群和新奥秦港甲醇储运项目，打造北方最大的千万吨甲醇集散基地。推进临港保税物流园区建设，做大进出口贸易。

（2）三园。

①山海关临港物流园。规划整合海港、铁路、公路资源，突出公路铁路海运多式联运、制造业与物流业联动、区港联动、进出口物流联动四大优势，壮大重型装备物流，提升哈动力重装码头、山船码头和山海关港功能，以动力设备物流项目为龙头，形成以东北、华北重大装备制造基地为依托，面向区域和国际市场的重大装备定制化物流中心、组装中心和出海基地。做强粮油物流，发挥连接东北和华北两大粮食主产区的区位优势，打造中国北方最大的跨省粮油交易中心。

②昌黎空港物流园。强化临空经济基础。按照"零距离换乘"和"无缝隙衔接"的要求，加快基础设施建设，拓展国内国际航线资源，扩大货物吞吐能力。积极开展航空快递物流、区域快件分拨、订舱报关等业务，打造成与京津沈机场错位经营的开放门户。

③青龙物流园区。依托矿石物流优势，积极引进连锁经营、仓储保鲜、物流配送、综合运输等大型流通企业，整合城市商贸物流和农产品物流，打造秦皇岛北部物流中心。

（3）多节点。

以各县县城为节点，利用"万村千乡""家电下乡""农超对接"工程，加快推进县集贸市场迁建、农村集贸市场升级改造等工程，构建比较完善的城乡流通网络。因该类物流需靠近服务服务主体，不适合进行布局规划，因此不规划特定的产业园区或集聚区。

### 3. 骨干项目

为推进秦皇岛市物流商贸产业功能分区调整和经济效应显著提升，应加大力度规划建设以下重点项目。见表8。

表8         秦皇岛物流商贸业发展骨干工程

| 编号 | 项目名称 | 建设内容 | 项目选址 |
|---|---|---|---|
| 1 | 西港东迁工程 | 西港港口功能搬迁东港，东港借此加快发展集装箱、干散货等物流，推进码头、公路、铁路、航空等不同类型物流结点的有效衔接与高效配置，及港口由单一卸载港向现代物流港转型。 | 海港 |

续表

| 编号 | 项目名称 | 建设内容 | 项目选址 |
|---|---|---|---|
| 2 | 空港物流园区 | 以航空物流企业为依托、以行业整合为主线、以高新技术流通加工和先进制造企业为补充，积极开展航空快递物流、区域快件分拨、订舱报关等业务。依临空经济带动的高端要素集聚效应，规划建设高档公寓、会议、办公、超市、银行等综合商务配套服务设施。 | 昌黎 |
| 3 | 全国煤炭电子交易平台 | 为全国煤炭交易商提供信息查询、抵押融资、电子支付、网上交易、国际分销、国际采购、合同采购等服务。围绕多品种煤炭资源，积极开展远期需求预测、电子交易、期货交易等业务，建立健全现货价格指导机制。 | 海港 |
| 4 | 石油海上分拨中心 | 建设面向环渤海石化企业和国家原油战略储备基地，积极开展石油海上运输、仓储配送、槽罐运输、国际原油分拨分销等业务。 | 海港 |
| 5 | 石化产品交易中心 | 围绕沥青、丙烯腈乙烯、丙烯、苯、二甲苯等石化基本原料，面向石化上下游企业，积极开展仓储、配送、交易、信息等业务，形成环渤海地区石化产品集散中心。 | 海港 |
| 6 | 综合保税区 | 依托临港物流商贸中心建设，封闭运行。 | 海港 |
| 7 | 新火车站商贸中心 | 建成铁路物流枢纽 | 海港 |
| 8 | 城乡物流一体化工程 | 围绕果蔬、葡萄、水产养殖等特色产业基地，加快推进特色产业基地配套物流项目建设，形成一县（区）一基地的物流产业格局。整合"村村通"、"万村千乡"、农资超市、村邮工程，统筹配套进行涉农通道、物流节点和信息化建设，推进班车小件快运和客货运一体化场站建设，形成城乡一体的"两小时物流圈"。 | 全市 |

## （三）金融商务业

### 1. 发展重点

（1）抓全业态发展，形成结构合理的综合金融格局。以金融发展与经济增长的良性互动为根本，以金融和投融资改革创新为动力，主动融入京津冀金融一体化，借助京津金融业的优势，逐步健全全市货币、资金、保险等市场体系，培育壮大银行、保险、证券等金融服务业，形成结构合理、功能齐全、安全高效的区域金融发展格局。

（2）抓多渠道创新，形成规范高效的现代金融体系。积极推进资本市场化运作，大力推进企业上市，灵活运用发行公司债券、股权收益权信托计划、融资租赁等渠道，创新直接融资方式。鼓励和支持信用评级等信用中介服务机构的发展，推动规范会计、审计、律师、资产评估、投资咨询、保险代理等中介机构的规范运作，提高中介机构的诚信经营和专业化服务水平。稳步拓展典当行和小额贷款公司的机构数量和业务范围，引导典当行进行专业化的特色业务创新，规范小额贷款公司试点，推动小额贷款公司与银行的合作创新以扩大信贷资金来源。

（3）抓增长极培育，形成区域性金融后台服务基地。顺应城市人口西移的大趋势，围绕金梦海湾打造第二金融商务区。积极打造金融后台服务基地，推动金融业实现新的跨越，建成省内重要的金融集聚区。

## 2. 布局规划

以海港区传统金融商业区为基础，以北戴河新区为支撑，形成"一轴三片多点"的空间布局。

（1）一轴。

迎宾路金融商务发展主轴。抢抓列入全国服务业综合改革试点城市的机遇，依托沿路既有金融及酒店设施，推进提档升级，适当建设高档金融商务设施，进一步深化银行管理体制和经营机制改革，完善内控制度，提高信贷风险管理水平；创新信贷产品，建立信贷投放激励机制以引导信贷资金合理投向，发挥银行业的领军作用。积极引进全国性和外资金融机构入驻设立分支机构或出资设立法人外资机构。引导区域内现有证券公司建立健全内部控制、加强风险管理、建立高效科学的运行机制，帮助本地企业上市。逐步建成集银行、保险、证券、期货、信托等各项业务全面发展的高档金融商务一条街。

（2）三片。

①太阳城都市商业片区。近期以大阳城商业街为中心，建设大街以南，京山铁路、朝阳街以北，大汤河以东，建国路以西形成的区域。远期纳入市级行政中心搬迁腾出的城建用地。依托太阳城商业街、金三角商业街、鑫园商场、华联商场、茂业百货、明珠购物中心、天洋西厅、乐都汇购物广场、茂业大厦、金原超市、秦皇岛商城、金原商厦、新天地购物广场、现代购物广场、淄博体育用品商场、银行网点等既有金融及商业设

施，进一步吸引国内外知名商贸流通企业、零售企业、金融企业、酒店等入驻，形成辐射秦皇岛全市的市级商业中心。

②金梦海湾高端商务片区。山东堡及其附近区域。太阳城中心商业片区面向普通大众，金梦海湾高端商务片区则定位高端。依托金梦海湾等既有高端商业设施，引入国内外大型金融商务机构和跨国公司地区总部或功能中心入驻，引进国际奢侈品专卖店，与万达、万科等企业合作建设城市商业广场，补充建设海鲜餐饮、商务酒店、咖啡馆、茶馆等商业设施，建成滨海高品质金融商务区。

③北戴河新区金融后台服务中心片区。充分利用众多金融部门在秦皇岛市设立培训中心和疗养中心的优势，采取措施积极引进金融机构结算中心、客户服务中心、呼叫中心、数据处理中心、培训教育中心和金融新产品研发中心等入驻，逐步建设集金融、休闲、商务功能于一体的金融次中心。

（3）多点。

以各区县城为节点，按照与城市区同城化管理和同城化发展的要求、进一步优化金融资源，提升金融业水平。不断完善农村县域金融体系，以适应农村城镇化、产业化、现代化建设和农民生产生活的需要。鉴于此类节点需靠近服务对象，较长时期内难以形成规模，因此不规划特定的片区或集聚区。

## 3. 骨干项目

为推进秦皇岛市金融商务产业功能分区调整和经济效应显著提升，应加大力度规划建设以下重点项目。见表9。

表9　　　　　　　　　秦皇岛金融商务业发展骨干工程

| 编号 | 项目名称 | 建设内容 | 项目选址 |
|---|---|---|---|
| 1 | 金融后台服务中心 | 积极争取国内金融机构总部到秦皇岛市设立后台业务、产品研发、客户服务、人员培训、数据备份中心，不断提高金融机构集中度，增强吸引和配置金融资源的能力 | 北戴河新区 |
| 2 | 金梦海湾 CBD | 引入国内外大型金融商务机构和跨国公司地区总部或功能中心入驻，引进国际奢侈品专卖店，与万达、万科等企业合作建设城市商业广场，补充建设海鲜餐饮、商务酒店、咖啡馆、茶馆等商业设施 | 海港区 |

## （四）会议会展业

### 1. 发展重点

（1）打响会议品牌，承接会议转移。一是利用"北戴河会议"品牌优势，大力宣传秦皇岛会议胜地旅游形象。二是依托秦皇岛市优势生态和商业环境，把握京津秦一体化机遇，通过设施完善、引进大型会务公司、人头奖励等各种方式，积极引入信息发布会、研讨会、产品展示会、研修会、机构总结会等各种会议来秦皇岛市举办，打好夏季北戴河会议品牌，筹划举办冬季北戴河论坛，做热会议产业。

（2）完善会展设施，打造会展精品。以西港东迁为契机，通过建设大型会展中心、大型度假综合体、游艇码头、滨海景观长廊等设施，举办大型展览，打造西港会展基地，做大会展产业。

### 2. 布局规划

结合滨海度假型城市特点，根据既有会议会展设施分布和产业聚集状况，立足西港东迁，全市会议会展业应按照"一心、一片、一带"进行空间布局。

（1）一心。

西港国际会展中心。以海滨路东段和东南山片区开发改造为突破口，推进西港区综合开发改造，按照国际一流、设施先进、功能齐备要求，规划建设集会展、商务服务、住宿餐饮等功能于一体的秦皇岛国际会展中心，成为城市新地标。依托深水港优势，建设邮轮停靠码头，与国际邮轮公司合作吸引赴日韩、东南亚等地邮轮在此停靠。建设集商务会展、金融商住、游艇会所、会议会展等于一体的半岛旅游综合体。建设滨海景观道，引进临海酒吧、咖啡店、海鲜酒楼等设施。策划举办游艇展、煤运机械展、葡萄酒博览会等国际性会展品牌。

（2）一片。

都市会议产业片区。范围为海港区主城区。依托海港区较为完备的酒店会议设施，加强与国内外知名会展城市的合作，大力开展商品展示、经贸洽谈等会议会展业务，全力打造国际性会议会展中心。整合旅游淡季设施资源，制定出台会议奖励办法，培育和引进会务公司，培训和引进礼仪、翻译等方面人才，积极引进各类会议。

（3）一带。

泛北戴河滨海会议产业带。范围为北戴河及北戴河新区滨海区域。依托北戴河国际会议中心、全球 CEO 北戴河新区国际会议中心、南戴河阳光国际会议中心等新兴会议设施，利用好各类机构在北戴河及南戴河建设的众多培训中心，加强与北京、天津等知名城市合作，加快配套设施建设，提升会议服务专业化水平，围绕"东北亚区域合作"、"国际能源合作"、"全球 CEO 论坛"等会议品牌，打造泛北戴河滨海会议产业增长带。

### 3. 骨干项目

为推进秦皇岛市会议会展产业功能分区调整和经济效应显著提升，应加大力度规划建设以下重点项目。见表10。

表 10　　　　　　　　　　秦皇岛会议会展骨干工程

| 编号 | 项目名称 | 建设内容 | 项目选址 |
|------|----------|----------|----------|
| 1 | 全球 CEO 北戴河新区国际会议中心 | 集会议、餐饮、住宿等于一体。 | 北戴河新区 |
| 2 | 西港国际会展中心 | 建成为秦皇岛滨海地标性建筑，包含游艇展、机械展、葡萄酒展等展区，以及千人以上会议区。 | 海港区 |

### （五）教育培训业

#### 1. 发展重点

（1）善于"借鸡生蛋"，通过盘活存量实现外部资源内化。以构建"产业高端、高端产业"为核心理念，发挥秦皇岛市教育资源丰富，特别是央直、企事业单位各类培训机构富集的优势，按照"大力发展高等教育、积极拓展职业教育、创新发展非学历教育"的发展思路，创新教育培训业发展机制和政策，将优势资源引向市场，形成双赢发展格局。

（2）勇于"借蛋生鸡"，通过创新增量实现内部需求外显。以"政府引导、多方合作、市场运作"为主要发展模式，依托秦皇岛市产业优势和发展势头，重点建设教育培训总部，积极开拓电子信息、工业制造、酿酒、品酒、专业护理、金融、会议会展、体育等方面的培训产业，全力打造国家级教育培训示范区。

**2. 布局规划**

结合秦皇岛市教育培训资源分布特点，全市教育培训应按照"两大组团"的空间布局错位发展。

（1）海港高教区组团。

①教育创新基地。一是积极拓展职业教育。以培养急需的各类职业和技能人才为重点，建设一批与产业发展和促进就业紧密结合、实效明显、具有品牌优势的高等和中等职业学校以及开放式实训基地。积极推动职业学校与企业合作，发展面向农村的职业教育，把加强各类技能培养作为服务新农村建设的重要内容，提高农村劳动力就业、创业能力。深入推进教育综合改革，鼓励、支持社会力量参与办学，完善多元化投资机制，建立多形式、多层次的职业教育体系。二是大力发展高等教育。加强对高等院校的支持和服务，合理配置高等教育资源，科学调整高等院校布局、专业结构和课程体系设置，大力发展本科教育，加快发展研究生教育。坚持高等教育与经济社会发展紧密结合，与人才需求结构相适应，加强"校地合作、校企合作"，实施创新教育"四个一"工程，即建立一支具有较强科研和教学能力的师资队伍，培养一批学科带头人和重点学科，创建一批重点实验室、精品课程、实验教学示范中心和产学研成果转化基地。

（2）南北戴河培训区组团。

职业培训基地。一是依托北戴河、南戴河各类培训机构集聚的优势，通过合作办培训，外联办培训、委托办培训等多种方式，密集筹办电子信息、工业制造、葡萄酒酿制、品酒、专业护理、养生、医疗、金融、会展、体育、导游、酒店管理等方面的培训会。与教育部、教育科学研究院等机构合作，为培训学员颁发资质证书。二是依托民间工艺园，建设民间工艺职业学校、培训基地和工艺制作体验园。完善职业技能鉴定、资格认证等功能，争取建立国家级民间工艺实训基地和职业资格认证中心。积极吸引游客参与工艺品选料制作，开展具有个性化特征的旅游纪念品自主设计和制作等服务。

### 3. 骨干项目

为推进秦皇岛市教育培训产业功能分区调整和经济效应显著提升，应加大力度规划建设以下重点项目。见表11。

**表11　　　　　　　　　　秦皇岛教育培训业发展骨干工程**

| 编号 | 项目名称 | 建设内容 | 项目选址 |
|------|----------|----------|----------|
| 1 | 秦皇岛高教园 | 依托现有教育设施积聚的优势，吸引京津地区高校进园办分校、二级学院，规划建设统一的学生生活区 | 海港区 |
| 2 | 北戴河职业培训中心 | 组建北戴河职业培训集团，与京津地区机构及高效合作开展电子信息、工业制造、葡萄酒酿制、品酒、专业护理、养生、医疗、金融、会展、体育、导游、酒店管理等方面的培训认证班 | 北戴河 |

### （六）健康养生业

#### 1. 发展重点

（1）大力发展全业态养生，打造世界级疗养基地。依托北戴河疗养品牌，推动健康养生业态产业化发展，在立足滨海沙滩优势发展生态环境健康养生的基础上，培育发展膳食调理健康养生、中西草药健康养生、运动强体健康养生、慢活优居健康养生、佛道禅修健康养生、远程诊疗健康养生等全类型、全季节养生。

（2）培育发展在线养生，建设全国首个疗养数据中心。依托康泰医学在电子医疗仪器研发和生产上的优势，结合秦皇岛市健康疗养业发展，探索发展面向全国的，包含血氧、血压、心电、脑电、监护、影像等在内的在线健康诊疗数据中心，为全国用户提供在线健康数据管理和咨询。

（3）引导发展相关业态，促进养生产业链纵深发展。通过健康疗养业带动医药研发、保健品开发、护理品生产、中草药种植、无公害农产品种植、健康养生器械生产、度假地产等产业的共同发展。

## 2. 布局规划

结合健康养生需求特点和秦皇岛市疗养资源分布，全市健康养生业应按"一中心、多基地"的空间布局全域化发展。

（1）一中心。

南北戴河健康疗养中心。一是依托现有疗养资源，开发错峰疗养产品。二是建设北戴河健康疗养中心，开发盐疗、泥疗、水疗、香疗、食疗等全类型产品，依托康泰医药的设备制造优势建立健康疗养信息中心，发展数字体检、健康生养数据管理和远程疗养。三是扶持发展一批规模化、专业化、标准化的绿色生态医疗健康和老年养护企业，创新周托、月托、季托等产品开发。四是大力发展度假地产，满足"候鸟型"人群需求。五是建设公共健身场地和设施，实现全域处处能健身。

（2）多基地。

全域性祈福养生基地。建设多种类型的养生基地，发展全域养生，叫响"养生福地，幸福人生"品牌。一是依托温泉小镇建设，打造温泉疗养基地。二是依托桃林口水库、祖山等北部山区气候好、人烟少等方面优势，利用分时度假等多种方式，发展群落式山地养生基地。三是依托五佛山宗教资源，打造禅修养生基地。四是开发农业采摘、开心农场等产品，发展田园养生基地。五是延伸产业链条，打造医药研发、保健品开发、护理品生产、中草药种植、无公害农产品种植、健康养生器械生产等养生服务基地。

## 3. 骨干项目

为推进秦皇岛市健康养生产业功能分区调整和经济效应显著提升，应加大力度规划建设以下重点项目。见表12。

**表 12** 　　　　　　　　　秦皇岛健康养生业发展骨干工程

| 编号 | 项目名称 | 建设内容 | 项目选址 |
|---|---|---|---|
| 1 | 北戴河健康养生中心 | 整合既有疗养资源，建设综合性疗养中心，开发盐疗、泥疗、水疗、香疗、食疗等全类型产品 | 北戴河 |
| 2 | 园明山龙泉国际养老中心 | 分健康疗养板块、托养板块和养老地产板块 | 海港区 |
| 3 | 健康疗养信息中心 | 依托康泰医药的设备制造优势建立健康疗养信息中心，发展数字体检、健康生养数据管理和远程疗养，建设中国第一个线上疗养中心 | 北戴河 |
| 4 | 秦皇岛现代养老社区 | 与保险及医疗机构合作，逐步开发生活自理型社区、生活协助型社区、特殊护理社区，以及持续护理退休社区 | 全市 |
| 5 | 北戴河新区艾阁恋家老年公寓暨温泉酒店 | 养老地产 | 北戴河新区 |
| 6 | 北戴河新区生态颐养度假中心 | 养老地产 | 北戴河新区 |

## （七）文化创意业

### 1. 发展重点

以完善体制、机制为突破口，制定支持文化创意产业发展的优惠政策，推动文化创意产业壮大发展。

（1）激活特色文化资源，着眼静态和动态相互结合。加快挖掘和整理民俗文化、历史传说、名人故事等非物质文化资源，运用现代技术和经营理念，进行产业化包装设计，发展文学、影视、动漫、演艺等表现手法和产业形态，增强可看性。

（2）提升文化产品结构，着眼常规和精品相结合。优先发展影视传媒、节庆会展、运动健身和演艺娱乐业，重点培育文化创意设计、新闻出版、动漫游戏和网络文化服务；大力培育一批文化精品，配合旅游业发展，打造一台反映秦皇岛历史特色和文化风貌的大型实景剧。

（3）建设文化产业园区，着眼分散和集聚相结合。完善文化创意产业园区、北方民间工艺产业园的综合配套服务，大力开发文化整理、设计创作、制作生产、表演展示、营销推广、娱乐体验、出版发行等多个服务环节和业态，实现一体化经营。鼓励有条件的园区申报国家级爱国主义教育基地和传统美德教育基地，进一步突出秦皇岛文化产业的公共教育功能和地位。

（4）加快文化设施建设，着眼软件和硬件相结合。合理保护和开发历史文物、名人故居、特色文化设施，继续谋划建设一批文化主题公园、遗址公园、博物馆、科技馆、体育训练场地、培训学校、演艺场馆等。

（5）办好文化庆典活动，着眼特点和卖点相结合。继续办好中国·山海关国际长城文化节、秦皇岛国际葡萄酒节、北戴河国际滑轮节、海港区求仙望海节、南戴河荷花节等特色文化庆典活动。

## 2. 布局规划

结合文化创意产业发展特点和秦皇岛市文创资源分布，全市文化创意业应按"一核、两极、三节点"的空间布局特色化发展。

（1）一核。

海港区文化创意产业综合发展核。范围包括海港区和经开区。托区域性政治、经济、文化、科技中心地位与多种文化资源聚集优势，重点发展创意设计、节庆、旅游商品研发制作、影视传媒、动漫创作、网络游戏、发行出版、演艺娱乐、软件开发等文创产品，打造成为带动全市服务业结构升级和实力提升的龙头组团。

（2）两极。

①北戴河文化创意产业增长极。积极推进河北出版传媒集团北戴河文化创意产业研发中心项目，重点做好五凤楼、"西三村"欧式风情小镇、戴河文化创意产业园、怪楼文化艺术片区建设，打造以北戴河创新剧场群、东方歌舞团为代表的演艺产业品牌。加快建立以公共博物馆、私人博物馆及各类展览馆建设为平台的文物展示交易体系。

②山海关长城文化体验极。按照"城区即园区"的理念和模式，积极探索文化创意与旅游产业联姻的发展模式，编排反映山海关战争史的大型演艺，以"龙城帝国"网游为基础，打造文化旅游新增长极。

（3）三节点。

①北戴河新区文化创意产业园。以北戴河新区文化创意产业园项目建设为契机，以世界特色文化展示、地方文化展示、动漫科技体验与制作、

高科技影视基地为主打，逐步发展成为秦皇岛文化创意产业西部次中心。

②碣石山—柳河北山—缸山片区。位于昌黎、卢龙、抚宁三县交界地带，地域范围包括昌黎县昌黎镇、十里铺乡等的碣石山周边、卢龙县刘田庄镇和蛤泊乡、抚宁留守营镇西部的缸山地带，产业主体是葡萄酒文化产品的观光及体验。

③青龙祖山奚族文化产业园区。依托"中国奚族文化之乡"品牌，推进中国奚族文化研究中心建立，建设奚族文化博物馆，逐步辐射发展青龙石刻，以及桔画、贝雕画、牛角雕、剪纸、核雕、绣花鞋等民间工艺集聚发展。

### 3. 骨干项目

为推进秦皇岛市文化创意产业功能分区调整和经济效应显著提升，应加大力度规划建设以下重点项目。见表13。

表13　　　　　　　　秦皇岛文化创意业发展骨干工程

| 编号 | 项目名称 | 建设内容 | 项目选址 |
|---|---|---|---|
| 1 | 综合性文化设施基础工程 | 包括市文艺家活动中心、市群众艺术馆新馆、市综合博物馆、市美术馆、秦皇岛地质博物馆、秦行宫遗址博物馆、秦皇岛港口博物馆、民俗博物馆、非遗展示中心、斑鬣狗化石博物馆、板厂峪长城文化博览苑等 | 全市 |
| 2 | 秦皇岛大剧院 | 中远期规划建设，排演大型舞台剧 | 西港 |
| 3 | 海上音乐厅 | 中远期规划建设 | 北戴河 |
| 4 | 动漫产业园 | 依托北戴河东部软件园，适当改造和新建部分动漫产品研发制作和办公设施，并制定优惠政策和措施吸引外地动漫企业和投资商以及相关人才入驻。利用燕山大学、东北大学等高校的技术和人才优势，积极投入动漫游戏作品的创作研发，转化、包装本地优秀文化资源 | 北戴河 |
| 5 | 名人别墅影视汇 | 以北戴河老别墅群为依托，开辟策划接待、室内影视拍摄和剧务后期制作，吸引京津地区影视制作公司和文化传播企业进驻，形成影视产业制作集聚区，逐步形成省级、国家级影视产业示范基地 | 北戴河 |
| 6 | 文化产业学院 | 利用现有秦皇岛职业技术学院的各类校园设施，与燕山大学相关专业合作办学，开办新闻传媒学、影视动漫学、软件设计学等专业，培养文化产业开发、设计、创作和经营管理等方面的人才，并举办相关培训班 | 海港区 |

续表

| 编号 | 项目名称 | 建设内容 | 项目选址 |
|------|----------|----------|----------|
| 7 | 民间工艺园 | 吸引抚宁县麦秸画、贝雕画、牛角雕、剪纸、核雕、绣花鞋及青龙石刻等民间工艺到产业园区发展，形成中国北方最大的工艺品生产基地、经营集散地、旅游纪念品的供应基地 | 青龙 |
| 8 | 互动软件园 | 利用秦皇岛经济技术开发区的土地、政策、人才和技术等方面优势，吸引互动软件企业入驻园区，并鼓励学生自己创业建立软件开发公司，扶持部分重点骨干企业。与燕山大学软件研发基地建立业务合作关系，承担技术研发和成果转化及产业化功能 | 海港区 |

## （八）体育运动业

### 1. 发展重点

（1）做深奥运品牌，打造体育赛事基地。以奥运品牌和奥运遗产为引领，依托秦皇岛市水上、公路、山地和场地赛事条件优势，引进举办公路或山地自行车、帆船帆板、摩托艇、足球、沙滩足球/排球等方面国际国内大型赛事，着力打造省内前列、环渤海区域有影响的"运动休闲之都、训练教育之城、竞技体育强市"。

（2）鼓励上山下海，建设体育训练基地。依托山地和临海优良条件，以体育学校、奥体中心等既有体育设施为基础，规划建设海洋运动休闲基地、山地运动休闲基地、竞赛表演和健身展示基地、体育训练教育基地、高端休闲运动基地，满足国内体育事业发展的要求和人民群众日益增长的健康运动需求。

（3）引导多产结合，培育体育制造基地。一是以创建体育名城和健康城市为抓手，加强政策资金支持和机制建设，建立健全全民健身和大型体育赛事活动协调联动长效机制，促进体育与旅游、疗养、商贸等产业有机结合。二是建设体育工业园区，发展运动休闲、体育训练、竞赛表演和健身展示、运动康复休疗养、体育用品制造等体育产业集群，把体育产业培育为全市新的经济增长点。

## 2. 布局规划

结合体育运动产业发展特点和我市体育资源分布，全市体育运动业应按"一区、两线"的空间布局特色化发展。

（1）一区。

汤河西岸体育运动集聚区。依托奥运场馆，在汤河以西、河北大街以南一带布局建设市级体育中心，健全办公、训练、比赛、培训、急救、康复等服务功能。促进专业训练比赛和大众化体育运动健身相结合，开辟建设公共运动场地，组织开展各种大型国内、省内群众性户外体育赛事和活动，打造中国北方首位体育运动城，带动游艇养护、游艇制造、体育用品制造等产业壮大发展。

（2）两线。

①长城山地体育健身线。包括祖山、五佛山、山区长城等区域，主要发展山地自行车，极限运动、高尔夫、徒步、攀岩等体育项目及相关产业。

②沿海现代体育健身线。包括沿海陆地及近海区域，主要点状发展帆船帆板、快艇、滑水、马拉松、公路自行车、游泳、潜水、沙滩排球、沙滩足球等体育项目及相关产业。

## 3. 骨干项目

为推进秦皇岛市体育运动产业功能分区调整和经济效应显著提升，应加大力度规划建设以下重点项目。见表14。

**表14　　　　　　　　　　秦皇岛体育运动业发展骨干工程**

| 编号 | 项目名称 | 建设内容 | 项目选址 |
| --- | --- | --- | --- |
| 1 | 品牌赛事引入工程 | 利用市奥体中心体育场馆，积极引进举办、组织承办国内外高水平的体育赛事，包括帆船帆板、国际沙滩排球、沙滩足球、铁人三项、登山、攀岩和探险漂流等方面 | 全市 |
| 2 | 综合训练基地 | 扩大发展国家体育总局秦皇岛训练基地、中国足球学校、国家游泳跳水运动基地、国家田径运动基地、省游泳跳水中心、自行车中心、水上运动中心等 | 全市 |

| 编号 | 项目名称 | 建设内容 | 项目选址 |
|---|---|---|---|
| 3 | 全民健身普及工程 | 积极开展航模、毽球、台球、空竹、风筝、棋牌、武术、电子竞技、无线电等独具特色和智力性项目，为参加省级以上体育大会、智力运动会打好基础。大力普及太极拳、瑜伽、体育舞蹈等户外体育和时尚体育项目开展。组织国际轮滑节、国际沙滩节、国际长城登山（健走、徒步）节、国际太极拳节、国际徒步大会 | 全市 |
| 4 | 国际风情运动园 | 将绿色景观与运动、趣味相结合，以运动、休闲、养生为主导，打造集休闲、度假、会务、居住于一体的国际风情运动公园 | 海港区 |
| 5 | 恒博华贸国际网球中心 | 网球赛事及训练地 | 北戴河新区 |

# 六、促进秦皇岛现代服务业发展的对策建议

## （一）健全组织领导体系

### 1. 进一步理顺服务业发展的管理体制

针对服务业发展的重点行业、薄弱环节、重大项目等，建立协调例会制度，切实推进服务业发展。按照统分结合工作机制的要求，充分发挥服务业综合管理机构的综合、协调、指导、服务作用，做好服务业发展目标落实、政策措施制定和考核督促等工作，加强对整个服务业的监测和管理。各县市（区）要按照"上下衔接"的要求，加快完善本地区服务业发展领导机制，健全服务业工作机构和网络，充实工作力量。完善促进创意产业、商务中介服务业等新兴服务业发展的统筹协调机制，建立运作高效、协调有力、市县联动、行业联动的服务业推进机制。

### 2. 建立较齐全的服务业行业协会体系

支持服务业商会、行业协会发展，建立较齐全的服务业行业协会体系，积极发挥协会在行业自律和服务业产品技术创新、交流推广等方面的

作用。组建市服务业联合会，加强对各服务业行业协会的工作沟通和指导。逐步推进部分政府职能向行业协会转移的改革，建立政府和行业协会之间的联动机制和对话机制，努力形成政府引导、协会推动、行业自律的促进服务业发展的新机制。

### 3. 完善区域间政策协调机制

坚持基于政府主导的区域间政策协调，加强与京津冀城市在政府与民间双平台加强沟通交流与相互协作。通过政策协调，加速打造秦皇岛服务业的核心竞争力，优化资源配置，引导产生创新点和亮点。与各地区进行政策配合，争取优势互补，资源互通，经验借鉴，通过交流、研讨、走访的形式，形成区域统筹互动。

## （二）强化规划政策引导

### 1. 强化规划的引导作用

在编制完成秦皇岛市服务业发展与布局规划的基础上，进一步完善现代旅游、物流商贸、金融商务、会议会展、文化创意、健康养生等行业子规划；县市（区）按照"分工合作，功能互补，错位发展"的要求，因地制宜编制服务业发展的各项规划，尽快形成上下贯通、衔接一致的规划体系，指导全市现代服务业发展。

### 2. 加快完善产业政策

依据国家发改委制定的服务业发展指导目录，立足秦皇岛现有基础和比较优势，加快细化和完善服务业发展指导目录，明确鼓励类、限制类和禁止类行业，引导资金投向重点行业。研究制定秦皇岛市进一步加快服务业发展的政策意见，推进秦皇岛服务业综合改革和旅游业综合改革试点方案，出台鼓励大宗商品交易、中介服务业、服务业品牌标准化等发展的若干政策。加强跟踪调查，建立政策落实的反馈评价机制。加强政策导向，引导政策由部门（结构性）倾斜向支持关键环节的功能性政策为主、兼顾结构性政策转变，重点支持生产性服务业发展。申报北戴河葡萄岛离区免税政策。

## （三）完善要素保障体系

### 1. 加大金融支持力度

鼓励银行业金融机构积极开展应收账款质押、知识产权质押、境外订货合同、仓单质押、现金担保等无形资产和动产抵押融资方式，扩大贷款抵质押品范围，开发符合服务业企业需求的产品和服务。积极推广供应链融资、物流融资、网络融资等金融产品，建立中小企业信贷审批和风险定价机制，提升服务业中小企业的信贷审批和发放效率。支持金融机构和有实力的企业建立服务业产业投资基金。引导服务业企业通过发行股票、企业债券、项目融资、股权置换以及资产重组等多种方式筹措资金。加强服务业企业融资担保体系和信用体系建设，鼓励各类创业投资机构、信用担保机构面向服务业企业开展业务。

### 2. 加大财政支持力度

市、县市（区）两级财政加大投入，设立市级服务业发展引导资金，调整和优化扶持结构，协同推进现代服务业发展。围绕秦皇岛市服务业发展的重点领域和关键环节，引导社会资金投资服务业。对于服务业企业，凡符合国家高新技术企业条件的，经认定后享受相应的高新技术企业税收优惠政策。

### 3. 扩大营业税差额征税政策的惠及面，全面推广应用"营业税差额征税管理应用系统"

用足用好所得税优惠政策，从事国家规定的符合条件的环境保护、节能节水项目的所得，居民企业技术转让所得，符合规定的科技企业孵化器的所得，对于国家规划布局内的重点软件生产企业所得，可按规定享受所得税优惠政策。经认定的新办软件生产企业和集成电路设计企业，按规定享受增值税和所得税优惠。

### 4. 实行支持服务业发展的土地政策

做好服务业发展规划与城市总体规划、土地利用规划的衔接，合理调整城市用地结构，逐步增加服务业用地比例，优先保证符合城市规划的服务业重大项目、特色园区建设用地。通过与闲置土地处置、中心城区产业"退二进三"、旧城及城中村改造紧密结合的方式，将收回的闲置土地优先用于主导及潜导服务业。支持采取土地租赁、收取土地年租金的方式，满足服务业短期用地需求，降低服务业发展成本。

## （四）优化统计考评体系

### 1. 健全统计和监测体系

借鉴国内外对服务业行业的分类统计实践，积极开展现代旅游、文化创意、教育培训、会议会展等服务业产业分类和统计研究，完善统计指标体系，努力做到"应统尽统"，客观真实地反映秦皇岛市服务业发展水平。加强服务业形势分析季度例会制度，完善市、县服务业和重点联系企业运行监测分析。各县（市）区也要建立相应的服务业发展形势分析制度，加强信息沟通工作和交流协作。做好服务业重点企业监测分析制度。

### 2. 完善考核考评办法

鼓励各地发展优势服务业，对县（市）、区服务业营业税收入增长在5%以上增量市统筹部分给予30%奖励，返还奖励主要用于扶持发展服务业。进一步完善服务业考核考评制度，将服务业综合改革试点、现代旅游、物流商贸、节能降耗、服务业统计、企业分离发展服务业以及服务业重大项目、产业基地、招商引资等相关工作纳入对各地、各部门的考核内容。健全监督检查机制，对服务业重大项目建设进度、政策措施落实情况等进行督导检查，确保重点领域发展、重大项目建设等落到实处。

## （五）理顺体制机制

### 1. 积极探索旅游资源一体化管理

整合国有景区资源和旅游配套资源，进一步推动跨行业综合性旅游集团组建工作，回收重点景区经营权，实现由多头管理向统一管理、分散管理向集中管理、行业管理向目的地管理的转变，助推旅游业优势更优、强势更强，由观光旅游向休闲度假旅游转变升级。

**2. 理顺北戴河新区与抚宁、昌黎两县关系**

推行扁平化的"一层楼"管理，尽快形成小管委会、大社会的管理体制，把新区管委会做实，确保管委会能够有效掌控和配置全区域资源，形成"高效率、快节奏"的运行新机制。

**（六）加强宣传动员**

**1. 以典型示范、表彰先进、重点带动的方式，推动形成发展服务业的良好氛围**

加强对服务业发展先进典型、先进经验、新兴业态、发展模式创新的宣传报道，编制《服务业发展动态》《服务业发展监测专报》。进一步完善服务业创业创新"风云榜"评选办法，继续做好服务业创新之星、成长之星和纳税前20强企业评选表彰工作。及时总结服务业改革创新经验，在全市范围内进行推广，形成全方位的体制创新效应，增强服务业发展动力。

**2. 动员全社会共同关心和支持服务业发展**

充分发挥新闻媒体及其他宣传舆论阵地的作用，大力展示服务业的发展成果，积极宣传加快发展服务业对加快经济发展方式转变和经济结构调整的重要作用，动员全社会力量参与，形成发展合力，切实把现代服务业发展摆到更加突出的位置。

**参考文献：**

［1］秦皇岛市旅游局：《导游秦皇岛》，五洲传播出版社 2004 年版。

［2］秦皇岛市人民政府地方志办公室：《秦皇岛市志》，方志出版社 2009 年版。

［3］秦皇岛市统计局：《秦皇岛统计年鉴（2005）》，中国统计出版社 2005 年版。

［4］秦皇岛市统计局：《秦皇岛统计年鉴（2006）》，中国统计出版社 2006 年版。

［5］秦皇岛市统计局：《秦皇岛统计年鉴（2007）》，中国统计出版社 2007 年版。

［6］秦皇岛市统计局：《秦皇岛统计年鉴（2008）》，中国统计出版社 2008 年版。

［7］秦皇岛市统计局：《秦皇岛统计年鉴（2009）》，中国统计出版社 2009 年版。

［8］秦皇岛市统计局：《秦皇岛统计年鉴（2010）》，中国统计出版社 2010 年版。

［9］秦皇岛市统计局：《秦皇岛统计年鉴（2011）》，中国统计出版社 2011 年版。

［10］秦皇岛市统计局：《秦皇岛统计年鉴（2012）》，中国统计出版社2012年版。

［11］秦皇岛市统计局：《秦皇岛统计年鉴（2013）》，中国统计出版社2013年版。

［12］秦皇岛市统计局：《秦皇岛统计年鉴（2014）》，中国统计出版社2014年版。

［13］王强：《秦皇岛市旅游发展实践研究》，中国旅游出版社2013年版。

［14］秦皇岛经济技术开发区地方志编纂委员会：《中国·秦皇岛经济技术开发区年鉴2011》，方志出版社2011年版。

［15］秦皇岛经济技术开发区地方志编纂委员会：《中国·秦皇岛经济技术开发区年鉴2012》，方志出版社2012年版。

［16］秦皇岛经济技术开发区地方志编纂委员会：《中国·秦皇岛经济技术开发区年鉴2013》，方志出版社2013年版。

［17］董劭伟、王莲英、秦进才、孙继民：《秦皇岛地域历史文化专题研究》，经济科学出版社2014年版。

# 专题报告六 秦皇岛市优化产业空间布局的支撑体系研究

一个地区基础设施的结构、规模和形态已经延伸成为区域发展的功能结构、空间布局和自我调节的导向性因素，往往许多困扰发展的问题最终需要依赖改善基础设施才能从根本上得以解决。为此，依托现有基础设施发展条件，针对基础设施布局和建设中存在的关键问题，进一步加强和完善基础设施建设，提升设施服务功能，提高对产业空间优化和发展的承载力，为秦皇岛市优化产业空间布局提供强有力的硬件支撑，具有重大的现实意义。与此同时，理顺体制机制，加强政策引导与支持，强化组织保障，为产业空间优化布局破除制度障碍，持续优化有利于产业空间结构调整和软环境，对于秦皇岛市发展更具有战略意义。

## 一、基础设施支撑体系的现状评析

从现阶段秦皇岛市的交通、电力、信息、水利、环境及园区等基础设施建设水平和规模看，由于大多园区开发建设尚处于起步阶段，各项配套设施总体上能够满足当前各园区开发和产业发展需求；但随着工业化、城镇化和信息化的深化推进，新产业项目的大规模开工建设，现有基础设施建设的规模、结构、水平将难以支撑全市各类园区的优化整合和联动发展。

### （一）基础条件

**1. 综合交通运输体系成形**

（1）铁路。境内铁路包括国有铁路、地方铁路和港口铁路三类。国有铁路京哈线（京秦线、秦沈客运专线）、津山线（京山线［老京哈线］天津—山海关段）、沈山线和大秦铁路。其中，京哈线是全国铁路网主干线之一，西起北京，经丰润、盘锦、辽中、沈阳、长春至哈尔滨，是北京及西北、华中西南地区与东北地区联系的最主要通道；津山线从天津经唐山、迁安，至秦皇岛，铁路线路从秦皇岛北戴河区进入境内，经过北戴河火车站，沿西环路向北到达北环路后，与京哈铁路并行到达山海关火车站；沈山线是沈山铁路为进出关货流的主要通道，从山海关起，经锦州、沟帮子、大虎山至沈阳；大秦线是我国重要的煤炭外运铁路，以运输"三西"地区的煤炭为主，西起山西大同，经北京的延庆、平谷、天津蓟县至秦皇岛，终点于柳村南。地方铁路，即柳江地方铁路，从秦皇岛南站出发向北沿红旗路、海阳路方向一直向北到达韩台子，主要为秦皇岛市地方铁路有限公司的货物运输服务。秦皇岛港的自备铁路主要是港口与国有铁路、地方铁路的连接线，用于煤炭、矿石、油类等大宗货物的运输。

（2）公路。已经初步形成由高速公路、国道、省道为主骨架，农村公路为支线，沟通城乡、辐射周边的公路网。现有京哈、承秦、沿海、北戴河连接线四条高速公路相互交错，G102、G205 两条国道横贯东西，23条省道联系市内外，农村公路遍布全市各乡镇。至 2010 年底，全市公路通车里程 8595 公里，公路网密度达 110 公里/百平方公里，网络化程度在河北省居中上等水平。

（3）港口水运。秦皇岛港位于渤海湾中部，是我国规模最大的煤炭装船港，也是我国沿海主要港口之一。秦皇岛港海运至上海 688 海里，至香港 1364 海里，与世界上 100 多个国家和地区的港口保持频繁的贸易往来。目前已形成以东、西港区为主体，新开河、山海关等其他港点为补充的总体发展格局。

（4）航空。秦皇岛山海关机场位于秦山公路和沿海公路之间，在海港区与山海关区隔离绿带内，距山海关城西 3 公里、市区 13 公里，机场面积 13.3 公顷，候机楼总面积 6700 平方米，跑道长 2500 米，宽 50米，可起降波音 757 等以下大中小型客机，已达到民航 4C 级标准。

秦皇岛综合交通运输体系现状如图 1 所示。

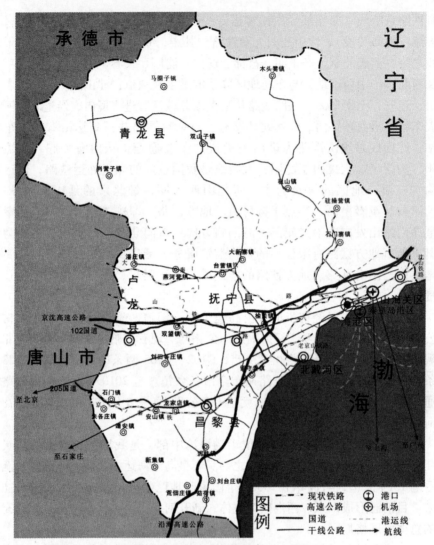

**图1　秦皇岛综合交通运输体系现状**

资料来源：根据《秦皇岛市综合交通运输体系发展规划》提供图示修改补充。

### 2. 电力能源供需总体持稳

目前，秦皇岛电网拥有 500 千伏天马变电站和 220 千伏秦皇岛热电厂两个主要电源点。秦皇岛现阶段基本处于受电状态，通过天马 500 千伏变电站、220 千伏秦皇岛热电厂和拟建的昌黎 500 千伏变电站为主要受电方式,预计至"十二五"期间能维持地区电力平衡。其中,500 千伏天马变电站总容量 150 万千伏安;14 座 220 千伏变电站总容量 528 万千伏安;110 千伏电网分别以 220 千伏变电站为电源呈辐射状运行,共 37 座总容量 380.65 万千伏安。但是,由于电网建设相对滞后,工业和城镇生活用电量逐年增加,电网安全运行风险持续加大。

### 3. 信息基础设施基本完备

信息化基础设施建设不断加强。高速宽带通信网络已覆盖全市,互联网用户由 2005 年的 6.15 万户增至 2010 年的 39.53 万户;全市移动电话用户由 116.1 万户增至 280.22 万户,新一代 3G 移动通信网覆盖城市区和交通干线。秦皇岛信息产业基地、北戴河信息技术研发中心、燕大软件中心、东大软件公司等信息化项目的建设有效支撑和推动秦皇岛市的信息化进程。企业对信息化重视程度不断提高,现阶段全市 90% 以上的企业建立了内部网,80% 以上的企业建立了门户网站,35% 的企业建立了不同层次的信息管理和应用系统,涉及企业产品开发、生产经营、财务、库存管理等各个环节。总体上,虽然城乡信息基础设施依然存在较大差异,从产业发展角度看,信息基础设施基本完备,能较好满足政府、企业用户通信需求,也为下一步加快推进"智慧秦皇岛"建设奠定了良好的基础。

### 4. 水利基础设施初成规模

近年来水利基础设施配套建设大力推进,有效保障了地区工业和居民生活用水需求,其中一些重大水利工程对地区防洪抗旱发挥了积极作用。其中,"十一五"时期,投资超亿元的引青东西线对接,戴河、石河综合治理等项目相继完成,建设了石河、戴河、马坊河等 15 处橡胶坝工程,实施了山海关石河口等 8 处海堤工程,开展了卢龙引青、抚宁洋河、昌黎引滦等灌区节水改造,病险水库除险加固、水土保持综合治理、小型农田水利等一批重点项目建设。截至 2010 年底,全市共建有大、中、小型水库 293 座,总库容 6.29 亿立方米,有效灌溉面积达到 147 万亩,万亩以上灌区共 3 条,总长 207.3 公里,年减少输水损失 2800 万立方米,渠道利用系数由 0.38 提高到 0.47,灌溉面积达到 23.74 万亩;全市水土流失治理面积达 2070 平方公里,解决饮水困难人口 81.35 万人。随着城镇化和工业化的加快推进，未来城镇和工业用水规模将持续增加，下一步水利工作的重点将是推进实施水源保护和供水保障工程；与此同时，随着全域旅游开发和城乡美化建设的加快推进，围绕水库、流域、河道、渠道两岸的绿化美化及其相关的生态建设将成为流域水利工程的重要组成部分。

### 5. 环境设施建设成效明显

近年来，秦皇岛市采取多渠道融资、多主体建设的原则，大力推进污水处理厂和垃圾处理厂等环境基础设施建设，城市环境承载力显著提升。例如，利用市场机制，采取 BOT 模式，先后成功建设了第四污水处理厂和昌黎、山海关、抚宁、青龙等 9 个污水处理厂，在省内率先实现污水集中处理市区、县城全覆盖，每年削减化学需氧量 4 万吨，改变了污水直排大海、河流的局面。为解决污水处理厂污泥污染问题，投资 5000 万元建设了日处理污泥 200 吨的绿港污泥处理厂，市区污水处理厂污泥全部送到污泥处理厂进行无害化处理。2012 年上半年，抚宁污水处理厂日处理 70 吨的污泥稳定化处理工程和昌黎县污水处理厂日处理 40 吨的污泥稳定化处理工程相继投入运行，有效地解决了两个县城污水处理厂污泥带来的环境污染难题。同时，秦皇岛市还加大了垃圾无害化处理设施建设力度，先后实施了日处理能力达 800 吨的海港区张桥庄垃圾无害化填埋场工程，建成了日处理能力达 1000 吨的秦皇岛灵海垃圾发电有限责任公司，市区产生的垃圾全部进行焚烧，实现了垃圾无害化处理。

### 6. 园区基础设施加快建设

秦皇岛有产业聚集区（开发区、园区）15 家，其中国家级开发区 1 家；省政府批准设立的产业聚集区、工业聚集区、经济开发区、文化旅游产业聚集区和物流产业聚集区等共 12 家，市级园区 2 家。目前各园区都对基础设施建设都完成详细规划，从目前建设进度看，所有园区基的供水、供电、供气、供热、通信通讯、消防等基础设施基本实现全覆盖；园区道路网骨框架基本拉开，主干道全部实现硬化；污水处理厂、垃圾处理中心和绿化工程尚有少部分园区正在规划建设中，总体上园区现阶段的基础设施建设水平能满足企业开工运营需求。同时，受地理条件和开发建设时间长短等因素影响，各园区基础设施建设水平表现较大的差异，秦皇岛经济技术开发区以及沿海一带园区基础设施建设水平较高，相反坐落于山地或后开发的园区，如青龙经济开发区、青龙物流产业集聚区、昌黎空港产业集聚区、卢龙经济开发区及山海关临港经济开发区等园区基础设施建设欠账多缺口大，特别是路网改造升级、环境基础设施建设任务依然很重。

## （二）存在问题

### 1. 区域性基础设施与园区空间结构缺乏有机协调

根据本专题研究需要，这里"区域性基础设施"是指影响秦皇岛市园区布局结构，需要跨行政界限、跨部门进行协调的基础设施。一般地，区域性基础设施对园区空间结构具有支撑作用，区域交通运输、供水、电力、信息网络等基础设施应做到与产业、园区空间布局协调和有机衔接，才能实现和发挥基础设施对园区发展的支撑作用。由于目前各地区在园区基础设施、高速公路连接线、旅游通道等建设上各自为战，对于财力相对薄弱、建设欠账多、建设难度大、基础设施投资收益周期长的区县或园区，基础设施水平要明显落后于其他地区，这样从全市角度看基础设施建设规模、空间布局、建设时序、运行方式等方面难免存在不同程度上的不协调不统筹，导致基础设施难以有效支撑区县、园区之间的联动发展，从而大大降低了全域发展的整体效益。特别地，产业园区布局总体看较为分散，园区与园区之间道路通畅性较差、不同园区建设的现代化程度差异很大、园区与城区功能融合对接不到位等综合因素，都将共同制约着园区之间实现产业对接和合作，难以形成发展合力。

### 2. 全域基础设施总体水平不高制约产业转型升级

（1）交通条件有待改善。对外过境运输通多数线路能力已经基本饱和；市域干线交通部分主骨架线路有待加强，组团间缺乏快速交通通道；路网密度分布不平衡，农村公路和县乡公路技术等级偏低；过境、港口集疏运交通制约城市发展，影响城市交通；港口集疏运能力满足不了长期发展需求；港口功能单一对区域经济发展的促进作用尚未充分发挥；港口布局与城市和产业空间矛盾突出；枢纽场站能力不足，布局不合理，客运枢纽综合性、一体化程度低。

（2）城市信息化水平不高。电子政务网络利用率不高，网络整合工作进展缓慢；社会领域信息化相对滞后，缺乏完善的基础数据库支撑；信息化建设方面的资金匮乏，政府引导的多元化投融资机制尚未建立。总体上看，信息化发展程度与建立"智慧秦皇岛"的要求还相差较远。

（3）水利及生态治理与建设任务重。水利基础设施建设历史欠账较多，发展明显滞后，全市病险水库多，堤防险工险段亟待维修加固，水利仍是经济基础设施建设中的短板。三大水源地蓄水严重不足，洋河水库又出现了富营养化问题。引青输水管线供水能力严重不足，水资源供需矛盾比较突出，资源型、工程型和水质型缺水问题全部存在。南部城镇人口集聚，工业集中，用水需求量大，未来需要推进洋河、石河、桃林口三座水库南下饮水渠道管网的改扩建。市区有大小河流 22 条，由于投入不足，雨污混流等原因，大部分河道污染严重、防洪标准低，城市水环境与沿海开放旅游城市不相称，其中大马坊河、护城河、新开河、汤河东支、北戴河区戴河、新河、山海关区护城河、潮河等河流进行清淤清障综合治理任务依然较重。旅游景区、园区、生态保护区的生态建设和环境保护设施的建设欠账较大，下一步投资建设任务重。

（4）电力能源、市政等基础设施有待优化完善。目前电网建设不优不足普遍存在，电力供应稳定性依然较差。现有的市政基础设施规模和水平支撑快速城镇化的压力越来越大，其中园区的市政设置建设总体发展尤为滞后。

### 3. 园区基础设施建设均存在不同程度的短板效应

现阶段，不同产业聚集区（开发区、园区）基础设施各自存在短板效应。山区和后开发建设的园区普遍存在路网建设不完善，污水处理厂配备不到位、公共服务设施配套不齐全等短板问题。开发建设较早、高新技术产业较为集中的园区一般位于城市中心区，但与产业发展需求看，则又存在信息化水平不高、科技商务服务不到位等短板问题。海港区圆明山文化旅游产业聚集区存在旅游接到设施配套不完善、旅游道路建设滞后等短板问题。总之，各类园区在基础设施建设方面普遍存在短板效应，长期看将制约着产业发展和园区经济增长。

### 4. 基础设施建设的部门统筹力度有待进一步提高

一个地区理想中完善的基础设施应该具有系统的网络性与整体性，即基础设施是一个相对独立的大系统，包括众多的独立的行业部门网络系统，但它们不是彼此孤立的，不是简单相加的组合，作为市域各种经济、社会、物质实体的支撑系统和承载体，决定了基础设施系统在质量和数量上、在空间和时间上需要与城市的整体发展保持协调。但是由于在我国现行基础设施建设和管理体制上，交通、水利、能源、市政、环保等基础设施归口不同单位管理，跨地区、跨部门对单一区域性基础设施建设的方式、时间、投资等都有不同程度上的部门利益导向或偏好，因此不可避免存在不同行政单位、不同部门在区域性基础设施建设中的不协调、不统筹现象。强化部门统筹，对机场、港口、快速交通、区域水厂、电厂等重大基础设施对建设标准、时序、位置进行协调，解决条线分割和区划分割，实现基础设施共建共享、共管共用，显然有利于一个地区的资源节约和有效配置，有效支撑地区发展。就秦皇岛市基础设施建设看，工业园区基础设施建设大多由园区管委会统一规划部署和推进，园区范围外的城乡基础设施建设由其他主管部门安排推进，这样基础设施很难在短期内实现一体化，由此造成基础设施投资整体回报率较低。另外，秦皇岛是的水利、环保、交通、旅游及市政设施建设在很大范围内具有同步性，需要加强不同部门之间统筹协调，在部分地区实现水利、环保、交通、旅游和市政基础设施一体化规划和建设。为此，强化基础设施的整体性、协调性和集约性，需要更加重视部门统一规划，优化时序和空间，避免"边规划边建设，边建设边调整"，新建基础设施建设一定要按照高标准推进。

## 二、优化产业空间布局对基础设施建设提出的要求

从产业空间优化和调整总体方向看，下一步需要加快推进实施山海（南北）互动、组团联动和园区协作，同时在根据城市功能的完善升级需要规划新建布局商务中心、行政中心、开发新区、新景区等功能区，这对基础设施配套建设提出了更高的要求。为此，需立足全局，统筹规划，围

绕"山海互动、组团联动、园区协作、城市功能完善",加快构建适度超前、功能配套、安全高效、一体化的基础设施体系,极大发挥基础设施对产业发展的支撑保障和配套服务功能。

## (一) 山海互动发展格局中加快构建南北大通道

(1) 交通大通道。从产业发展角度看,促进实现山海互动至少包括两个层面:一是打造秦皇岛全域大旅游;二是促进南北园区的合作和互动发展。其中,大旅游就是整合现有的山海关、北戴河、南戴河以及其他区县的旅游产业资源,统筹规划建设旅游项目、旅游设施,形成整体有机结合、区县各具特色、旅游线路实现"由点到线"的统筹发展格局,这需要旅游通道上强力支撑。目前全市南北的交通联系尚不够便捷,市域综合交通网络分布南密北稀,促进南北园区之间项目整合和多领域合作,需要加快完善交通通道建设,强化通道支撑作用。

(2) 信息大通道。在信息社会,高速发达信息网络中整个世界呈一个"扁平状"的整体,信息交往具有全球性、普遍性和无限性优势,在全球不同地点具有同等的信息获取机会,城镇之间相互作用的时空关系不再受到距离衰减的制约作用,信息化建设有利于促进地区协作。目前,北部山区及各县的信息化程度明显落后于市区,在信息化加速推进时代,缩小信息化差距对于南北互动至关重要。从产业发展和园区建设的角度看,一是要建立全域工业园区统一的信息资源交流和共享平台,满足所有园区和企业对各种信息的需求;二是加快促进工业化和信息化融合,加快企业信息化步伐,推进物联网发展、生产和营销流程信息化。

(3) 水利大通道。从未来城镇化发展看,南部地区将承载全市大量的新增城镇人口,南部的工业用水需求规模也将持续增加,为此南北互动需要在水资源利用上加快实现北水南调,改扩建输水管道从桃林口水库引水南下,切实保障南部地区的用水需求。

## (二) 组团联动发展中基础设施一体化布局建设

目前,秦皇岛市发展在空间按照"东优西移,南控北进,组团隔离,保护环境;建设新区,控制容量,西港东迁,港城互动"的发展战略,积极引导工业向北部山地发展,构筑由山海关、海港、北戴河(含南戴河、牛头崖)、黄金海岸新区(北戴河新区)、昌黎城区、抚宁城区等构成的"4+2"组团式城镇空间结构。从未来发展态势看,组团将从点状开发走向轴带联动发展(见图2)。

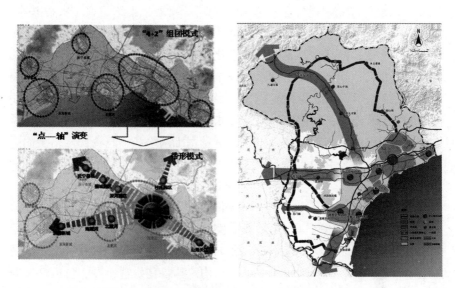

**图2　秦皇岛大市区从点状开发走向轴带联动发展**

参考资料:《秦皇岛市全域发展战略规划》。

　　显然,从城市发展大框架上看,市区山海关、海港、北戴河、环北戴河新区将率先实现区内一体化发展,随后"秦昌一体化"和"秦抚一体化"是扩大城市规模、优化城市空间的必然走向。为此,加快推进基础设施一体化是实现经济社会发展一体化的重要支撑。要加快实现基础设施统一规划、互联互通、共建共享,以枢纽型、功能性、网络化的基础设施建设为重点,建设形成能力充分、衔接顺畅、运行高效、服务优质、安全环保的现代基础设施一体化体系。

　　(1)率先推进交通一体化发展。形成网络完善、运行高效、各组团紧密相连的综合交通运输体系。综合交通基础设施网络基本完善,各种运输方式紧密衔接,综合交通枢纽功能更加完备,辐射能力进一步提高。一是加快城际轨道交通建设,建设组团间快速通勤通道。二是改造提升市区道路质量,优化布局路网,加快形成道路微循环系统,重点加强次干道、支路、街巷路建设，加快解决铁路分割路网系统问题，加快区域内部交通与干线交通、过境交通有效分离。三是完善城市中心区、人流密集区公共停车场、车站、物流配送站场建设。

（2）统筹规划建设信息网络。按照统一规划、集约建设、资源共享、规范管理的原则，加强各类信息网络统筹规划、建设和管理。加快突进枢纽型、功能性、网络化基础设施信息化进程。统筹交通等基础设施与通信线路管线建设，积极推动电信基础设施共建共享。加快推进3G、4G 网络建设，以3G、4G 技术为代表的新一代宽带无线移动通信技术为主要手段，探索运营模式，提供中、高速无线数据业务，构建便捷高效的信息网络。全力促进信息基础设施一体化，信息基础网络和信息资源网络全面融合，信息资源充分共享，为广大群众提供真正"随时、随地、随需"的信息化生活。

（3）加快构建一体化的智能电网。以提高供电可靠性为目标，加快完善500 千伏内外环网，构建坚强、稳固、完善的骨干网架结构，增强承接各类型电源分区分层接入能力。加强电网智能化建设和运营管理，提升电网输、变、配、用电侧智能化水平，构建具备良好适应性、自愈性、安全性、稳定性、灵活性，适应大规模新能源和分布式电源接入的一体化智能电网。优化组团布局，实现各组团内部电力平衡，控制组团之间单向功率交换，降低区域电网密度，减少电网运行风险。打破行政区划对电网建设的限制，消除区内电力输送瓶颈。推广应用环保节能材料、节能减排技术和设备，全力构建资源节约型、环境友好型绿色电网。

## （三）园区协作整合要求完善各项基础设施配套

加快推进园区互通互联和协作发展要求缩小园区基础设施建设水平差距，这样，一些加工制造业类可以从沿海南部逐渐向北转移。目前园区基础设施建设水平差异很大，北部山区园区的环境、信息、交通等基础设施建设滞后，在一定程度上滞缓了产业入驻，同时包括园区的其他综合服务配套设施跟不上，例如青龙县工业园区小而分散，园区内部生活服务设施和企业服务配套设施基本尚未建成，现阶段不能承载更多规模的项目落地。因此，加强园区协作特别是产业对接和链式互动，促进实现南北合作，需要按照统一规划、同一标准和搭建统一园区服务平台的要求，加快园区基础设施建设。

## （四）依托新建城市功能区推进基础设施现代化

城市基础设施现代化是指运用现代科学技术手段，全面提高城市基础设施质量，从而在数量上与服务上充分满足城市发展需要的过程。在城市基础设施现代化的发展与建设中，需要不断吸收国内外的新技术、新手段、新材料、新观念，采用新的现代化管理技术与方法，提高城市基础设施的装备水平，提高服务水平，促使城市基础设施达到技术先进、结构完善、服务高效、生态平衡，以充分满足城市经济、社会发展和人民生活提高的要求。秦皇岛市总体基础设施建设水平较低，与现代化发展要求相差较远。但是可以依托新建城市功能区率先推进基础设施的现代化建设，以此为试点平台在全市起到带动作用。

依据《秦皇岛市近期建设规划》（2011～2015 年），将以秦皇岛城市区为主包括海港区、秦皇岛市经济技术开发区、北戴河区和山海关区。（1）海港区实施"西移北进"战略，形成"一核两翼"格局。推动高速以北开发建设，着力打造新城区、新园区、新景区；推进海阳镇开发，建设具有清末民初风格的中心古镇；进一步完善西部休闲片区规划，统筹推进金梦海湾、归提寨、西四村等开发建设项目，打造高品位的城市功能区。提升大金三角中央商业商务区功能，以中心区地下人防工程建设为重点推进城市地下空间开发利用。结合"西港东迁"，对西港区及周边地区统筹规划设计，以海滨路东段和东南山片区开发改造为突破口，打造城市新地标和港口经济服务中心。推进北部片区的开发建设、结合津秦客专、火车站拆迁及两侧改造等工程，建设北部新城区和城市交通枢纽功能区。发展东部循环经济园和临港物流园，全力对接西港东迁工程，形成北方重要港口物流机械基地和区域商贸物流中心。（2）北戴河区将向北、向西发展，重点是启动北戴河北部新城核心区、北戴河经济技术开发区；完成火车站片区改造和交通疏导路、海北路、赤薄西路等道路新建、改建工程；开发戴河沿岸用地：包括戴河西岸文化创意产业园、戴河东岸旅游度假区、戴河东岸 TOP 国际健康体检中心；启动怪楼文化艺术片区和三中心—基地项目，以高端项目支撑高端产业以提速发展。（3）山海关区向西、向南发展，重点是完成古城区的保护与开发；进一步加快石河及其两岸开发，推进沿石河东路地块开发、石河西岸景观整治及隔离带建设，把石河两岸打造成为新的产业聚集区；同时，结合旧城改造，加快兴华市场片区开发建设，大力提升商业档次，建设新的中心商贸区；启动潮河治理工程、加快发展山海关临港产业集聚区。可见，在新一轮开发建设中，将新增城市诸多功能区。为此，可以在市区新功能建设中率先推进基础设施的现代化进程。

一是建设便捷的内外交通系统。贯彻"公交优先"的方针，集中力量优先发展城市公共交通，重视城市道路和城市交通枢纽建设。重视以大运量快速轨道交通为骨干交通网络的规划与建设，逐步形成以轨道交通为主干、以公共汽车为基础的现代化城市交通格局。

二是以信息网络系统建设推进区域智能化。要高度重视全省信息基础设施建设，加快建立一个联结国际国内、覆盖全省的宽带化、智能化、个人化、现代化的信息网络。信息网络系统在技术、性能、规模和可靠性、实用性上要全面进入国内先进行列，达到或接近发达国家水平，在市区建成全市的信息中心港，成为未来信息社会新的信息枢纽和信息节点，通过现代化的信息网络系统分享知识和技术，在新的生产地域分工中扮演重要角色。

三是建设优美舒适和谐的城市生态环境系统。加强以资源保护为重点的风景名胜区建设、城市生态环境建设和以生物多样性保护为内容的生态基础设施建设。大力开展城市绿化和美化，加强城市河道水面整治和园林绿化建设，大幅度增加城市绿色空间。城市绿化既要重数量，更要重质量，做到"点、线、面"有机结合，"乔、灌、草"合理配置，确保新城市功能区人均公共绿地和绿化率指标高于全市水平，努力营造人与自然和谐发展的新型生态环境风貌。

四是构建完善的市政基础设施承载网络。切实保护和合理利用水资源，提高水资源重复利用率。采取积极措施缓解缺水城市和区域的供水矛盾，增强供水能力，提高供水质量；在统一规划基础上，实行联合供水；适时推行分质供水。电力发展应以需求为导向，电源建设和电网建设并重。加大500千伏送、受电主通道建设力度，进一步加快城市电网改造；重要设施做到双路供电，提高城市供电的质量和可靠性。全面推进新建城市功能区的使用燃气。大力发展城市供热，鼓励支持热电联产，建设集中供热系统。以污水、垃圾处理为中心，建设现代化的环保环卫系统。加强以污染治理为目的的城市污水处理、垃圾处理设施建设。建设完善的城市排水系统，要逐步实行雨污分流，完善污水处理设施，提高污水集中处理率。加强垃圾集中分类处理设施建设，完善城市环境监测系统。

# 三、全面提升区域性基础设施对产业发展的支撑能力

提高基础设施网络化、现代化水平，形成结构优化、功能完善的交通、水利、能源、信息、生态环保网络体系。

## （一）加快完善综合交通运输网络

按照统筹规划、合理布局、适度超前、安全可靠的原则，统筹规划建设区域交通基础设施，优化配置交通运输资源，强化枢纽和运输通道建设，促进各种运输方式紧密衔接，提高交通运输管理水平，构建适应区域经济一体化要求的现代综合交通运输体系。以机场、公路、铁路为枢纽，完善跨区域综合交通网络；以提高路网整体效率和道路通行能力为重点，整合市域及园区通勤交通网络。

### 1. 加快推进铁路改扩建

（1）地方铁路市区段的拆迁改线。优化调整市区铁路布局，实施京哈铁路北戴河至秦皇岛段改线、拆建柳江地方铁路。拆除南大寺站以东的老京山线及秦皇岛南站。实现地铁、国铁和港铁的三铁接轨。加快完成对秦皇岛站客运设施改扩建工程，以逐步实现秦皇岛站南部形成主广场、北部形成副广场的布局。

（2）承秦铁路。承秦铁路位于冀东地区，线路由西能过承德地区连接锡盟，向东通过秦山地区连接环渤海，中间衔接宽城、青龙。本项目线路正线全长210.5公里，工程投资估算总额为227亿元。承秦铁路建成通车后，对统筹冀东经济，实现优势互补将起到重要的推动作用，特别是对加快承秦两市的旅游业发展，将两市建成国际旅游城市，打造承德、北京、秦皇岛三市旅游将起到积极作用。

（3）迁青铁路。迁青铁路南接已建迁曹铁路迁安北站，经过迁安市平林镇，沿北偏东至建昌营镇，通过姚庄特大桥和平台岭隧道，进入青龙县境，途经七道河乡、肖营子镇、青龙等乡镇，与承秦铁路对接。铁路的建成能够有效促进青龙工业园区发展，增强沿途乡镇企业的产品外运，有效增加运量，减少运输费用。

## 2. 全面打通完善产业路

为确保园区发展内外交通畅通，要加快实施京秦二通道、北戴河至北戴河机场快速通道、兴凯湖路南延工程、青龙县城——西双山段工程、京哈高速祖山连接线、102 国道市区段改线工程、卢昌公路等重点公路项目，实现干线公路"通园区"。同时，规划青曹（青龙至迁安）高速和京哈高速迁安至凌源高速支线，建设京秦北线高速公路、迁青高速、青凌跨省公路、滨海公路、卢昌快速路等项目建设，与周边城市之间由高速公路连接，构筑内外畅通陆路大通道。

另外，按照规划，到 2015 年将形成"一纵两横三条线"的高速公路网布局形态（见表1），以及"四纵、六横、十四条联络线"的普通干线公路网布局网络。秦皇岛市与周边城市之间由高速公路连接；秦皇岛市与各县之间由一级以上公路连接，县与县之间由二级以上公路连接，主要经济中心、旅游景点、大型工业区之间由二级以上公路相连，形成以高速公路为主干，一般干线公路为主骨架，农村公路为分支，干支结合，内通外畅的公路网。

表1　　　　　　秦皇岛市"一纵两横三条线"高速公路网布局

| 名称 | 控制点 | 组成路线 | 里程（公里） | 功能 |
|---|---|---|---|---|
| 一纵 | 青龙——抚宁——昌黎 | 承秦高速秦皇岛段 | 100 | 纵贯秦皇岛市，连接承德、唐山、天津的主要通道 |
| | | 沿海高速秦皇岛段 | 65 | |
| 两横 | 卢龙——抚宁 | 京秦高速北线秦皇岛段 | 89 | 秦皇岛与唐山、北京联系的辅助通道 |
| | 卢龙——抚宁 | 京哈高速秦皇岛段 | 85 | 过境通道，是秦皇岛市与唐山、北京及辽宁南部联系的主要通道 |

续表

| 名称 | 控制点 | 组成路线 | 里程（公里） | 功能 |
|------|--------|----------|------|------|
| 三条线 | 北戴河机场 | 沿海高速机场支线 | 10 | 新机场最主要的对外联络线 |
| | 北戴河区 | 京哈高速北戴河连接线 | 18 | 是通往北戴河旅游区的重要通道 |
| | 青龙 | 京哈高速青龙支线 | 92 | 秦皇岛北部地区与唐山、北京地区联系的重要通道 |

参考资料：《秦皇岛市综合交通运输体系发展规划》。

### 3. 加快提升航空运输能力

山海关军民合用机场实现了秦皇岛民航事业从无到有，也为秦皇岛市社会经济的发展、为改革开放作出了贡献。但由于山海关机场位于海港区与山海关区的隔离绿带内，机场的端侧净空及导航限制，同时部队训练和民航发展之间的矛盾无法从根本上得到解决，也极大地制约了民航的开拓发展，严重影响了海港区和山海关区的经济发展。因此，兴建民航专用机场成为秦皇岛民航快速发展的决定因素和先决条件。根据民航总局（2007）710号民航函《关于秦皇岛民用机场场址的审查意见》，规划在昌黎县城组团西侧的晒甲坨预留2378亩民用机场建设用地，机场建设标准为4C级，机场本期建设以满足2020年旅客吞吐量45万人次、货邮吞吐量1200吨为目标，高峰小时旅客吞吐量为508人次，高峰小时飞机起降6架次。为此，需要加快推进机场路及航站周边站点建设，保障机场吞吐量新增需求。

### 4. 完善港口运输通道建设

一是推进港口升级。大力实施"西港东迁"，完善船厂码头、秦山液体化工码头、腈纶厂码头等专业码头功能，加快铁矿石、原油、集装箱等专业码头建设。二是推进海铁联运。畅通海铁联运通道，以市内铁路布局调整为契机，推进规划建设的西港区与京哈、沈山、津山、大秦等国铁干线的衔接，全面提升港口集疏运能力。谋划实施秦承干线铁路建设项目，打开连接承德、张家口、辽宁西部、西北地区乃至蒙古、俄罗斯的临港物流通道。依托国铁和地方铁路货站，建设一批集装箱多式联运中转设施和大宗货物海铁联运枢纽站，积极开展具有一次托运、一次计费、一张单证、一次保险功能的海铁联运物流业务。

---

**专栏 1　交通基础设施重点工程**

　　重大交通建设项目。加快建设 1 个国际邮轮港、1 个对外客运码头、2 个枢纽客运码头和 5 个一般客运码头、北戴河机场及其快速通道、青龙县铁路及高速公路连接线、津秦客运专线、京秦城际铁路、承秦城际铁路、京沈高速公路第二通道。

---

## （二）加强流域水利和生态建设

　　强化对水功能区的保护，建立水功能区保护网络。到 2020 年，水功能区水质达标率达到 60% 以上；地下水开采得到严格有效管理，昌黎县城和抚宁县留守营超采区地下漏斗得到遏制，抚宁县留守营和牛头崖等洋河近海流域海水入侵问题得到缓解；桃林口水库、洋河水库和石河水库三大水源地上游水土流失得到治理，洋河水库富营养化问题得到解决，水质全部达到优良标准。

### 1. 分区推进流域综合治理

　　（1）北部低山丘陵中轻度侵蚀区。以桃林口水库、洋河水库、石河水库三座水源地上游区域为重点，实施封山禁牧、生态自我修复等措施，促进植被恢复。在分水岭附近及远山地区，营造水保林和水源涵养林，在近山、浅山地区加强坡耕地治理，修梯田、陡坡整地、造林种草，修建小型雨水利用工程。在水库周边及主要河道附近建设生态清洁型小流域、垃圾处理设施及生活污水处理设施，同时规范该区域的矿产活动，减少人为造成水土流失。

　　（2）中部浅丘平原轻度侵蚀区。该区域人口密集，是工业、城镇集聚区。治理重点为：一是结合新农村建设，调整不合理的土地利用结构，实施以小流域为单元，山、水、林、田、路综合整治；二是对入海河网通过建设清洁型小流域和废弃物处理设施，减少河岸崩塌和河流污染，保护河道生态湿地，控制水土流失；三是开展城镇水土保持工作，加强生产建设项目的水土保持监督管理，落实"三同时"制度。对城市周边开山、取石、挖沙等活动进行有效监管，杜绝乱采乱挖现象。示范推广建筑与小区雨水利用工程。

（3）南部滨海平原轻度风沙区。该区建设基本农田防护林网，结合沙地改造和土地结构调整，因地制宜、因害设防，大力推广经果林的种植，同时配套小型农田水利工程，减少风沙、提高单产。

### 2. 提高水资源调度能力

秦皇岛市的淡水资源主要来源于降水，多年平均水资源总量为 16.4 亿立方米，人均为 579 立方米，属缺水地区。三个主要水库桃林口水库、洋河水库和石河水库库容为 12.82 亿立方米，占全市总库容的 88%，全市有 12% 的降水没有控制入库，三大水源地蓄水严重不足，部分出现富营养化问题，与此同时，输水管线供水能力严重不足，资源型、工程型和水质型缺水问题全部存在，水资源供需矛盾突出制约着经济社会可持续发展。根据河北省水利厅指标安排，秦皇岛市 2015 年用水总量为 9.89 亿立方米，其中地下水为 5.59 亿立方米，万元工业增加值用水量为 32 立方米，农田灌溉水利用系数为 0.61。

城市水资源取决于区域水资源总量、水利设施的调蓄能力以及水资源的分配方案。针对全蓄水不足、水资源紧张的严峻形势，应坚持科学配置水资源，加快形成水资源合理配置和高效利用体系。按照城乡统筹、合理高效、以供定需、持续利用原则，到 2020 年，基本形成南部城市区及滨海地区以城市骨干供水工程为支撑的地表水和平原区地下水为主，中部丘陵地区以滦河、洋河、石河、戴河水源为主，北部山区以青龙河和新增水源为主的水资源合理配置格局。大力推进节水型社会建设，不断提高水资源利用率。

### 3. 加强监测基础设施建设

一是加快地表水监测站网、地下水动态监测站网、水质监测站网、重点用水户监控网和水资源管理信息系统平台基础设施建设。将建设水资源管理信息系统作为实行最严格水资源管理制度的重要基础性支撑，加强重要控制断面、重要水功能区和地下水超采区为重点的水质水量监测能力建设，加强取水、排水、入河湖排污口计量监控设施建设，合理规划布局水资源信息监测站网和水资源监测网络。二是完善环境监管基础设施建设和标准化建设，优化完善环境监测网络，建立健全环境监测质量管理制度体系，加强数据质量控制，建设先进的环境监测应急预警体系。建立辐射环境监测系统和放射源网络监控系统。完善空气地面站建设，逐步开展 PM2.5、CO、$O_3$，VOC 监测。规划在北戴河西山建设一座超级空气地面站，提供全方位空气质量监控数据。在昌黎黄金海岸和南戴河分别建设一个空气自动监测地面站，更新鑫园、市监测站空气自动监测地面站。全面推进环境监察、信息、宣教的标准化建设，建设完善覆盖全市的自动监测系统的现代化传输网和环境预测预报系统，确保环境数据信息的适时采集和处理，及时制作并发布环境预警信息，提升环境监察能力和环境管理与决策的信息化水平。

## 专栏2　水利及生态建设重点工程

1. 水资源配置工程。启动建设引青济秦改扩建三期工程、引青济秦与石河水库连接工程、引青济秦北戴河支线复线工程，构建"一路双线、东西互济、三库联调、四区双水"的供水基本框架。到 2015 年，城市区供水能力达到 54 万立方米/天。加快建设水胡同水库供给青龙县城、桃林口水库供给卢龙县城、洋河水库供给抚宁县城的相关配套工程建设，提升县城供水的保障率。积极开发利用再生水、海水淡化、海水替代和雨洪资源等非常规水，实现年利用非常规水 6 亿立方米。城市环境及景观用水优先使用中水和雨水，2015 年达到总用水量的 30% 左右。

2. 防洪减灾工程。对滦河、洋河等 23 条河流进行综合治理；

对石河水库、130 座小型病险水库及 17 座大中型水闸实施除险加固；加快沿海防风暴潮海挡工程建设，实施沿海 5 个县区 11 项海堤工程建设；对重点防治区山洪沟开展工程治理；建立信息监测预警体系。

3. 水环境综合治理工程。加强三大水源地上游及城市周边区域的水土保持治理，扎实推进卢龙教场河、昌黎贾河、青龙南河等 30 条中小河流以及石门寨、西洋河等 8 条省级重点小流域综合治理，抓好山洪地质灾害易发区水土流失防治工作，不断扩大坡改梯试点工程成果，努力构建科学完善的水土流失防治体系。统筹推进城乡水系水网等基础设施建设，通过治污染、调水源、联水系、造水面、添景观等综合工程措施，提高河道防洪排涝能力，打造生态水城；扎实推进农村河道综合整治，切实改善农村人居环境。

4. 水文设施和信息化工程。抓紧组建秦皇岛水文水资源勘测局，整合现有水文监测站、雨量站、地下水位观测站，新建一批水质监测站和地下水实时监测点，基本建成基础设施完善、布局合理、功能齐全的水资源管理监测站网。加快河北省第二防汛指挥中心建设步伐，整合水利信息网络，形成资源共享、系统完备、功能齐全、灵活高效的指挥调度系统。积极推进县级综合水利数据库建设，提高水利现代管理能力，以水利信息化带动水利现代化。

## （三）构建全域高速信息网

统筹规划，加强信息基础设施建设，提高区域数字化水平，不断完善信息应用服务体系。优化区域信息化支撑环境，完善区域信息交流平台，形成区域信息化发展交流、互助、互动的长效机制，以信息共享推动园区合作。争取智慧城市、健康城市、无线城市和物联网应用试点城市等建设取得重大突破。

### 1. 加强信息基础设施建设

以构建完整、统一的网络应用体系和加快物联网发展为重点，着力构筑秦皇岛信息化基础平台。推动新一代互联网（IPV6）技术、光纤到户等下一代网络改进升级，全市范围内实现宽带接入网全覆盖，北戴河区、北戴河新区及城市新建小区全部实现光纤到户，并逐步对老小区进行改造。以广电和电信业务双向进入为重点，推动电信网、广电网、互联网三网融合。大力发展有线互联网、3G 网络、4G 网络；实现高质量电视信号覆盖，拓展电视服务功能。提升骨干电信传输网络、宽带接入网络建设水平，加快第三代移动通信、数字电视、下一代互联网建设，为促进区域内信息资源开发利用和共享提供硬件支撑。开发低成本多样性适用型的信息终端，全面实现以"三电"（电话、电视、电脑）、"三线"（电话线、电视线、数据线）为应用基础的信息服务深入到家庭、个人、企业，提高信息化应用水平。促进区域信息化协调发展，逐步缩小地区和城乡信息化差距。

### 2. 加快培育推广应用"物联网"技术

一是发展空间地理数据技术服务。建立完善空间地理信息基础资源库，重点加强空间基础地理数据服务能力建设，发展卫星导航、电子地图、空间地理定位等社会化应用产品，促进空间地理信息资源的增值开发和商业化应用。二是发展面向商贸流通的数据技术服务。重点推广无线射频识别、全球定位系统、地理信息系统等自动识别和采集跟踪技术在商贸流通流域的应用。三是加快发展电子商务。培育一批电子商务企业，建设安全、快捷、方便的在线支付服务平台。推动物联网在智能旅游、智能医疗、智能社区、智能物流、智能交通以及公共安全、环境保护、工业检测、食品溯源等领域的应用。四是大力推进物联网技术在物流业务中的应用。构建物流流程全程可视，资金、信息可控、可追溯的物联网物流运作模式。建立健全煤炭、电子口岸、装备物流、综合运输、大宗商品等专业化物流信息平台，拓展在线交易功能，促进传统交易方式信息化。

### 3. 深化推进信息化和工业化融合

加快信息技术在各行业的深度应用。加快信息技术在传统优势产业的推广和深度应用，提升企业生产和经营管理现代化水平。围绕重点行业、重点领域，在企业研发设计、生产过程、企业管理、电子商务和物流信息化、信息化综合集成等方面开展"两化"深度融合，构建网络化、协同化工业研发设计体系，推动生产装备数字化和生产过程智能化，企业管理网络化。培育2家省级以上"两化"融合促进中心。每年实施10项以上信息技术改造传统产业项目。争取到2015年，规模以上工业企业90%以上实现管理信息化，80%以上实现产品设计研发和流程控制信息化，60%以上的中小企业在主要业务环节开展信息化应用；到"十三五"时期，重点骨干企业信息技术集成应用达到国际先进水平，主要行业关键工艺流程数控化率达到75%以上，规模以上企业资源计划（ERP）普及率超过80%以上，大中型骨干企业数字化设计工具普及率达到90%以上，小微型企业采用公共两化融合服务覆盖率达到60%以上。

### 4. 提高经济社会信息化水平

推进信息技术在交通、能源、水利、环保、旅游等领域的深度应用，加快实现智能化。加强"数字秦皇岛港"建设，打造具有现代物流和电子口岸特点的第三代港口。启动无线智能交通网络、公共安全网络和应急联动网络等方面的应用。积极发展电子商务、移动商务，完善面向中小企业的电子商务服务，推动面向全社会的信用服务、网上支付、物流配送等支撑体系建设，鼓励企业发展网络购销与物流配送一体化。大力推进电子政务建设，推动重要政务信息系统互联互通、信息共享和业务协同，建设和完善网络行政审批、信息公开、网上信访、电子监察和审计体系。加快社会、民生领域信息化进程，进一步健全和完善市场监管、社会保障、医疗卫生等领域信息服务，推广智能家居服务，逐步实现居民服务一卡通。积极推进无线城市、感知城市和智慧城市建设。

加快推进"智慧城市"建设，重点实施智慧旅游、智慧医疗、智慧交通、平安城市、云计算服务中心和社会保障"一卡通"项目。争取到2017年，"智慧城市"基础设施和应用体系建设、应用支撑平台和网络平台建设、云计算和物联网等新技术的本地化应用实现重大突破。推进城市信息化服务平台建设,重点建立和完善地理、人口、法人、金融、税收、统计等基础信息资源体系,强化信息资源的整合,规范采集和发布。实现在线公共信息共享服务,不断提高服务能力。建立综合信息查询平台,实现一站式查询和便利化服务。

---

### 专栏3　信息化推进工程

1. 电子政务。推进电子政务基础设施集约化建设,加快跨部门政务信息资源整合共享。加强电子政务应用和信息安全。以市级电子政务云服务平台建设试点城市为契机,谋划实施云模式电子政务公共服务平台建设。深化网上审批和电子监察系统建设,将审批和电子监察业务从市直部门延伸至县区。加强政府部门互联网安全接入试点工作,引进数字证书技术,强化网络与信息安全管理,保证网络安全。

2. 电子商务。加强电子商务支撑体系建设,改善电子商务发展环境,加快推广电子商务应用。推进流通企业和商品实行统一代码,构建商业地理信息系统,实现商业网点基础数据、物流配送综合信息区域共享。重点实施"企业上网"工程,鼓励和引导企业加速数字化进程,加快设计、生产、装备、管理的数字化开发和应用,通过优化地区供应链管理,实现上下游企业的供应链管理、电子商务和配套企业的客户关系管理,促进产业与电子商务相结合。鼓励和引导商业性信息资源的产业化开发,全方面、大规模发展信息增值服务。

---

## (四) 逐步完善能源保障网

### 1. 统筹电源建设,优化电网结构

(1) 西南部 (昌黎县、卢龙县南部地区)。由于电网220千伏龙小双

回线承载能力不足，武山、龙家店、小营等站负荷偏高，无法正常开放负荷，存在安全运行风险。西南部地区为秦皇岛负荷增长最快地区。随着唐山滦县 500 千伏输变电工程的建成投产，将缓解龙小双回线重载问题，但无法彻底解决该地区负荷开放问题。应大力推进昌黎 500 千伏输变电工程及其配套 220 千伏输变电工程和新集 220 千伏输变电工程建设，积极推进开展黄金海岸输变电工程的接入系统研究工作，完善西南部 220 千伏电网结构。

（2）东部（山海关区及开发区东区）。220 千伏电网目前尚未形成双环网，存在局部地区问题隐患；区内五里台站 220 千伏主变老旧，状况不佳，无法开放负荷。下一步要加快推进东部电网结构完善，结合北港 220 千伏输变电工程和五里台 220 千伏主变改造工程，优化网络结构，提升供电能力，化解电网安全运行风险。对已经开展接入系统设计的项目，应积极推进相关工作。

（3）北部（青龙县地区）。220 千伏电网网架结构单薄，存在安全运行风险。积极推进 220 千伏肖营子输变电工程建设，加快工程实施，形成青龙县地区第二电源通道，提升供电能力，化解电网安全运行风险。

（4）市区。市区南李庄、红桥、玉皇庙等 110 千伏变电站负荷压力较大，供电能力已不能满足该区域的快速增长的用电需求，部分变电站短路容量超标，造成中压配网出线受限，供电半径过长。因此，要加快市区 110 千伏范家店、道南等输变电项目尽快落地，有力保证市区用电需求得到满足。

### 2. 促进新能源项目开发，优化能源结构

积极推进电源结构向合理化、清洁化、低碳化和技术现代化等方向优化调整。积极推进风能、太阳能、生物质能等可再生能源利用。优化发展煤电，推广燃煤机组零排放技术，合理布局建设热电冷联供和"上大压小"清洁煤发电项目等必要的骨干支撑电源。积极推动清洁煤发电示范项目建设。统筹做好跨行政区的供热区域热源和热网规划，积极推动区域热电冷多联供工程建设。

### （五）完善市政基础设施配套

城市的快速扩张也给市政基础设施的建设带来很大压力，虽然城市规划始终倡导基础设施适度超前发展，但由于观念和投资等方面因素的限制使得仍有部分设施建设适应不了城市快速扩张的需要，其中例如污水收集与处理设施的建设尤为严重滞后，现阶段市区内污水处理率为92.1%，回用率29.1%。

在秦皇岛市区，山海关组团城市供水只依靠单水源（石河水库）和单水厂（山海关水厂），日供水能力5万吨/日，供水管网自成系统，未与海港区形成联网，供水可靠性不高。海港组团总供水能力不足，日供水能力28万吨/日，暑期经常超负荷运行，城市供水风险大。西部地区水压偏低，难以满足西部地区管网末端服务压力要求。由于城市区规划建设发展较快，海港区西部、北部工业区等城市周边新规划的片区产生了大量的生活和工业污水，现有污水处理厂急需进行升级改造。另外，海港区电源布点不尽合理，负荷中心区域10千伏开闭所偏少；现有变电站布点存在山海关临港产业园区供电能力不足问题。加强对市政管网系统的完善和约束。改造更新老化的给水管线，加强对山海关区给水主管道的改造，并要与海港区联网；加强对排污用户的监督管理力度，继续改造排水管网，加大支管建设，争取做到污水的全入网排放；续建海港区热力主干管网，并将山海关区和北戴河区一并纳入考虑。

---

## 专栏4 市政基础设施重点工程

市政设施八大重点工程。秦皇岛市北戴河新区污水处理厂及配套管网工程。秦皇岛市海港区西部污水处理厂及配套管网工程。秦皇岛市北部片区污水处理厂及配套管网工程。北戴河西部水厂及引配水工程项目。海港西部水厂及引配水工程项目。北戴河方向城市次高压天然气管道工程。北戴河区热电联产集中供热工程。北部工业区热电联产集中供热工程。

---

# 四、完善产业集聚区基础设施建设

为加快提升各经济功能区的综合承载力，推进园区现代化建设，下一步需要加快推进工业园区、旅游区的基础设施建设，构建服务秦皇岛全市范围的工业综合服务平台，并强化园区与周边地区基础设施衔接与配套。

## （一）加快推进旅游景区基础设施建设

随着休闲度假旅游的快速升温，游客对旅游环境、食宿条件、交通状况、服务质量等方面提出了更高的要求，现阶段秦皇岛市旅游景区的基础设施薄弱、硬件不足、软件缺乏的问题日益突出，已成为制约旅游业发展的瓶颈。以山海关、北戴河等为重点全域推进旅游景区景点基础设施建设，加快促进以交通、景区设施、综合配套设施、环境建设设施、特色城市景观建设和接待服务设施为重点的旅游基础设施建设取得重大突破，基本建立起与旅游业发展相适应的旅游基础设施体系。

### 1. 加快形成安全便捷的旅游综合交通运输网络

加快形成公路、铁路、航空、水运相结合、安全便捷的旅游综合交通运输网络。进一步改善旅游区与各县市之间、旅游区与旅游区之间公路的行车条件，提高公路等级和通行能力。加快完善秦皇岛机场和山海关机场的配套设施，提高通航能力，拓展航线和增加航班密度，发展包机直航旅游。争取铁路部门支持，开通北京—秦皇岛、天津—秦皇岛直达旅游列车。加强船舶内河航道建设，提高航道等级和运输通行能力；积极做好万峰湖航道整治、标牌设置、码头建设；改善和增加水上交通旅游客船设施，为水上观光、休闲旅游创造优良的航行和观光条件。建成或改扩建一批重点旅游县（市）、乡（镇）、村和景区的旅游交通站场；力争开通旅游列车、航班的同时，将旅游接待用车提高为高档空调车辆。开通城区到景区、景点的定线旅游客运班车，提高车辆档次和服务水平。

---

### 专栏5　旅游通道建设工程

1. 旅游闭合通道建设。通过建设兴凯湖北路、兴凯湖路南延及城区主干路，增加一条山区旅游区与沿海旅游区快速连接的通道。重点打造一条由青乐公路、沿海公路和规划旅游路串联成的旅游环状公路。

2. 城市道路交通。拓宽城区主要街道，贯通主次干道，尽快完成旅游景区大通道建设项目，提升旅游干线档次。

3. 深化街道与建筑景观改造成果，北戴河暑期前完成联峰路中段、黑石路、红石路等7条道路建筑外立面改造和保二路、天鹅堡等精品特色街区建设。完成海北路、赤薄西路、东海滩路、联峰路道路改造，形成旅游环形路网结构。

4. 实施山海关完成关城西路、关城南路、第一关路和秦山快速路综合整治提升工程。对站前路进行特色化改造。对石河东路、老龙头路等主要干道进行高品位亮化，打造极具山海关特色的夜景观光带。

5. 海港区完成秦皇大街和河北大街景观提升，建设新开河港区成为水路旅游客运枢纽，开通辐射国际、国内和市内沿海主要旅游景区的海上客运及旅游观光航线。

---

旅游环形通道示意如图3所示。

### 2. 加强旅游接待综合配套服务设施建设

一是加强供水、供电、通信、道路、公共交通、指路标牌、停车场、卫生厕所、污水和垃圾处理等城市基础设施建设。二是加快建设不同级别特别游客服务中心，大力推进信息化建设。向游客提供旅游宣传资料、旅游咨询、旅游活动、旅游投诉等服务的功能，完成旅游乡镇、重点景区的游客服务中心建设。三是加快旅游住宿设施建设，包括星级饭店、连锁酒店、家庭旅馆等，以重点景区和乡村旅游点为依托，加快建设一批绿色环

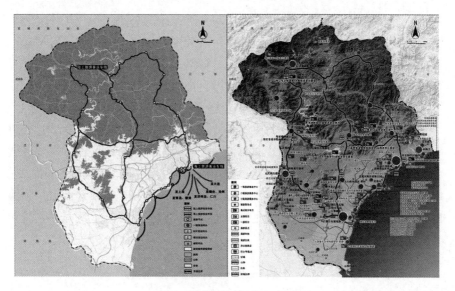

**图3　旅游环形通道示意图**

资料来源：《秦皇岛市全域发展战略规划》。

保酒店、中低档的经济型酒店、汽车旅馆、自驾车野营露宿基地、乡村旅馆，鼓励城镇和景区居民投资改造住房设施建设家庭旅馆，特别是加快增加山海关景区酒店餐饮接待能力，增加酒店住宿床位规模，确保游客"住得下、有得吃、留得住"。四是建设一批旅游休闲设施，基本做到通信、道路、供水、排水、电力、餐饮、公厕、停车场等设施完备，配套齐全，交通便捷，标识清楚。适时地将旅游由单纯的"观光旅游"转化为"休闲旅游"。加快建设一批适应游客休闲的餐饮、购物、娱乐、健身、欣赏设施，其中以文艺表演、音乐节庆为元素重点建设2~3个批文化演出活动的固定场所。创造条件争取安装旅游信息电子触摸屏，提高旅游信息化服务水平。进一步加强人行步道、汽车电瓶车通道及水上旅游救援点等安全设施建设。以旅游景区行车线路为突破点，进一步完善和规范全州主要旅游干道、市区道路、旅游公路沿线的中英文旅游路标、路牌建设，在机场、车站、港口和主要道路设置中英文导游图。

### 3. 推进旅游景区环境设施建设

一是加强旅游道路沿线绿化及景观林建设。配合做好公路绿化和景观林带建设规划工作，重点做好旅游码头和沿河旅游公路的绿化工作，加大道路沿线环境执法力度。二是推进乡村旅游景点环境建设。解决乡村旅游点的吃、住、行、厕所、停车、绿化、环境卫生等问题；结合新农村建设做好改水、改厕、改灶、改路项目建设，推行使用沼气和石油液化气。三是加强重点景区（景点）及周边环境建设。进一步强化景区垃圾、烟尘、污水处理设施建设，增加分类垃圾筒放置密度，按有关标准对固体垃圾进行定期回收、分类处理。实现景区（景点）垃圾集中填埋处理或无害化处理，污水、烟尘实现达标排放；按照生活服务设施向城区集中的原则，限制在景区内建设居民生活设施；结合新农村建设和小城镇建设，加快景区内居民及邻近范围内工矿企业的搬迁工作，搬迁后以当地适宜植物为主营造风景林，进行植被恢复。

## （二）全面提升工业园区基础设施服务功能

按照"适度超前、整体配套、滚动开发"的原则，高起点、高标准推进和完善园区基础设施建设，增强园区承接产业、发展循环经济的能力。

### 1. 统筹各类资金加快完善园区内部基础设施

从现阶段园区基础设施发展需求上看，秦皇岛市各类园区建设重要性和时序上，首先加快园区路网的改造和优化升级，彻底打通断头路；其次是加快完善环境配套设施建设；再者需要加快推进园区市政基础设施建设。统筹各类城市建设资金、专项资金向产业园区倾斜，拓宽建设资金融资渠道，增强融资能力，引导民间资本、国内外大企业、大集团和战略投资者参与园区基础设施建设。严格按照规划，集中力量、加快推进各园区的道路、供水、供气、供电、通讯等公共基础设施及配套生活设施建设，营造良好发展环境，促使园区具备投资商进场后即可建设的条件，逐步拉开开发建设框架。进一步加大区内环保基础设施投入力度，确保排污管网、污水及固废处理等设施建设与开发区建设、产业发展同步或适度超前。与此同时，加快园区文化教育、医疗卫生、餐饮商贸、住房保障、娱乐休闲等配套设施建设，完善综合服务功能。

> **专栏6　园区基础设施建设工程**
>
> 1. 青龙、昌黎、抚宁园区基础设施建设重点。依据规划，搞好土地整理和收储工作，重点实施道路、环境和生活性服务配套等基础设施工程。
>
> 2. 秦皇岛市区园基础设施建设重点。优化园区路网结构、提升园区市政配套设施水平，加快园区信息化建设；商务配套能力建设，强化高端要素集聚效应，规划建设高档公寓、会议、办公、超市、银行等综合商务配套服务设施。
>
> 3. 物流园区基础设施建设重点。包括临港物流园区、龙家营铁路物流园区、保税物流园区、空港物流园区、青龙物流园区等，重点做好集疏运通道和站场建设。

### 2. 强化园区与周边地区基础设施衔接与配套

统筹开发区与周边地区基础设施建设，将开发区基础设施建设纳入城市总体规划，加强开发区能源、电力、水资源利用、信息等基础设施与城区的衔接配套，通过联建共享的方式，最大限度提高公共基础设施的利用效率。统筹开发区与周边地区基础设施建设，加强与综合交通等专项规划的衔接，加快园区与中心城市和县城、主要交通干线以及铁路场站、机场、物流园区连接通道建设，完善外联集疏运通道，提升物流畅通程度，改善开发区跨越发展的区位条件。

### (三) 构建服务全市园区的公共服务平台

园区公共服务平台是在产业集中度较高或具有一定产业优势的地区，构建为中小企业提供技术开发、试验、推广及产品设计、加工、检测、信息资源、公共服务、公共设施公共技术支持系统等，为公众提供就业、创业、创新环境。它是一个开放的支持和服务系统，通过这个平台，可以为本地区的工业园区、高等院校、科研机构、科技企业、政府部门以及社会公众提供系统、全面、方便、高效的相关公共服务，从而提高效率，促进当地经济发展、营造和谐氛围。一般地，公共服务平台体系架构由多层结构组成，包括硬件系统、运行模式、运营管理、功能模块、保障体系和资源体系，整个平台架构是一个有机整体，各模块之间相互联系，相互作用，构成统一完整的体系。

显然，公共服务平台是园区公共服务的重要载体和实现途径，对促进产业发展和园区发展环境改善具有重要作用。一般地，园区公共服务平台主要包括研发设计、试验验证、检测检验、公共性技术转化、两化融合、质量控制、技术认证、信息基础设施、设备共享、节能环保以及投资融资、教育培训等为园区企业发展提供相关服务的平台等。加快产业园区公共服务平台建设有利于园区逐步形成社会化、市场化、专业化的公共服务体系和长效机制，对于促进资源优化配置和专业化分工协作，推进共性关键技术的开发、转移与应用具有重要作用，对于推动战略性新兴产业发展，完善园区产业服务体系，促进园区自主创新和转型升级也具有重要意义。公共服务平台完善与否，在很大程度上影响到产业园区发展的后劲和前景。健全完善的公共服务平台体系，是衡量产业园区核心竞争力的重要指标之一。

---

### 专栏7　工业园区公共服务平台作用

1. 增进信息沟通。信息类的公共服务平台是公共服务体系的窗口，是一个基础服务平台。通过不断扩展服务功能，增加信息量，提高信息实用性，为政府各部门、服务机构、企业之间搭建一个信息沟通的桥梁。在网上发布相关政策法规和行业发展动态，为产业提供产品供求，技术供求、资金供求、产权供求等信息，建立和完善产业项目库、技术成果转让库、闲置设备调剂库、人才库等各类信息库。以网络为主体，结合其他途径为产业提供法律、政策、生产经营和管理等方面的信息，建立面向社会、开发的信息服务体系。

---

2. 提高融资能力。融资类的公共服务平台大力发展信用担保、筹资融资、产权交易、土地交易、闲置设备调剂、会计、审计、评估、律师等中介机构，为有条件的企业上市、发行债券提供咨询和辅导，为企业股权融资、租赁融资和产权转让提供服务，帮助产业提高融资能力。当前，重点要加快建立和完善产业信用担保体系。各级政府按照"政府引导、市场运作"的原则，充分利用国家开发银行贷款，增加担保机构的资本金；要制定风险补偿等优惠政策，引导社会资本进入；要整合现有担保机构，逐步形成以政府出资的担保机构为主体，商业性担保机构、主动性担保机构和再担保机构为补充的覆盖全国的产业担保体系。

3. 提供技术支持。技术类的公共服务平台发展技术开发、技术推广、技术咨询、产品设计、设备与产品测试等服务机构，为产业的新产品研究开发和试制、设备检测、生产工艺改进等创造条件，促进产业技术水平与产品技术含量的提高。支持和鼓励大专院校、科研院所、企业的专门技术实验室和测试基地向产业开放，满足产业对共性技术的需求。大力培育技术市场，搭建技术产权交易平台，积极推进产业与大专院校、科研院所合作，促进科技成果尽快转化为生产力。收集、传递产业的技术需求信息，向产业提供新技术、新工艺、新材料、新产品等信息。开展技术诊断和技术指导，帮助企业解决技术难题。鼓励扶持有条件的产业建立企业技术中心。

4. 开展人才培训。培训类的公共服务平台整合培训资源，充分发挥大专院校、技工学校和专业培训机构的积极作用，建立产业人才培训基地，通过基地的带动和辐射作用，构建产业培训网络。加强产业培训师资队伍建设，建立和完善产业培训师资库。结合产业实际，运用讲授式、研究式、案例式、模拟式、体验式等教学方法，积极推广网络教育、远程教育、电化教育等现代培训手段，积极开展产业经营管理人员、专业技术人员、高技能人员及员工的教育培训和创业辅导等培训，加强产业人才队伍建设，不断提高产业整体素质和核心竞争力。各级政府可以加大对产业培训的支持力度，建立产业人才培训考核评估机制和培训经费补助制度。

5. 提供管理咨询。咨询类的公共服务平台整合社会各类管理咨询服务机构，同时利用大专院校的力量，为产业提供企业诊断和管理咨询，提高产业的管理水平和管理效率。组织有关专家学者、企业高级管理人员以及离退休的专业人员组成管理专家顾问团，为产业提供管理方法、组织设计、制度建设、财务分析、统计技术等方面的诊断、咨询和辅导。抓住影响企业发展的难点、关键问题和企业关注的热点问题，加强调查，研究解决问题的方法。

6. 辅导帮助创业。创业类的公共服务平台组建创业培训师资和咨询队伍，大规模、分层次开展创业培训，提高创业人员整体素质，培养一批创业大军。以公益性服务机构为主要载体，向企业初创者提供策划咨询、手续代理、创业园地、人员培训、技术应用、融资支持、登记注册以及工商、税务、能源、运输、劳动就业、社会保障、财政支持等方面的政策咨询和服务，帮助初创企业渡过创业艰难期。建立创业项目库，为创业者提供项目服务。有的政府结合本地实际，研究制定政策措施，从土地、财税、融资、科技、人才等方面扶持创业基地建设和初创企业发展。个别有条件的地区选择一些基础条件较好的园区或闲置厂房、楼宇，建立创业基地，为创业者提供低价、优质的创业场所。按照国家发改委等10个部门颁布的《创业投资企业管理办法》，通过政府引导，规范管理，促进民间资本成立一批创业投资公司，开展创业投资活动。

7. 营销开拓市场。市场类的公共服务平台大力发展为企业提供企业形象、产品设计、产品推广、展览展销、品牌打造和传播等中介服务机构，帮助企业制订营销策略、创新营销方式、扩大营销渠道，为企业提供对外贸易、技术合作、招商引资、风险投资等服务；组织企业参加各类展销展示会、产品交易会、供求洽谈会以及国内外商务考察活动；鼓励服务机构为产业提供展览、展销的策划、设计、制作等一条龙服务；指导产业参加政府采购项目投标等活动。

8. 政策法律服务。法律类的公共服务平台组织法律服务机构开展面向产业的政策法律咨询和法律援助等服务。利用法律顾问协会，组建产业法律服务中心。设立政策法律咨询服务热线，建立网上法律咨询平台，为产业提供法律、法规、政策等咨询服务。

资料来源：百度文库"国内外产业公共服务平台的作用与发展模式研究"，作者信息不详。

## 1. 建立园区协同办公及信息服务平台

通过建设园区协同办公系统、政企互动服务系统、信息专供服务系统等，提高园区内部沟通效率，建立起园区管委会与企业之间信息收集、跟踪、服务、交流的平台，满足入园企业利用互联网开展企业形象、产品宣传、企业商务运作的需求。一是建设产业园区门户网站，通过互联网资源将政府主要部门、园区和企业有机联合起来，建立工业园区（产业集群）综合信息服务平台整合园区及园区企业的信息资源，构建政府职能部门、园区与企业间相互的信息交换和工作管理通道，从而形成整体的信息共享优势和工作管理机制，达到加强沟通、提高工作效率、提升园区信息化管理。二是建设园区中小企业公共服务系统，按照开放性和资源共享性原则，面向园区中小企业，提供信息查询、技术创新、质量检测、管理咨询、创业辅导、市场开拓、人员培训、融资担保、环境治理、现代物流等服务支持和要素支撑的服务性平台机构。其中，在企业培训服务上，依托河北广播电视大学、市委党校等驻秦院校的教育资源，建立企业培训平台和交流平台，组织实施"千家企业、百名企业家"培训工程，围绕现场管理、质量管理、财务管理、技术管理、品牌管理、安全管理、人员管理和战略管理等方面开展系列培训。同时，以丰收企业发展促进中心为依托，为企业提供量身定做的个性化服务，促进企业在经营理念、管理提升、资源配置上不断突破；发挥已建设 12 个"清华远程教育网"作用，推进远程教育培训；新建改建 5 家中小企业创意辅导基地，优先安排中小企业创业辅导基地建设用地指标，鼓励支持利用废旧厂房改造。工业地产等形式建设中小企业辅导基地。建设一批工艺研发、产品检测、法律维权、市场开拓等中小企业公共服务平台，推进全市中小企业服务平台网建设。

## 2. 搭建园区开发建设与投融资平台

积极推广昌黎工业园区"管委会＋公司"运营模式，建立市场化运作、专业化招商、标准化管理新机制，组建合署办公平台，企业负责园区基础设施开发、参与招商工作。政府参与（财政入股）搭建园区开发建设平台，涵盖从厂房建设、融资担保、员工培训等方面。确保高新技术等有潜力的优势企业以最低的成本入住园区发展（标准厂房可以先租后买，资金短缺可以无抵押贷款）。对于有经济回报的公共基础设施建设，可以采取招商引资的办法，如停车场建设，政府负责提供规划土地，本着"谁投资，谁管理，谁受益"的原则，实行公开招商；渣土堆放场、公共厕所等公共配套设施，均可采取由政府规划、招商建设的办法。部分基础设施建设项目无经济回报，无法招商，可采取将无经济回报的项目与有较高经济回报的项目进行"捆绑"，实行"捆绑招商"。探索丰富补偿手段，如让道路建设项目投资者，拥有道路两侧广告一定年限的经营权等。

## 3. 科技研发服务与推广应用综合平台

目前，秦皇岛市现建有包括燕山大学国家大学科技园，开发区高新技术创业服务中心等科技企业孵化器 5 家（其中国家级 2 家），国家级技术转移示范机构 1 家、国家级生产力促进中心 1 家以及昌黎干红葡萄酒、开发区数据产业 2 家省级特色产业基地。科技创新研发平台快速发展，共有市级以上工程技术研究中心和重点实验室 61 家，其中国家级 2 家，省级 27 家；建有省级以上企业技术中心 24 家，其中国家级 3 家；博士后科研工作站 7 家；省级产业技术研究院 1 家；省级产业技术创新联盟 2 个，依托企业建设工程技术研究中心 26 家。科技合作平台逐步扩展。市政府分别与中科院北京分院、河北工业大学签署了全面科技合作协议，为借力京津创新资源优势快速发展搭建了平台。各县区、有关部门、企业积极开展项目联合研发、共建科研机构、建设转化基地、加强人才交流培养等多种方式的产学研合作，为完善科技研发平台奠定了基础。下一步，为加快推进产业转型升级和园区合作，在科技服务平台建设上重点推进以下几方面工作：

一是加强技术创新研究中心建设。积极争创国家级、省级工程技术研究中心、重点实验室、特色产业基地、科技孵化器、技术交易市场、科技服务平台等科技创新平台。加快工程技术研究中心建设。鼓励、支持有条件的科技型企业和龙头企业独立或联合高校、科研院所争创国家、省工程技术研究中心，特别是在重点领域建设一批工程技术研究中心，从政策、人事、资金等方面加大支持。

二是加快科技孵化中心建设。为科技型中小企业提供优越的创业环境，降低创业风险和创业成本，提高企业成活率和成功率。坚持政府引导和市场化运行相结合，向多元化、效益化、专业化、品牌化发展，进一步促进科技成果转化。建立健全以科技成果转化、自主知识产权产品开发、科技型企业孵化和科技创业人才开发为主要内容的科技孵化器考核体系。

三是建立政产学研战略联盟和产业联盟，支持构建以企业需求为导向、大学和科研院所为源头、技术转移服务机构为纽带、产学研相结合的新型技术转移体系。加强技术创新和成果转化服务平台建设，建立和完善科技成果产权交易市场、股权托管中心、技术交易市场等交易平台。

四是打造科技信息平台，实现科技资源共知、共建、共享。争取一部分财政资金用于补贴企业建立专业模块化的科技信息共享平台。充分利用行业行政主管部门、行业协会的资源，为企业提供更多的延伸服务，提高行业自主创新能力。整合科技信息资源，利用现代网络信息技术，实现科技资源共知、共建、共享。建立平台建设的补贴机制、平台使用的激励机制。

### 4. 建设节能环保服务系统平台

园区公共服务平台的节能环保服务系统主要是按照循环经济要求，实现园区资源高效、循环利用和废物"零排放"的产业配套服务机构。节能环保服务系统的主要功能是通过推进节能、节水、节地、节材，构建园区（产业集群）内部、产业之间的循环经济产业链，实现生产过程耦合和多重联产，物尽其用，变废为宝，最大限度地降低园区的物耗、水耗和能耗，实现集约化利用能源资源。具体地包括三个子服务系统。一是产业链接循环化服务系统。主要功能是实现项目间、企业间、产业间首尾相连、环环相扣、物料闭路循环，物尽其用，促进原料投入和废物排放的减量化、再利用和资源化，以及危险废物的资源化和无害化处理。二是资源利用高效化服务系统，主要功能是开展清洁能源替代改造，提高可再生能源利用比例，推动余热余压利用、企业间废物交换利用和水的循环利用。三是污染治理集中服务系统，主要功能专业化废弃物处理，园区污染集中治理。具体可以建设园区废气、废水、废渣的回收和循环综合利用中心，园区节能和循环利用技术服务中心，园区环境卫生服务中心等。

# 五、体制机制创新和政策支持

目前，秦皇岛市产业园区包括旅游景区等经济功能区总体表现小、多、分散、竞争力不强等特征，部分存在管理体制上的不顺包括昌黎和新区、抚宁和市区以及市区内部各区之间在园区开发和管理上存在内部竞争和利益分割问题，全市产业园区在业态摆布上一定程度上仍然有交叉，园区间产业合作明显不足。为此，要深入推进体制创新和机制转换，强化政策支持好引导，通过行政管理体制改革、加强组织保障，破除制约园区优化布局和协同发展的制度性瓶颈，迫在眉睫。

## （一）促进机制创新

### 1. 差别化的产业准入机制

坚持错位发展，全市域统筹考虑产业布局，明确园区分工和产业定位，实行差别化产业的准入和退出机制。一是从南北产业发展总体布局上，沿海市区园区重点向高端化、服务业方向发展，资源加工等前端产业要有计划地由市区向北部山区园区转移，对于青龙和卢龙县发展资源型加工制造业项目给予政策倾斜和相对宽松的准入门槛。二是按照园区基础和空间布局需要，对全市 15 个园区划分 2～3 类单位土地面积产值的开发强度指标，对开发相对较晚和资源型产业园区实行较低的投资开发强度指标要求，对开发建设较为成熟和产业高端化指向的园区实行相对较高的投资开发强度指标，通过投资开发强度的差异化引导项目布局。

在行业差别上，根据国家产业政策，制定产业发展目录和相关政策，通过政策引导，支持重点行业发展，促进煤、电、油、运、水及资金等生产要素向市确定的主导产业、重点基地园区和产业龙头倾斜；建立淘汰落后补偿机制，全面落实差别电价、差别水价和差别排污费政策，引导企业"上大压小"，淘汰低技术含量、污染严重的产业、技术和产品，淘汰落后的工艺、装置及生产能力，避免和杜绝低水平重复建设及产能过剩行业过度投资，提升产业整体发展水平和市场竞争能力。各县制定相应政策措施，接纳招商引资及搬迁企业（项目）。

## 专栏8　差别化产业政策案例

1.《国家主体功能区规划》中的差别化产业政策。在布局重大制造业项目上，应布局在优化开发和重点开发区域，并区分情况优先在中西部国家重点开发区域布局。严格市场准入制度，对不同主体功能区的项目实行不同的占地、耗能、耗水、资源回收率、资源综合利用率、工艺装备、"三废"排放和生态保护等强制性标准。在资源环境承载能力和市场允许的情况下，依托资源和矿产资源的资源加工业项目，优先在中西部国家重点开发区域布局。建立市场退出机制，对限制开发区域不符合主体功能定位的现有产业，要通过设备折旧补贴、设备贷款担保、迁移补贴、土地置换等手段，促进产业跨区域转移或关闭。

2. 国家支持新疆实施差别化产业政策。根据《中共中央国务院关于推进新疆跨越式发展和长治久安的意见》、《关于促进新疆工业通信业和信息化发展的若干政策意见》（工信部产业［20101617］号）文件精神，对新疆部分地区和行业实行差别化政策支持：一是放宽产业类别界定。对于部分现行政策未列入鼓励类以及部分其他地区限制发展的项目，如在新疆市场需求广阔、经济拉动作用明显，就业吸纳能力突出，鼓励新疆适度发展，或者允许新疆放宽限制条件。二是允许新疆适度发展钢铁、水泥、平板玻璃、现代煤化工、多晶硅、风电设备、电解铝等产能过剩产业。三是在一些行业准入限制方面，把新疆困难地区作为产业布局和政策支持的重点，优先支持新疆地区加快发展，努力缩小发展差距。

## 2. 园区共建和利益协调机制

建立重大项目引进和建设、产业配套协作、生态环境共同治理、基础设施共建、园区整合等方面的投入分担、财税分成、统计考核等跨区县利益协调机制。探索建立跨区、县土地资源开发利用、生态环境保护和建设的补偿机制。根据不同项目特点和合作方式，制订利益共享和风险共担方案以及具体实施办法，协调好多方利益主体间的关系。通过全市统一的园区招商平台，明确每个园区主导产业方向，对于新引进的产业项目实施"按区分流"。

**专栏9 四川、甘肃省创新体制机制促进园区共建**

1. 四川。按照政府推动、市场导向、优势互补、利益共享的原则，创新体制机制，支持合作共建开发区，推动园区协调互动，促进区域经济加快发展。（1）推动产业园区联动发展。支持各级各类开发区和工业集中区建立长效合作机制，广泛开展产业转移承接、人才培训交流等合作，推进上下游产业和配套产业互动。鼓励以开发区为平台整合周边工业集中区，逐步把工业集中区发展成为开发区产业配套和产业链延伸区。加强各级各类开发区与综合保税区、出口加工区等特殊经济功能区联动发展。（2）支持合作共建产业园区。抓好成都—阿坝工业园区等合作共建的开发区建设，完善管理体制机制，积极探索产业园区联动开发的新思路、新模式。鼓励有条件的市（州）、县（市、区）突破行政区划界限合作共建开发区，探索建立资源整合以及招商引资异地落户、利益共享机制，促进优势互补、资源整合、联动开发。充分发挥对口合作长效机制的作用，抓好对口支援产业合作园区发展，支持各地与沿海先进发达地区共建开发区。积极开展境外合作共建，抓好新川创新科技园规划建设，以省级以上开发区为主要载体，积极吸引国（境）外政府、跨国公司或其他战略投资者在开发区内兴办专业园区。

2. 甘肃。（1）积极创新开发区建设发展模式，支持开发区结合承接产业转移，与发达地区政府、开发区以及战略投资者等各类主体，以市场为导向，按照"优势互补、产业联动、共建共享、收益分成"的原则，通过政府与政府共建、政府与企业共建、企业与企业联建等方式，建设开发区或开发区内的产业园区，稳步推进开发区建设发展市场化、企业化。（2）探索开发区联动共建新模式，鼓励具备条件的市州、县市区突破行政区划界限合作共建开发区，按照"各计其功、税收分享"的原则，建立资源整合及招商引资项目异地落户的利益共享机制。支持开发区按照城市总体规划和土地利用总体规划，依法采取置换用地、增容扩区等方式调整和扩大开发区规划范围。鼓励重点开发区通过就近整合工业集中区、异地整合关联园区，形成连片、联动发展格局，并依照发展规划享受主体开发区的现行优惠政策。

资料来源：《四川省"十二五"开发区发展规划》；《甘肃省人民政府关于推进开发区跨越发展的意见》（甘政发〔2012〕19号）。

### 3. 完善土地开发利用机制

一是树立全域园区土地开发"一盘棋"的理念，重大项目上各园区形成共建合力，支持园区之间土地指标流动。二是探索分区开发机制。针对山区、丘陵、平原不同地区园区用实行差异化土地开发管理，对青龙、卢龙、抚宁县主要工业园区的土地利用指标适当予以不同程度上的倾斜。三是健全土地整理和储备制度。加大土地整理，盘活闲置土地资源，科学利用荒山、荒坡，增加建设用地供给，鼓励青龙县率先推进发展沟域园区经济。四是创新土地市场化制度，规范土地使用权流转行为。推进农村以集体土地入股，探索共享工业园区开发成果的模式和方法。五是建立项目用地退出机制。对土地闲置满两年的，坚决依法无偿收回，重新安排使用。园区管委会定期、不定期深入项目场地，开展项目建设督查活动，督促项目按时序进度建设；对不按时序进度建设的项目，根据需要按项目进出机制和协议约定，终止投资协议或收回闲置部分土地。建立科学的企业项目评估机制，对企业发展成效不好的企业实施责令整改或退出。

## 专栏10　常州市提升园区集约开发水平

1. 制定政策盘活存量土地。对于开而不发、用而多余的土地，通过征收土地闲置费和强制收回等措施进行盘活；对于投资强度过低的项目，要督促其增加强度或"腾笼换鸟"。对现有土地资源进行全面清查，摸清土地利用现状，制定切实可行的政策措施，下大力气推进土地资源的整合，盘活、利用存量土地，清理闲置土地，切实提高土地利用率。

2. 提升土地开发利用水平。全市每年新增用地指标重点向开发区和工业集中区聚集，土地指标应根据各园区建设进度、投资强度、发展速度、产业集聚度进行评估后安排，推进优质资源向优势产业集聚。加强工业用地的节约和集约管理，增加工业用地的有效供给，调整和优化园区用地结构，落实节约集约利用土地的措施；提高用地门槛，引导中小企业向多层标准厂房集中，工业用地经过生产性改造、提高容积率的，应给予政策鼓励。大力推广"津通"模式，在全市开发区和工业集中区大力兴建标准厂房；建立标准厂房建设的评价激励机制，凡在开发区和工业集中区兴建的标准厂房，在房产税、契税、墙体基金、土地租金等方面应给予政策优惠。

3. 推进乡镇工业小区整合、优化、升级。乡镇撤并以后，还存在不少遗留问题，乡镇工业小区还存在"低、小、散"的突出问题，土地的集约利用水平不高。要制定完善政策，采取切实有力

> 的措施推进乡镇工业小区整合、优化、升级，促进乡镇企业向重点工业集中区集中，置换出的土地用于扩大重点工业集中区的发展空间，实现集约发展。

资料来源：常州市人大常委会课题组：《关于我市省级以上开发区和重点乡镇工业集中区建设发展情况的调研报告》，2009 年常州市两会专题。

## （二）强化政策支持

### 1. 环保政策

严格实施污染物排放总量控制，加强对污染物排放的监测、统计和考核。实施"园区限批"措施。对环境污染整治不到位、污水处理厂限期未实现达标排放、环境信访纠纷多且迟迟不能有效处理的园区，实施"园区限批"。建立项目审批与环境质量状况挂钩制度，在项目审批中，督促园区加大重污染企业的关停搬迁和治理，促进环境综合整治；在确保完成主要污染物总量减排目标和满足环境质量要求的基础上，预留部分指标，按照排污权交易调配政策专项用于建设。

### 2. 财税政策

财政政策上，充分考各园区开发建设的支出成本差异，特别是县级财力有限难以在短时期内完善园区的基础设施建设，严重影响全市园区整体竞争力和品牌影响力的提高。争取 2014 年起，全市财政预算盘子中设立"园区优化布局和基础设施建设专项财政资金"，适当对青龙、卢龙、抚宁、昌黎县给予倾斜，扶持园区完善电力、路桥、垃圾填埋场、污水处理厂、供水系统等工程建设。

优化税收分成，园区管委会自主协商，按照要素投入比例，例如将土地占用指标、基础设施建设、工业厂房建设等折算成一定的税收分成比例，共享产业项目建设的税收收入。通过税收共享，积极推进园区共建，引导南部的秦皇岛经济技术开发区、北戴河新区、秦皇岛临港产业聚集区、北戴河经济开发区等园区与西部的秦皇岛西部工业聚集区、昌黎工业聚集区、青龙经济开发区、卢龙经济开发区、抚宁经济开发区等园区开展招商对接、产业对接、园中园共建对接等。

### 3. 投融资政策

一是提供金融政策优惠，放宽贷款条件、担保、风险资本、贴息贷款等，按照资金运作规律，积极引导、鼓励和扩大外资、银行贷款和民间资本等各类资金投资园区基础设施建设和战略新兴产业发展。

二是建立产业引导发展基金。由政府财、企业及社会捐赠为主体，探索联合设立对装备制造业、电子信息产业、旅游业建立引导发展基金；对钢铁、玻璃建材等产业建立技术改造和转型发展基金。

三是联合南戴河、抚宁县旅游发展集团以及大型旅游开发公司、资产管理公司、外资旅游企业等筹建秦皇岛市旅游发展集团。以市场化运作手段，统筹全市旅游资源开发与景区建设、旅游市场营销等，重点发展酒店服务业、旅游商业地产、旅行社和旅游投资业务，鼓励旅游发展集团，以存量土地为基础，通过增资扩股、收购、共同开发等方式对其周边的土地进行统一整理开发。

四是积极倡导在园区设立由财政全额或控股的政策性担保机构、中小企业贷款担保基金，通过财政资金注入和落实税费减免政策等方式，支持融资性担保机构从事企业担保业务，重点支持园区基础设施建设和景区开发建设企业投资。

五是坚持政府主导、社会参与、市场化运作的园区开发模式，加强投融资平台建设，充分利用市场力量实现园区建设的大投入和产业的大发展。积极鼓励各园区设立开发建设投资公司，负责各自范围内的土地综合开发、基础设施建设及相关项目的经营管理，实行独立核算、自主经营、封闭运作、自求平衡。

## 专栏11　产业园区建设资金保障措施

1. 台州湾循环经济产业集聚区建设资金保障。（1）引进外资。强化招商选资，立足构建集聚区循环经济体系，引进世界500强和国内大集团，加强与民营企业的嫁接联姻。（2）争取国资。抓住国家实施沿海开发战略有利契机，依托台州湾优势条件，重点争取国有资本在交通、能源、电力、通信等基础设施和重化工业领域的投入。（3）多募股资。积极引导一批上规模民营企业，特别是盘子小、成长性好、活力强的企业，进行股份有限公司改造，争取境内外多渠道上市融资；探索发行企业债券和设立私募产业基金。（4）激发民资。改善投资环境，完善创业服务体系，大力发展创业中介和孵化区建设，鼓励建立产业投资基金、风险投资基金和创业基金，引导和鼓励创业。大力实施回归工程，充分发挥各地台州商会作用，吸引在外台州商人回乡创业。（5）金融改革。支持地方商业银行实行跨区域经营；扩大村镇银行试点，开展设立小额贷款公司及资金互助社改革试点，推进农村合作银行股份制改造；开展鼓励发展创业投资基金、产业风险投资基金和民营企业集团财务公司试点，规范发展中小企业担保体系。同时，在产业集聚区内的基础设施、重大产业项目和战略性新兴产业项目建设上，积极争取国家及相关部门和省级财政专项资金奖励和补助。

2. 常州市创新园区开发管理模式。（1）建立市场化开发运行机制。坚持政企分开，建立健全以开发公司为投资主体的开发机制，实行市场化运作模式。借鉴先进地区的经验做法，以优质资产划拨、国资企业重组、经验领域延伸等形式，把投融资主体变成一个能够自我发展的市场主体，通过上市融资、发行债券、引进战略投资者等方式融资，再通过企业赢利反哺园区建设。拓宽投融资渠道和途径，加快构成市场化、多元化融资平台，鼓励引导外资、民资和各类社会资本投资园区基础设施建设。鼓励具备条件的开发公司运用发行企业债券、信托融资、BOT、工业地产融资等现代金融工具筹集开发建设资金，促进园区开发的良性发展。（2）探索合作共建机制。积极探索不同园区或不同区域的市场化合作机制，采取"一区多园"、托管等形式，对省级以上开发区和周边乡镇工业小区进行资源整合、统筹开发，以实现资源和功能的优化配置，最大限度的发挥开发区的集聚辐射效应。（3）建立市场化招商机制。要建立市场化招商机制，把政府从招商引资的具体事务中解脱出来。各级园区的管理机构重点要根据本区域产业发展规划和发展战略，编制产业招商引资规划，制定相应的配套政策，提高服务水平，具体招商事务可充分利用市场主体来开展。借鉴"津通模式"，推动利用工业地产载体开展招商，对于软件园、动漫产业基地、大学科技园等发展载体，可以引进市场主体开展招商，同时，要聘请专业化中介机构，特别是各地商会和行业协会作为代理招商，发挥他们信息广、联系多的优势，针对特定行业开展招商。

资料来源：根据台州湾循环经济产业集聚区官方网站相关报道及台州日报相关信息整理；常州市人大常委会课题组：《关于我市省级以上开发区和重点乡镇工业集中区建设发展情况的调研报告》，2009年常州市两会专题。

## （三）推进行政管理体制改革

### 1. 推行项目行政审批信息化

深化推进行政审批制度改革，简化审批环节，优化审批流程，规范审批行为，提高审批效率；继续清理和调整行政审批项目和部门收费，逐步推行审批管理"零收费"制度。以秦皇岛市的电子政务平台建设为契机，加快推进政务办公电子化、管理数字化、服务网络化、信息公开化建设，加快行政审批由传统手工方式向现代信息化方式转变。

### 2. 增强重点产业园区的管理权限

探索推进下放和扩大优势产业园区的管理权限，创新和完善产业园区管理体制。通过上级放权和下级强权，切实增强事务管理的灵活性，充分调动园区管委会谋发展的积极性，为园区开发建设和发展提供行政管理权限上的充分保障。

### 3. 施行园区差别化的考核政策

探索实施差异化政绩考核办法，对不同类型的园区、旅游区、服务业集聚区采取不同的考核办法。对秦皇岛经济技术开发区、北戴河新区、秦皇岛临港产业聚集区、北戴河经济开发区等，重点考核逐步将高新技术产业比重、科技创新能力、人力资本结构、土地集约利用、基础设施投入产出比等指标；对昌黎干红葡萄酒产业聚集区、秦皇岛西部工业聚集区、秦皇岛杜庄工业聚集区、昌黎工业聚集区、青龙经济开发区、卢龙经济开发区、抚宁经济开发区重点考察基础设施完善程度、单位面积 GDP 比重、生态环保、GDP 增长与能耗关系等指标；对青龙物流产业聚集区等物流园区重点考察物流运输能力、信息化建设水平等指标；对海港区圆明山文化旅游产业聚集区等旅游景区重点考察旅游规模、接待能力、游客认可度、增加就业等指标；对昌黎空港产业聚集区和曹妃甸临港产业园现阶段重点考察基础设施完备程度和招商引资进度。

### 4. 建立规划实施及动态调整机制

实施目标管理，建立健全"大协作"制度，形成协作网络，完善协调、协作职能，采取专项协作会议、联席会议等多种方式，促进共建、共管、共享。加强各种规划的协调衔接和统筹。加强各种规划的协调衔接。促进各专项规划要在发展目标、空间布局、重大项目建设等方面与产业空间规划统筹。在规划实施中对已执行的规划按不同类别进行总结和适当调整，确保各类规划在总体要求上方向一致，在空间配置上相互协调，在时序安排上科学合理。建立健全定期监测评估和动态调整机制。加强对园区发展工作实施指标性的定期监测，畅通信息传递渠道，及时把监测结果反馈给区相关领导和咨询决策委员会。及时研究对策措施和提出解决方案，当外部环境发生了重大变化影响地区发展和建设时，及时对原有决策方案进行修缮和补充。

**参考文献:**

［1］梁鹤年著, 丁进锋译:《政策规划与评估方法》, 中国人民大学出版社 2009 年版。

［2］秦皇岛市人民政府:《秦皇岛市城市总体规划》(2008～2020), 2008 年 12 月。

［3］铁道部:《铁路"十二五"发展规划》, 2011 年 7 月。

［4］深圳市城市规划设计研究院:《秦皇岛市全域发展战略规划》, 2012 年 1 月。

［5］翟俊:《协同共生: 从城市的灰色基础设施、生态的绿色基础设施到一体化的景观基础设施》, 载于《规划师》2012 年第 9 期。

［6］张亚军:《可持续发展条件下的新一代城市基础设施建设》, 载于《上海城市规划》2010 年第 3 期。

# 秦皇岛市产业空间布局规划

全国城镇体系规划(2006-2020 年)　城镇发展空间结构规划图

在全国的区位示意图

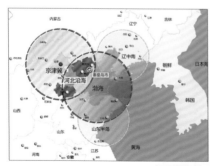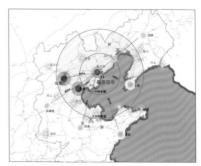

在环渤海地区的区位示意图

# 秦皇岛市产业空间布局规划

## 产业集聚区现状布局示意图

N

0 1 2 5 10km

宽城满族自治县

辽宁省

青龙经济开发区

青龙物流产业聚集区

青龙山神庙循环经济示范园

迁安市

秦皇岛杜庄工业聚集区

阆明山文化旅游产业聚集区　秦皇岛出口加工区

秦皇岛临港产业集聚区

卢龙经济开发区

秦皇岛国家级开发区

抚宁经济开发区

河北昌黎干红葡萄酒产业集聚区　北戴河经济开发区

秦皇岛西部工业集聚区

昌黎工业园区

昌黎空港产业聚集区　北戴河新区

滦南县

曹妃甸临港产业园

图例

国家级产业集聚区

省级产业集聚区

市级产业集聚区

# 秦皇岛市产业空间布局规划

## 主体功能区区划图

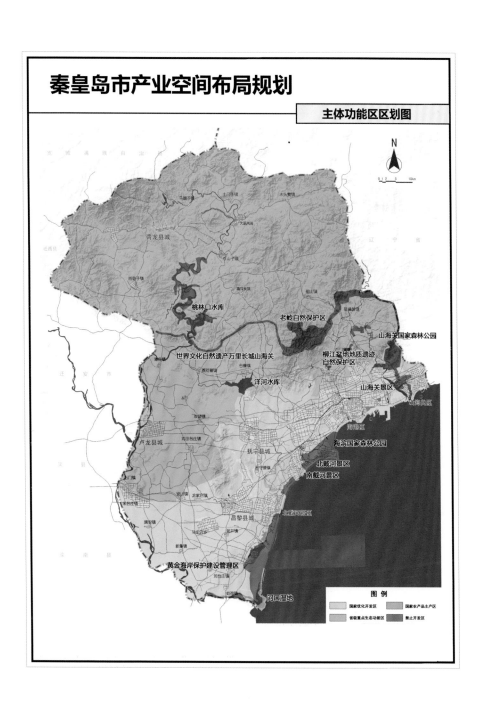

图例

# 秦皇岛市产业空间布局规划

功能板块划分示意图

图例

- 城市功能提升区
- 城市功能拓展区
- 城镇与工业统筹发展区
- 农产品供给功能区
- 旅游功能区(包括各景点)
- 生态保护区

# 秦皇岛市产业空间布局规划

## 产业空间总体布局图

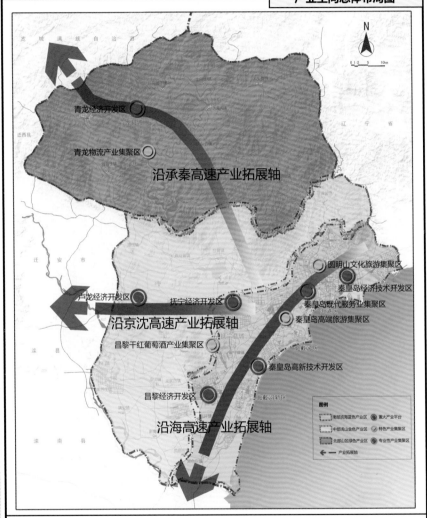

沿承秦高速产业拓展轴

青龙经济开发区

青龙物流产业集聚区

圆明山文化旅游集聚区

秦皇岛经济技术开发区

秦皇岛现代服务业集聚区

秦皇岛高端旅游集聚区

卢龙经济开发区

抚宁经济开发区

沿京沈高速产业拓展轴

昌黎干红葡萄酒产业集聚区

秦皇岛高新技术开发区

昌黎经济开发区

沿海高速产业拓展轴

# 秦皇岛市产业空间布局规划

**青龙县**

功能定位：农副产品和冶金建材物流基地、山地旅游中心、山地农业生产基地

重点发展：生态旅游、商贸物流、钢铁、建材、食品工业、特色农业
禁止发展：高排放产业

**山海关区**

功能定位：文化旅游发展的提升区、临港大型装备制造业发展的集聚区

重点发展：文化旅游及旅游业、船舶修造及配套、铁路器材、桥梁钢结构、核电装备
禁止发展：一般资源加工产业、两高一资产业

**秦皇岛开发区**

功能定位：先进制造业发展的集聚区、战略性新兴产业发展的重要平台、服务外包示范园区

重点发展：交通运输装备、专用成套设备、电子信息、光电一体化设备、大数据产业、生物及新医药、新能源、节能环保工业设计、服务外包
禁止发展：一般资源加工产业

**抚宁县**

功能定位：先进制造业的承接地、休闲旅游基地、优质特色农业生产基地

重点发展：机械制造、新型建材、食品工业、休闲旅游、特色农业
禁止发展：高排放产业

**海港区**

功能定位：现代服务业发展的引领区、临港产业的集聚区、先进制造业发展的提升区

重点发展：金融商务、会展会议、总部经济、物流商贸、体育运动、大型装备制造、玻璃深加工
禁止发展：一般资源加工产业、高污染高能耗产业

**卢龙县**

功能定位：先进制造业承接地、文化旅游区、优质特色农业生产基地

重点发展：钢铁、机械制造、新型建材、绿色化工、食品工业、医疗健康、新能源、旅游业、特色农业
禁止发展：两高一资产业

**北戴河区**

功能定位：旅游休闲度假胜地

重点发展：休闲旅游、文化创意
禁止发展：一般性工业、两高一资产业

**昌黎县**

功能定位：战略性新兴产业延伸区、旅游度假休闲服务区、葡萄酒生产基地

重点发展：干红葡萄酒业、休闲旅游服务、商贸物流、休闲农业、食品工业、战略性新兴产业
禁止发展：高排放产业

**北戴河新区**

功能定位：高端旅游度假区、高端商务会展区、文化创意产业中心、高新技术孵化基地和新兴海洋产业发展的主载体

重点发展：高端旅游、高端商务会展、文化创意、战略性新兴产业、新兴海洋产业、康体疗养、旅游制造
禁止发展：一般性工业、两高一资产业

# 秦皇岛市产业空间布局规划

## 产业集聚区整合示意图

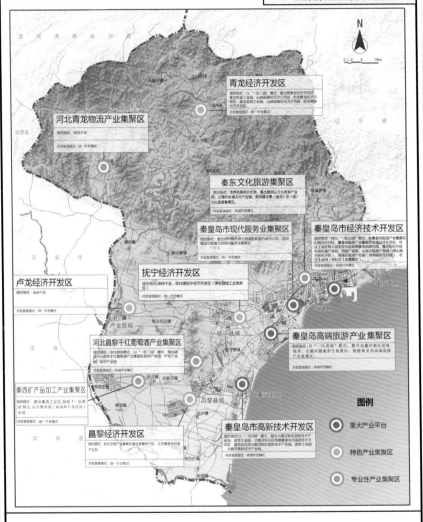

# 秦皇岛市产业空间布局规划

产业集聚区体系规划图

# 秦皇岛市产业空间布局规划

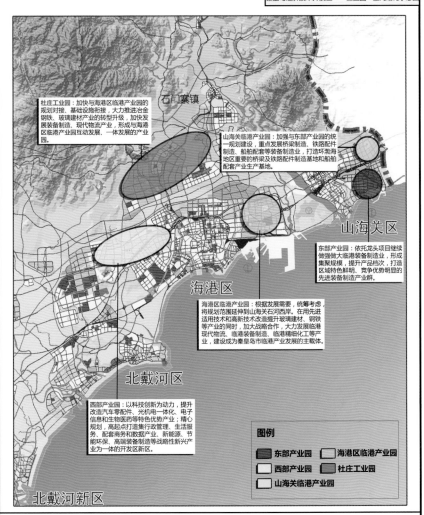

杜庄工业园：加快与海港区临港产业园的规划对接、基础设施衔接，大力推进冶金钢铁、玻璃建材产业的转型升级，加快发展装备制造、现代物流产业，形成与海港区临港产业园互动发展、一体发展的产业园。

石门寨镇

山海关临港产业园：加强与东部产业园的统一规划建设，重点发展桥梁制造、铁路配件制造、船舶配套等装备制造业，打造环渤海地区重要的桥梁及铁路配件制造基地和船舶配套产业生产基地。

山海关区

东部产业园：依托龙头项目继续做强做大临港装备制造业，形成集聚规模，提升产品档次，打造区域特色鲜明、竞争优势明显的先进装备制造产业群。

海港区

海港区临港产业园：根据发展需要，统筹考虑，将规划范围延伸到山海关石河西岸。在用先进适用技术和高新技术改造提升玻璃建材、钢铁等产业的同时，加大战略合作，大力发展临港现代物流、临港装备制造、临港精细化工等产业，建设成为秦皇岛市临港产业发展的主载体。

北戴河区

西部产业园：以科技创新为动力，提升改造汽车零配件、光机电一体化、电子信息和生物医药等特色优势产业；精心规划，高起点打造集行政管理、生活服务、配套商务和数据产业、新能源、节能环保、高端装备制造等战略性新兴产业为一体的开发区新区。

北戴河新区

**图例**

■ 东部产业园　　□ 海港区临港产业园
□ 西部产业园　　■ 杜庄工业园
□ 山海关临港产业园

# 秦皇岛市产业空间布局规划

海港区

抚宁县城

留守营镇

北戴河区

北戴河经济开发园：以电子信息、新材料、生物工程等高新技术产业为重点，推进产城一体，建设滨海型生态工业新城。

北戴河新区

昌黎县城

昌黎工业园：创新开发模式，以高新技术产业为重点，打造成昌黎重要经济增长极。

泥井镇

北戴河新区高新技术产业园：要加快与京津同城发展，大力吸引京津地区的科研机构和高新技术企业，以技术研发、科技服务、人才培养、科技转化为重点，打造科技创新基地、高新技术产业示范基地和高端人才培养基地，建设成为推进河北省产业转型升级的强大引擎。

庄镇

刘台庄镇

茹荷镇

## 图例

北戴河经济开发园

昌黎工业园

北戴河新区高新技术产业园

# 秦皇岛市产业空间布局规划

海港区

西港区：规划建设秦皇岛大剧院，发掘求仙入海文化，利用现代声光电技术，编排大型演出；利用旧码头，适当填海造地，建设集住宿、会议会展、娱乐、高端餐饮、游艇会所等于一体的半岛度假酒店；临海建设秦皇岛国际会展中心，并筹划定期举办国际性展览，建设高端购物街区；实施滨海岸线景观改造，引进酒吧、咖啡店、娱乐会所等设施，营造"观海听涛"的休闲氛围。

北戴河区

新行政中心区：加强整体景观设计，高标准建设基础设施，积极引进金融机构、企业总部，配套发展会计、审计、财务、咨询、律师、办公等高端商务服务，打造成为秦皇岛市的总部经济区。

图例

新行政中心区

西港区

# 秦皇岛市产业空间布局规划

北戴河健康养生集聚区：积极承接北京的医疗养老、教育培训等功能，以健康疗养、职业培训、文化创意、旅游地产、会议会奖为主导产业，对区域旅游、文化、生态、体育、农业等资源进行全面整合，大力推进高尔夫球场、五星级酒店、创新剧场群、葡萄酒庄园、俄罗斯游客中心、健康养生中心、家庭旅馆、道路景观、滨海浴场的设施的提升改造，开发"运动之春、浪漫之夏、时尚之秋、休闲之冬"系列性产品，支撑北戴河世界一流康疗、养生、休闲目的地建设。

北戴河新区滨海地带：规划建设两个组团，重点承接北京的旅游休闲、文化创意、体育康体等功能，突出发展高端休闲、文化主题创意、商务会奖经济、离区免税购物、旅居度假、分时度假、特色餐饮、游艇、体育运动等产业，打造高端休闲、养生康体和度假旅游品牌，努力建设世界一流的旅游休闲度假目的地、国家级旅游度假区和生态文明示范区。

## 图例

北戴河健康养生集聚区

北戴河新区滨海地带

# 秦皇岛市产业空间布局规划

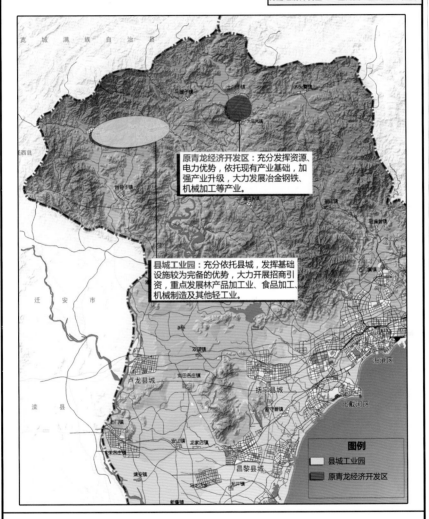

原青龙经济开发区：充分发挥资源、电力优势，依托现有产业基础，加强产业升级，大力发展冶金钢铁、机械加工等产业。

县城工业园：充分依托县城，发挥基础设施较为完备的优势，大力开展招商引资，重点发展林产品加工业、食品加工、机械制造及其他轻工业。

图例
县城工业园
原青龙经济开发区

# 秦皇岛市产业空间布局规划

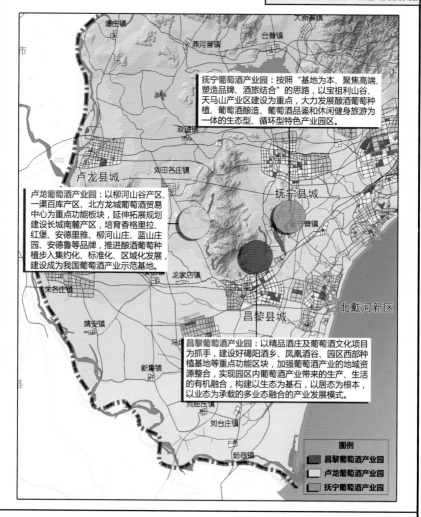

**抚宁葡萄酒产业园**：按照"基地为本、聚焦高端、塑造品牌、酒旅结合"的思路，以宝祖利山谷、天马山产业区建设为重点，大力发展酿酒葡萄种植、葡萄酒酿造、葡萄酒品鉴和休闲健身旅游为一体的生态型、循环型特色产业园区。

**卢龙葡萄酒产业园**：以柳河山谷产区、一渠百库产区、北方龙城葡萄酒贸易中心为重点功能板块，延伸拓展规划建设长城南麓产区，培育香格里拉、红堡、安德里雅、柳河山庄、蓝山庄园、安德鲁等品牌，推进酿酒葡萄种植步入集约化、标准化、区域化发展，建设成为我国葡萄酒产业示范基地。

**昌黎葡萄酒产业园**：以精品酒庄及葡萄酒文化项目为抓手，建设好碣阳酒乡、凤凰酒谷、园区西部种植基地等重点功能区块，加强葡萄酒产业的地域资源整合，实现园区内葡萄酒产业带来的生产、生活的有机融合，构建以生态为基石，以居态为根本，以业态为承载的多业态融合的产业发展模式。

**图例**
- 昌黎葡萄酒产业园
- 卢龙葡萄酒产业园
- 抚宁葡萄酒产业园

# 秦皇岛市产业空间布局规划

石门寨镇

N

0 1 2   5      10km

圆明山长城文化产业园:以养生养老、文化创意、旅游农业、体育休闲为重点,建设成为集休闲度假疗养、山地运动康体、田园文化体验等功能于一体的文化旅游产业集聚区。

山海关区

海港区

山海关长城文化产业园:以山海关长城为中心,深入挖掘特色文化艺术,培育形成长城体验、文化创意、历史展演、生态观光、休闲度假参禅悟道、康体养生等产业体系。

# 秦皇岛市产业空间布局规划

秦西矿产品加工产业集聚区"一区两园"空间结构图

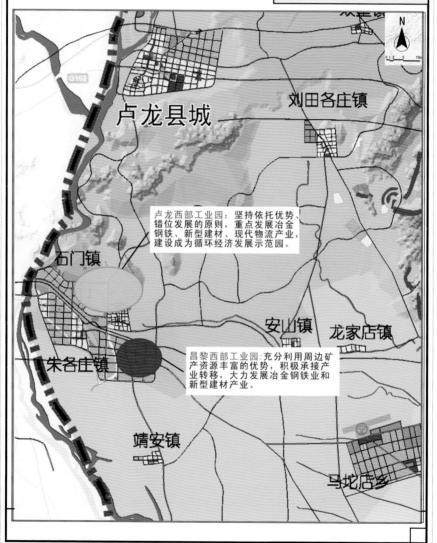

卢龙县城

刘田各庄镇

卢龙西部工业园：坚持依托优势、错位发展的原则，重点发展冶金钢铁、新型建材、现代物流产业，建设成为循环经济发展示范园。

石门镇

安山镇

龙家店镇

朱各庄镇

昌黎西部工业园：充分利用周边矿产资源丰富的优势，积极承接产业转移，大力发展冶金钢铁业和新型建材产业。

靖安镇

马坨店乡

# 秦皇岛市产业空间布局规划

图例
- 装备制造业
- 钢铁工业
- 玻璃工业
- 食品工业
- 战略性新兴产业
- 新兴海洋产业

# 秦皇岛市产业空间布局规划

## 旅游业空间布局规划图

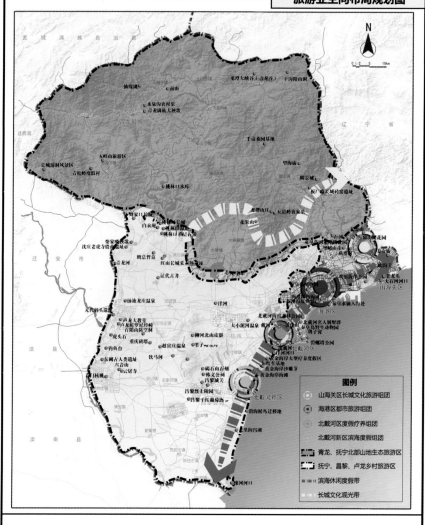

图例
- 山海关区长城文化旅游组团
- 海港区都市旅游组团
- 北戴河区度假疗养组团
- 北戴河新区滨海度假组团
- 青龙、抚宁北部山地生态旅游区
- 抚宁、昌黎、卢龙乡村旅游区
- 滨海休闲度假带
- 长城文化观光带

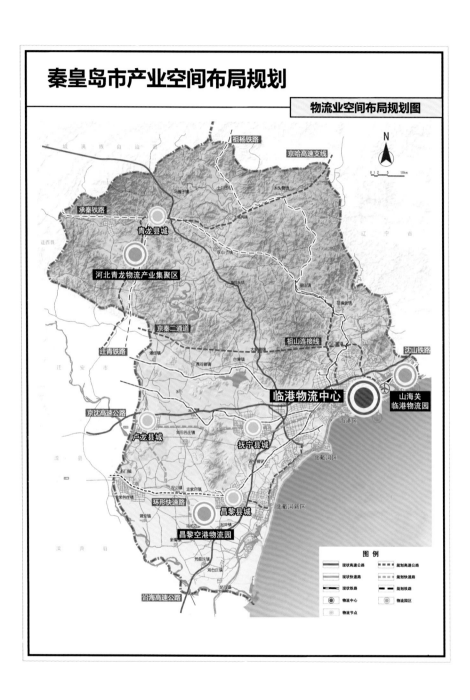

# 秦皇岛市产业空间布局规划

## 物流业空间布局规划图

# 秦皇岛市产业空间布局规划

**特色农业空间布局规划图**

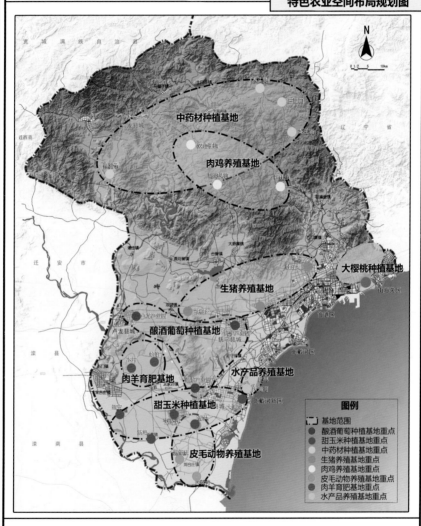

中药材种植基地

肉鸡养殖基地

大樱桃种植基地

生猪养殖基地

酿酒葡萄种植基地

水产品养殖基地

肉羊育肥基地

甜玉米种植基地

皮毛动物养殖基地

**图例**

- 基地范围
- 酿酒葡萄种植基地重点
- 甜玉米种植基地重点
- 中药材种植基地重点
- 生猪养殖基地重点
- 肉鸡养殖基地重点
- 皮毛动物养殖基地重点
- 肉羊育肥基地重点
- 水产品养殖基地重点

# 秦皇岛市产业空间布局规划

## 交通体系规划图

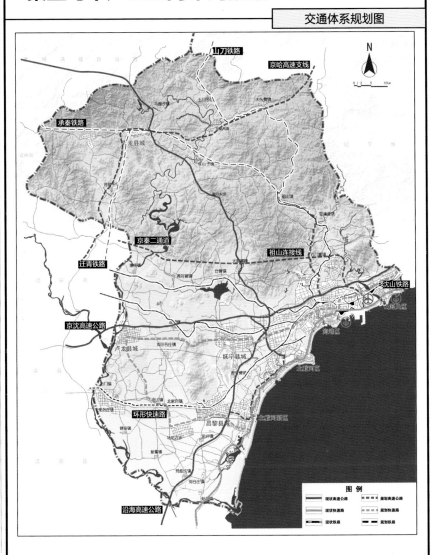

# 秦皇岛市产业空间布局规划

## 生态空间规划示意图

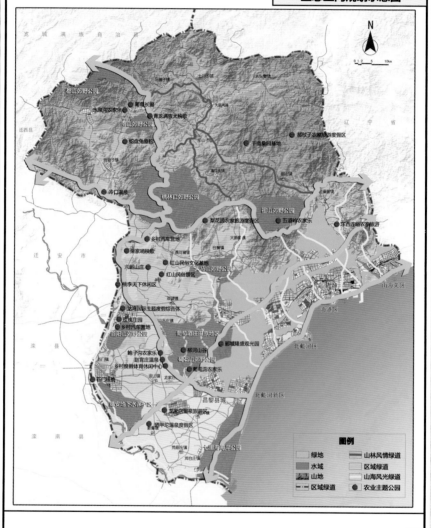

图例

绿地　　　山林风情绿道
水域　　　区域绿道
山地　　　山海风光绿道
区域绿道　农业主题公园